人工智能前沿理论与技术应用丛书

生成对抗网络
原理及图像处理应用

朱秀昌　唐贵进　编著

电子工业出版社

Publishing House of Electronics Industry

北京 · BEIJING

内 容 简 介

本书深入浅出地介绍了近年来 AI 领域中十分引人注目的新型人工神经网络——生成对抗网络（GAN）的基本原理、网络结构及其在图像处理领域中的应用；同时，分析了近年来在 GAN 训练、GAN 质量评估及多种改进型 GAN 方面取得的进展；在实践方面，给出了基于 Python 的基本 GAN 编程实例。另外，本书还介绍了支撑 GAN 模型的基础理论和相关算法，以使读者更好地理解和掌握 GAN 技术。

本书既可作为高校电子类、计算机类学科的教材，也可供 IT 行业的技术人员及对人工智能感兴趣的研究人员阅读和参考。

图书在版编目（CIP）数据

生成对抗网络：原理及图像处理应用/朱秀昌，唐贵进编著. —北京：电子工业出版社，2022.8
（人工智能前沿理论与技术应用丛书）

ISBN 978-7-121-43955-1

Ⅰ. ①生… Ⅱ. ①朱… ②唐… Ⅲ. ①机器学习 Ⅳ. ①TP181

中国版本图书馆 CIP 数据核字（2022）第 124050 号

责任编辑：王　群
印　　刷：三河市华成印务有限公司
装　　订：三河市华成印务有限公司
出版发行：电子工业出版社
　　　　　北京市海淀区万寿路 173 信箱　　邮编：100036
开　　本：720×1 000　1/16　印张：17.5　　字数：336 千字　　彩插：1
版　　次：2022 年 8 月第 1 版
印　　次：2022 年 8 月第 1 次印刷
定　　价：109.00 元

凡所购买电子工业出版社图书有缺损问题，请向购买书店调换。若书店售缺，请与本社发行部联系，联系及邮购电话：（010）88254888，88258888。

质量投诉请发邮件至 zlts@phei.com.cn，盗版侵权举报请发邮件至 dbqq@phei.com.cn。

本书咨询联系方式：wangq@phei.com.cn，910797032（QQ）。

　　能够生成一幅"逼真"的"假图像"——生成对抗网络（GAN）的这一"神奇的功能"深深吸引了我们。说"逼真"是因为，如果单独观察 GAN 生成的高清图像，会以为是在某处拍摄的一张照片；说"假图像"是因为，在现实的物理世界中，找不到这幅图像对应的场景。我们能说这样的功能不神奇吗？能说这样的功能没有用吗？这和我们常年从事的图像处理研究工作大不相同。出于兴趣，从 GAN 问世开始，我们就不断地关注、学习、理解、比较和实验，逐步理解了GAN 的"前世"和"今生"，逐步理解了 GAN 的"外在"和"内涵"。在这个过程中，我们有很多困惑，也遇到了很多困难。可以想象，大概会有不少读者朋友在"初识"GAN 时，重蹈我们的覆辙，我们想要编写一本介绍 GAN 的书，使大家在学习 GAN 时能够少走一些弯路。这就是我们编写本书的初衷。

　　我们希望读者通过阅读本书，可以了解 GAN 技术在人工智能、计算机视觉领域中的应用，基本理解 GAN 技术的主要理论基础和基本工作原理，了解 GAN技术在图像处理领域中的应用和近年来的主要改进，可以基于 Python 集成环境和 TensorFlow 框架编写简单的 GAN 演示程序，把握 GAN 今后的机遇。

　　为此，我们设定了三个方面的具体目标。首先，讲清楚 GAN 的"来龙去脉"，注重分析基本 GAN 的网络结构和工作原理，给出 GAN 技术面临的挑战和今后的发展趋势；其次，给出一定的基础知识铺垫，主要涉及神经网络、优化算法和图像处理等，从而减少读者学习 GAN 的"障碍"；最后，介绍 GAN 的改进及其在图像领域中的应用情况，给出 2 个简单的 GAN 编程实例。

　　本书内容大致可分为三个部分，第一部分为基础知识：从第 1 章到第 5 章，给出了 GAN 技术的概括介绍，以及理解 GAN 系统必需的知识支撑，包括数字图像处理基础内容、人工神经网络基础内容和常用的 ANN 及与 GAN 有关的算法；第二部分为 GAN 的核心内容：从第 6 章到第 10 章，介绍 GAN 的基础、目标函数、训练、改进和图像处理应用；第三部分为 GAN 的实践：第 11 章和第 12 章，分别介绍 GAN 的 Python 编程和 GAN 图像处理实例。

　　这里虽写的是"前言"，实际上写的是"后语"，是在初稿完成以后才写的。我们发现，GAN 中还有不少内容尚不够清楚，理论上还有说不清的疑点，还没有到可以系统总结的最佳时期。但是，给 GAN 一个阶段性的小结、一个初始的梳理和一个比较全面的介绍，对促进 GAN 技术的发展、协助读者理解 GAN 原理、引发大家对 GAN 的兴趣还是有好处的。因此，我们编写了本书。尽管我们在数字图像处理领域工作和研究的时间较长，随着时代的进步，也逐渐涉及神经网络、人工智能、计算机视觉等领域，做过一些相关的研究工作，但在开始写作以后，仍感到力不从心。我们在知识的连贯性、系统性和深入性方面还有欠缺，仿佛在处理一副断了线、缺了珠的珍珠项链。

希望本书能够对初次接触 GAN 的读者有一个引导作用。

由于 GAN 技术尚处于"青苗"阶段，理论和实践方面仍存在问题，加之我们的水平有限，本书内容不可避免地会存在一些问题。敬请各位读者细察，不吝指教，将问题和建议反馈给我们，在此深表感谢。

编著者

2021 年 12 月于南京

目 录

第1章
绪　　论

　　经典的数字图像处理（Digital Image Processing，DIP）一般是为解决图像中的某些问题而进行的操作，如图像恢复、图像增强、图像滤波等的目的是提高图像质量；图像分割、图像配准、特征提取等则是对图像的特征进行处理，为进一步的图像分析、图像理解等做准备。它们都有一个共同的特点，就是在原有的图像上进行处理，因此，无论图像质量如何，都需要先有一幅或多幅图像存在。即使是超分辨率图像重建，也是在一个低分辨率图像的基础上进行的。

　　本书介绍的生成对抗网络（Generative Adversarial Network，GAN）包括变分自编码器（Variational Auto-Encoder，VAE）等图像生成模型，在某种程度上可以说是"无中生有"，即生成新的目标图像——现实世界中不存在的场景图像，但与同类的真实图像极其相似。从图像技术的角度看，GAN 是图像处理方面的一大进步。

　　尽管 GAN 是基于神经网络的一类生成模型，其主要功能是"生成"图像，但实际上，GAN 可以看作一类新型处理方式，不仅限于"生成"，对于不少经典图像处理问题也"多有建树"，更重要的是其带来了一些新的图像处理方式，如图像翻译、图像风格转换、图像编辑等。也就是说，在理论基础和处理工具方面，GAN 的出现带来了一些质的变化，除了传统的信号处理方法，基于神经网络的图像处理使我们可以解决一些复杂的问题，尤其是难以用公式表达的问题。

　　总之，GAN 是在当今由人工智能（Artificial Intelligence，AI）主导的大变

革背景下产生和发展起来的一种新技术，图像是它目前最适合的应用领域。GAN既包含经典的图像处理内容，也包含人工智能、数字视觉和神经网络等新理论和新技术。

本章给出了 GAN 及其在图像处理中的应用概况。其中，第 1 节和第 2 节分别简述了从经典的图像处理到现代的数字视觉、从一般的神经网络到深度神经网络的发展；第 3 节给出了两大类生成模型，即概率生成模型和对抗生成模型；在此基础上，第 4 节总体介绍了 GAN 在图像及其他领域的应用。

1.1　从图像处理到数字视觉

视觉，即"看"，是人类用眼睛感知世界最直接的方式，模仿人眼视觉功能的图像传感和显示等图像系统实际上就是机器视觉或计算机视觉（我们暂称它们为"数字视觉"）的雏形。因此，可以说图像处理是数字视觉的初级阶段。

从学科的形成和发展的角度看，图像处理形成比较早，是在 20 世纪 60 年代左右形成的一个相对独立的理论和技术领域；而数字视觉则是自 20 世纪 90 年代以来，随着计算机技术迅速发展而逐渐形成的一个新的以处理视觉信号为主的领域。

从字面上看，图像处理的对象是图像信号，数字视觉处理的对象是视觉信号，但实际上两者所处理的对象并没有多大的差别，都主要包括静止图像、视频图像、立体图像、虚拟现实图像及其他由非可见光形成的图像，如计算机断层（Computed Tomography，CT）图像、核磁共振图像、太赫兹（Tera Hertz，THz）图像、雷达图像等。一般来说，图像处理侧重于传统的平面或立体图像，数字视觉包含的图像种类更多、涉及的范围更广。在这个意义上，可以说数字视觉涵盖图像处理。

如果将讨论的范围进一步扩大到人工智能，则 GAN、图像处理、ANN（Artificial Neural Network，人工神经网络）、数字视觉之间的大致关系可以用图 1-1 表示。图像处理作为一个相对独立的部分，是人工智能、数字视觉领域的理论基础、技术保证和工程实现的重要支撑之一；而 GAN 则是一项新技术，支持它的理论和技术基本上来自 ANN、数字视觉和图像处理等。图 1-1 中没有专门标注计算机视觉和机器视觉的范围，大致和数字视觉差不多，也基本包含图像处理。

图 1-1　GAN、图像处理、ANN、数字视觉之间的大致关系

1.1.1　数字图像技术

图像（Image）是人类获取信息的一个重要来源，相关研究表明，约有 70% 的信息是人类通过眼睛获得的图像信息。在当代科研、军事、航天、气象、医学、工农业生产等领域中，人们越来越多地通过图像信息来认识和判别事物并解决实际问题。例如，人们利用人造卫星拍摄的地面照片来分析地球资源、气象态势和污染情况；利用宇宙飞船所拍摄的月球表面照片来分析月球的地形、地貌；通过 CT 图像，医生可以观察和诊断人体内部是否有病变组织。在公安侦破中，可以通过指纹图像提取和比对来识别罪犯；在军事上，目标的自动识别和跟踪都有赖于高速图像处理；在交通领域内，通过计算机视觉对场景进行分析，进而实现汽车的无人驾驶。

随着人类社会的进步和科学技术的发展，人们对信息处理和信息交流的要求越来越高。图像信息具有直观、形象、易懂和信息量大等特点，已成为人们在日常生活、生产中频繁接触和使用的信息种类。近年来，随着信息社会数字化的进展，数字图像处理无论是在理论研究方面还是在实际应用方面都取得了长足的进展。计算机技术的应用、互联网的普及、人工智能的兴起、遥感技术的发展、数字处理芯片性能的提高及数学理论与方法的更新，对数字图像处理的发展起了关键性的推动作用，而数字图像处理技术的应用和发展又有力地促进和加速了上述各项技术的发展。

1. 图像处理的发展历程

如果将 1826 年世界上第一张照片作为图像技术的开始，图像经历了光学图像、印刷图像、电子图像的发展历程。以电子方式获取图像，以数字方式处理图像，现代意义上的数字图像处理技术建立在计算机快速发展的基础之上，它开始于 20 世纪 60 年代初期，那时第 3 代计算机研制成功，快速傅里叶变换出现，图像的输出有了专用设备，从而使得某些图像处理算法可以在计算机上实现。

自 20 世纪 70 年代以来，数字图像处理逐渐从空间技术领域向其他应用领域推广。例如，在生物医学领域，随着 CT 技术的发明及其在临床诊断中的广泛应用，医学数字图像处理技术备受关注，成功推动图像处理的理论和技术跨上新的台阶。

到了 20 世纪八九十年代，以及进入 21 世纪以来，越来越多的从事数学、物理、计算机等基础理论和工程应用的研究人员关注并加入图像处理这一研究领域，逐渐改变了图像处理仅受信息工程技术人员关注的状况。各种与图像处理有关的新理论与新算法不断出现，如小波分析（Wavelet）、ANN、压缩感知（Compressed Sensing，CS）等已经成为图像处理中的研究热点，并取得了引人注目的进展。与此同时，计算机运算速度的提高、硬件处理器能力的增强，使人们不仅能够处理简单的二维灰度图像，而且能够顺利处理彩色图像、视频（序列）图像、三维图像及虚拟现实图像。

如今，图像处理技术已逐步应用到我们社会生活和生产的各方面中，如近年来蓬勃发展的医学图像处理、航天图像处理、智能图像分析、多媒体信息处理、遥感图像处理、生物图像特征识别、自动目标识别和跟踪、虚拟现实等技术，其中基于高速计算机和 ANN 的实现方法占据了重要地位。

2. 图像处理技术的三个层面

传统的数字图像处理通常指利用计算机或/和专用处理设备（包括器件），以数字的形式对图像信号进行采集、滤波、去噪、增强、复原、变换、压缩、分割、分类、检测、提取、生成等处理，从而得到满足人们需求的图像信号。可见，数字图像处理就是根据特定的数学原理，采用某些信号处理方法，对数字图像信号进行有目的的处理，使其结果满足人们的视觉需求和其他应用需求。

数字图像处理发展到今天，既是一个前沿的理论研究领域，也是一个高端的工程技术领域，同时还是一个新兴的推广应用领域，这恰好反映了图像处理技术的三个层面。

（1）在理论研究层面，主要涉及应用数学、光电物理、信息理论、信号处理、形态学等基础学科和前沿学科。

（2）在工程开发层面，涉及电子技术、微电子技术、计算机技术、通信技术及软件技术等多种技术。

（3）在应用推广层面，涉及航天图像处理、医学图像处理、遥感图像处理、普通图像处理、雷达图像处理等多个领域。

图像处理技术的三个层面之间是相互关联、相互影响的。图像处理理论研究的新成果往往会直接影响新的工程实现方案的诞生，可能会带动一种新业务的出现，或提高以往图像处理业务的效率和质量；类似地，工程开发方面的新进展也会促进理论研究的改进并加快应用推广的步伐；应用推广则是理论研究和工程开发的最终目标，新的图像处理应用的普及和深入，必定会对理论研究和工程开发提出新的要求，提供新的研究方向和新的开发目标。

按照以上三个层面的划分，GAN 技术在图像处理领域当前尚处于理论探索和研究、技术实验和开发阶段，实际的应用尚处于尝试的状态，远未到推广应用的程度，但这正是我们对 GAN 感兴趣的原因。

1.1.2　数字视觉技术

如今，有两种和数字图像技术密切关联的视觉技术，一个是计算机视觉，另一个是机器视觉。下面分别对这两种技术进行简单介绍。仍按前文所述，我们将它们统一称为数字视觉技术。

1. 计算机视觉技术

从学术的角度看，计算机视觉（Computer Vision，CV）是计算机科学的一个分支，它本身也是一个内涵丰富、多学科交叉的领域。一般所说的计算机视觉，是指用计算机实现人的视觉功能，对客观世界的三维场景进行感知、识别和理解。计算机视觉偏重于软件层面的计算机处理，也包括传统的图像处理，但更多的是处理比较复杂和高级的视觉图像任务。计算机视觉还包括对图像的理解和分析，以及对图像的变换处理，甚至是语义图像的翻译、新图像的生成等。本书所讨论的一些图像生成方法，也可以归类到计算机视觉领域内。

计算机视觉从诞生至今已经历了 50 余年的发展。1966 年，人工智能学家 Minsky 在给学生布置的作业中，要求学生通过编写一个程序让计算机表达出它通过摄像头"看"到了什么，这被认为是计算机视觉的开端。

20 世纪七八十年代，随着现代电子计算机的出现，计算机视觉技术有了初步的发展。20 世纪 80 年代后，计算机视觉技术迈上了一个新的台阶，著名的卷积神经网络（CNN）在此期间诞生。在这一阶段，计算机视觉的应用主要是光学字符识别、工件识别、显微/航空图像识别等。

20 世纪 90 年代，计算机视觉技术取得了更大的发展，也开始广泛应用于工业领域。一方面的原因是 CPU、DSP 等图像处理硬件技术迅速发展；另一方面的原因是人们开始尝试不同的算法，包括基于数理统计的方法和引入局部特征描述符的方法等。

进入 21 世纪，得益于互联网兴起和数码相机普及带来的海量数据，加之机器学习方法的广泛应用，计算机视觉迅速发展。以往许多基于规则的处理方式被机器学习替代，可以自动从海量数据中总结归纳物体的特征，然后进行识别和判断。这一阶段涌现了非常多的应用，包括人脸检测、人脸识别、车牌识别等。

在 2010 年以后，借助深度学习的力量，计算机视觉技术的产业化应用得到了快速发展。通过深度神经网络，各类视觉相关任务的识别精度得到了大幅提升。例如，在全球最权威的计算机视觉识别挑战赛 ILSVRC（ImageNet Large Scale Visual Recognition Challenge）中，千类物体识别的错误率在 2010 年、2011 年分别为 28.2% 和 25.8%，自 2012 年引入深度学习方法后，后续 4 年的错误率分别为 16.4%、11.7%、6.7% 和 3.7%，有了显著突破，超过了一般人的识别能力。由于采用了深度学习技术，人脸识别的准确率也提高到了 99% 以上。

计算机视觉技术的应用领域也在快速扩展，除了比较成熟的安防监控领域，还大量应用于金融领域的人脸识别/身份验证、医疗领域的智能影像诊断、无人驾驶车的视觉输入、卫星探测器的图像遥感系统等。

2. 机器视觉技术

机器视觉（Machine Vision，MV）是指采用机器代替人眼来进行测量、判断和控制。一般认为，机器视觉更多地侧重于硬件层面的处理，具有较强的软硬件结合的图像智能化处理能力。例如，在制造行业中，机器视觉系统通过图像获取装置来获得现场图像，然后将该图像传送至处理单元，通过数字化处理做出判断，进而根据判断结果来控制现场设备的动作。

机器视觉的起源可追溯到 20 世纪 60 年代美国学者 L. R. Roberts 对多面体积木世界的图像处理研究。20 世纪 70 年代中期，MIT 的 Horn 教授在人工智能实验室正式开设了机器视觉课程。20 世纪 80 年代，全球性机器视觉研究热潮兴起，出现了一些基于机器视觉的应用系统。在 20 世纪 90 年代以后，随着计算机技术和半导体技术的飞速发展，机器视觉的理论和应用进一步发展。

进入 21 世纪，机器视觉技术的发展速度更快，已经大规模应用于多个领域，如智能制造、智能交通、医疗卫生、安防监控等。目前，机器视觉技术正处于不断突破、走向成熟的新阶段。

在我国，机器视觉的研究和应用开始于 20 世纪 90 年代。从跟踪国外品牌产品起步，经过二十多年的努力，国内的机器视觉从无到有、从弱到强，不仅理论研究进展迅速，而且出现了一些颇具竞争力的公司和产品。随着国内对机器视觉的研究、开发和推广不断深入，赶超世界前沿水平已不再是遥不可及的事情。

3. 数字视觉技术

至此，我们已经简单介绍了数字图像处理、计算机视觉和机器视觉，那这三者有什么联系和区别呢？目前还没有严格的定义，看法常因人而异，研究人员对它们的理解未必都一样，所以这里只大致介绍一下被多数人认可的观点。

数字图像处理是一个传统的理论和技术领域，而计算机视觉和机器视觉则是两个相对较新的理论和技术领域。这三者之间有着千丝万缕的联系，但有一点还是比较清楚的：计算机视觉和机器视觉都包含了数字图像处理的基本内容。

机器视觉通常包括图像采集、图像处理和图像分析等操作，其工作平台大到计算机系统，小到嵌入式单片机，与计算机视觉领域有不少交集。然而，我们又强调过，机器视觉和计算机视觉不是完全同义的，它们之中谁都不是谁的子集。例如，机器视觉没有说明一定要使用计算机，在需要高速处理时经常会使用特殊的图像处理硬件，其速度是普通计算机无法达到的。在计算机视觉领域，更多的是关注计算机软件、算法，对其他的机器系统、硬件等并没有特殊的要求。

在很多情况下，我们没有办法严格地区分机器视觉和计算机视觉这两个概念，二者的共同点很多，尤其在有关图像处理的理论和技术方面，基本上都是相通的。这样看来，无论是计算机视觉还是机器视觉，它们的理论和技术基础有相当大一部分是来自数字图像处理的。本书倾向于不严格区分计算机视觉和机器视觉这两个概念，为了方便起见，把它们融合起来作为综合的"数字视觉技术"来对待，将数字图像技术看作数字视觉技术的重要组成部分。

1.1.3　数字视觉的应用

数字视觉技术是人工智能、大数据、云计算和物联网未来发展的主要支柱性技术之一。数字视觉技术应用广泛，几乎可以说是无处不在，当前大部分热门的领域都和它有关，大家所熟知的无人驾驶、自主安防、无人机、生物特征识别、三维（3 Dimension，3D）显示、增强现实（Augmented Reality，AR）、虚拟现实（Virtual Reality，VR）及医学图像分析等都与数字视觉技术密切相关。数字视觉的主要应用领域如下。

1.智能制造

智能制造从传统的由能量驱动转变为由信息驱动，这对系统工作的灵活性、精准性和智能性提出了很高的要求。这些高要求的实现离不开数字视觉。近十多年来，数字视觉技术已逐渐应用于工业生产的各步骤。其中，原始信息的采集和传送是最基础的工作，推动整个系统的决策和运行。例如，在流水线智能检测和分拣中，机器视觉技术利用红外线、微波或超声波等信号，可以通过传感器自动对产品的关键数据信息进行捕获和分析，探测到人眼无法观察到的东西，从而实现高速且准确的检测和分拣。

2.交通

数字视觉在交通领域内有着广泛的应用，如在高速公路上及卡口处对来往车辆进行车型、牌照识别，甚至对行驶车辆的违规行为进行识别。还有更智能化的应用，如在汽车上对驾驶员面部图像进行分析，判断驾驶员是否处于疲劳驾驶状态；无人驾驶汽车或辅助驾驶汽车借助计算机视觉技术，使用摄像头、激光/毫米波/超声波雷达、GPS等感知道路环境信息，自动规划路径和控制车辆的安全行驶；对道路车辆的流量密度、路段路况进行分析，对车辆逆行、违停等交通事件进行监测等。

3.智慧城市

智慧城市（Smart City）是一种以新一代智能信息化技术服务现代城市的发展新模式，致力于通过云计算和人工智能技术解决依靠人工无法解决的城市治理和发展问题。计算机视觉技术是整个智慧城市感知体系的关键部分。例如，通过大量的视觉传感器，为城市大型展会、体育赛事、商演活动等提供全面的数据分析和规划；获取城市中重要目标的位置、属性、身份及行为等信息，为自然灾害提供预警，为突发疾控收集数据，对城市水质进行分析，对违章建筑进行识别等。

4.安防监控

数字视觉打破了传统视频监控系统的限制，提升了系统的智能性，使智能视频分析得以逐步实现。以公共场所的视频监控为例，通过运用数字视觉技术，可以实现对飞机场、火车站等重点场所的智能监控，实现对可疑人物的自动检测、人脸识别、实时跟踪，在必要时，还可以实现多摄像机联动跟踪，同时发出报警信号，保存现场信息。

5．文教卫生

数字视觉技术在文教卫生领域得到了广泛的应用。在教育领域，智能校园中的智能门禁、考试身份验证、试卷智能评阅等都离不开数字视觉技术。在印刷出版行业，通过机器视觉技术进行自动校对，既提高了校对准确度，又缩短了校对时间，降低了印刷成本，缩短了出版物的交付周期。在卫生医疗领域，数字视觉面向医疗机构用户，实现医学图像重建和可视化，分析来自 MRI、CT 扫描和 X 射线的图像以发现异常或寻找疾病迹象，辅助多种疾病的诊断和治疗。数字视觉技术还可以协助制订手术规划，实现疾病跟踪管理，挖掘医疗数据潜力，以更低的成本提供更高效的服务。在医疗保健和康复中，数字视觉技术也发挥了重要作用，如可以针对视力障碍者进行室内安全导航。

6．物联网

随着物联网（Internet of Things，IoT）技术的发展，数字视觉的应用范围有了大幅度扩展。IoT 利用信息通信技术将世上万物和人联接起来，通过广泛的数据采集、分析和控制，帮助我们在工作和生活中获得自动感知、不断优化和高效运行的体验。数字视觉是为 IoT 提供信息的最重要的基础技术之一。例如，全球 IoT 的快速发展推动了机器人产业的高速发展，使数字视觉产品的需求大量增加，加速了人类和机器人协同合作的进程。

7．商业管理

在商业管理中使用数字视觉技术已成为重要的技术趋势之一。实体零售商将计算机视觉技术与店铺摄像机结合使用，识别顾客的面部特征、性别、年龄等，分析他们的购买偏好。更重要的是，零售商可以使用计算机视觉技术跟踪顾客在店铺中的移动，分析导航路线和步行模式，以及衡量店面关注时间。在商业库存管理中，利用计算机视觉技术对监控摄像机获取的图像进行分析，可以对店铺中的可用物品做出准确估计。还有一个相当普遍的应用是分析货架空间的使用情况，从而实现最优的商品摆放布局。

8．现代农业

现代农业是数字视觉的重要应用行业之一，尤其是精确农业领域。数字视觉技术可以自动检测某些农作物的病虫害，或者在特定情况下准确地预测疾病或虫害。利用数字视觉技术，可以从拍摄的农田照片中识别出土壤的潜在缺陷和营养缺乏等问题，在分析后提出土壤修复建议，或针对所发现的问题提供可行的解决方案。此外，数字视觉技术还可用于农产品分类，通过对水果、蔬菜、植株等的图像进行特征检测、提取和分析，对它们进行识别或分类。

1.2　神经网络由浅入深

近 20 年来，人工神经网络（ANN）的迅猛发展是有目共睹的。不管神经网络如何发展，理论上都可以将人工神经网络看作一个可以学习的函数或一个通用的函数逼近器。只要有足够多的神经元数量和足够多的训练数据来调整网络权重等参数，神经网络就可以学到任意复杂的函数，得到相应的函数模型。这里涉及两个关键因素：网络结构和学习训练。在实际研究和应用中，神经网络的发展路径可归结为两个方面：在网络结构方面，从浅层网络（多层网络）发展到深度网络；在学习训练方面，从浅层学习发展到深度学习。

1.2.1　神经网络的发展

从感知机开始，神经网络的网络结构从多层网络发展到深度网络，学习方式从一般的浅层学习发展到深度学习，其间经历了一段漫长的起伏发展过程。从单层神经网络（感知机）开始，到包含一个隐层的两层神经网络，再到多层的深度神经网络，一共有三次兴起过程，如图 1-2 所示。

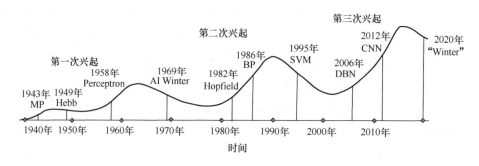

图 1-2　神经网络的三次兴起过程

在图 1-2 中，横轴是时间，以 10 年为间隔；纵轴是神经网络影响力大小的示意。如果把 1949 年 Hebb 模型提出到 1958 年感知机（Perceptron）诞生这 10 年视为初始阶段，那么此后神经网络的发展算是经历了"三起三落"这样一个过程。

在 1958—1969 年及 1986—1995 年这两个阶段，人们对神经网络及人工智能的期待并不比现在低，至于结果如何，大家也能看得很清楚。目前，我们处在从 2006 年的深度信念网络（Deep Belief Network，DBN）开始的第三次兴起过程中，规模和影响与前两次不可同日而语。本书介绍的 GAN 就创建和发展于这个阶段，成为近十多年来神经网络领域中为数不多的标志性技术成果之一。

为什么神经网络现在这么火热？简言之，就是因为其学习能力强、学习效果好，表示（Representation）能力越来越强。随着层数的增加，其非线性分界拟合能力不断增强。神经网络的研究与应用之所以能够持续不断地进行下去，与其具有由强大的学习能力支撑的函数拟合能力是分不开的。

当然，光有强大的内在能力并不足够，神经网络的发展还有外在原因，如执行神经网络的计算机具有更强的计算能力，在互联网时代能收集到更多的数据，在实践中创造了更好的训练方法等。内因和外因结合，逐步满足了应用的需求和市场的期望，使得基于深度神经网络的深度学习技术快速、深入、广泛地向前发展。

目前来看，神经网络仅实现了一些初步的"人工智能"，要想实现理想的"人工智能"还有很长的路要走。在深度神经网络方面，未解决和新出现的问题也不容忽视。因此，最好的态度是"既要有激情，也要保持冷静"。

1.2.2　深度神经网络

在两层神经网络的输出层后面继续添加层次，原来的输出层变成中间层，新加的层次成为新的输出层。依照这样的方式不断添加，我们可以得到多层神经网络。网络层次的增加并不会改变网络的工作机理，也就是说，其训练方式和工作方式基本类似。若使用矢量和矩阵运算来表示神经网络的数据和参数之间的关系，多层网络的表达式和两层网络类似，区别仅是增加了几个参数矩阵。

神经网络的参数数量代表网络的表示能力。在参数数量相同的情况下，我们可以获得一个"更深"的网络。即我们可以设置隐层更多、每层的神经元相对较少的深层网络，而不设置层数较少但每层有较多的神经元的浅层网络。这意味着我们可以用更深的层次去表达输入数据的特征，获得更强的函数模拟能力。

可以这样理解：在神经网络中，每层神经元学习到的是前一层神经元输出数据的更抽象的表示。随着网络层数的增加，每层对前一层的抽象表示都更深入。例如，第一个隐层学习到的是"边缘""线条"等比较低层的特征，第二个隐层学习到的是由"边缘"组成的"形状""部件"等比较中层的特征，第三个隐层学习到的是由"形状"组成的"对象""图案"等比较高层的特征，最后的隐层学习到的是由"图案"组成的"目标"特征。通过抽取更抽象的特征来对事物进行区分，可以获得更好的分类能力。关于上述逐层特征学习的例子，基本思想可以参考图 1-3。

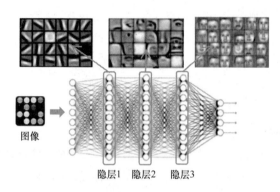

图 1-3　多层神经网络（特征学习）

目前，深度神经网络在人工智能领域内已占据"统治"地位，而深度神经网络的成功离不开深度学习。深度神经网络和深度学习的研究仍在进行中，各种新的网络结构和学习方法不断出现。例如，在 2010—2017 年每年举行的基于 ImageNet 图像库的 ILSVRC 竞赛及 2018 年后每年召开的 WebVision 竞赛中，都涌现出了很多新的方法，不断刷新以往的正确率记录。

1.2.3　深度学习的进展

实际上，早在 1986 年，Geoffrey Hinton 教授就提出了利用多隐层构造深层神经网络的方法，但是由于当时种种条件的限制，没有得到应有的发展。直到 2006 年，Hinton 首次提了深度信念网络的概念。与传统的训练方式不同，深度信念网络有个"预训练"（Pre-training）的过程，可以方便地让神经网络中的权重找到一个接近最优解的值，之后再使用"微调"（Fine-tuning）技术来对整个网络进行优化训练。这两项技术的运用大幅缩短了训练多层神经网络的时间。Hinton 给多层神经网络相关的学习方法赋予了一个新名称——"深度学习"（Deep Learning）。

很快，深度学习在语音识别领域崭露头角。2012 年，深度学习技术又在图像识别领域取得了多项进展。Hinton 和他的学生在 ILSVRC 竞赛中，用多层卷积神经网络成功地对包含 1000 类物体的一百万张图片进行了训练，取得了分类错误率达到 16.4% 的好成绩，比第二名高了近 11 个百分点，充分证明了多层卷积神经网络的优越性。

2014 年，加拿大学者 Ian Goodfellow 等人提出了一种无监督式学习的 GAN，GAN 通过在生成器和判别器之间进行"最小-最大"（min-max）博弈的方式进行学习。生成器负责生成假的样本，而判别器负责鉴别对象是否为生成数据，最终能够建模高维度且复杂的数据分布，生成逼真的图像。自提出以来，GAN 在计算机视觉等领域获得了广泛的关注。同年，DeepFace 项目在人脸识别方面的准确率能达到 97% 以上，和人类识别的准确率几乎没有差别。

2016 年，谷歌基于深度学习开发的 AlphaGo 以 4:1 的比分战胜了国际顶尖围棋高手李世石。后来，AlphaGo 又接连和众多世界级围棋高手过招，均取得了胜利。2017 年，基于强化学习的 AlphaGo 升级为 AlphaGo Zero，其采用"从零开始""无师自通"的学习模式，以 100:0 的比分打败了之前的 AlphaGo。同时，深度学习相关算法在医疗、金融、艺术、无人驾驶等多个领域均取得了显著的成果。

2018 年，谷歌的 AI 团队在自然语言处理（Natural Language Processing，NLP）方面提出了一种新的语言表征模型 BERT（Bidirectional Encoder Representations from Transformers），其性能超越许多使用特定任务架构的系统，刷新了 11 项自然语言处理任务的最优性能记录。

2019 年，谷歌 Brain 团队联合苏黎世联邦理工学院提出了一种新的 GAN 方法——S^3 GAN，用更少的标注生成高保真图像（High-fidelity Image），仅用 10% 的标记数据，在 128×128[①]的分辨率情况下，质量超越了当前生成图像最逼真的 Big GAN（后面第 9 章有介绍）。

1.3　从概率生成到对抗生成

在机器学习中，生成模型的基本任务是由一个已知的较为简单的随机变量生成服从给定复杂概率分布的数据。为了完成这样的任务，一般采用两类方法。

第一类：如果目标概率分布有明确的表达式，而且可以找到可行的转换函

---

① 本书默认分辨率单位为像素，如"128×128"表示"128 像素×128 像素"。

数，那么就可以用解析的方法将输入的随机变量转换为服从目标概率分布的数据。

第二类：如果目标概率分布非常复杂，或者没有明确的概率分布表达，当然也无法找到明确的转换函数。这时，我们仍然采用概率转换的原理，利用神经网络（组成生成模型）来得到概率转换函数。生成模型从训练数据中学习目标概率分布，将自己训练成一个复杂的概率变换函数，从而将一个具有简单分布的（输入）随机变量转换为一个服从目标分布的随机变量。

其中第二类就是基于神经网络的概率生成模型。这类生成模型的训练和检测又可以分为两种方式：一种是通过比较生成数据与真实数据的分布来"直接"训练，这就是生成匹配网络（Generative Matching Network，GMN）的思想；另一种是采用"间接"训练和检测的方式，通过另一个网络来区分"生成"数据和"真实"数据，这就是 GAN 的思路。

1.3.1 概率生成模型

假设我们要生成一幅 $n \times n$ 的灰度方形图像，内容是一只小狗。我们可以将图像数据重新整形为 N（$N=n \times n$）维的列向量（可通过图像列数据的堆叠方法），使小狗图像可以由这个列向量来表示。显然，这并不意味着所有的列向量只要回到正方形形状就能代表一只狗。我们可以说，有效地给出看起来像小狗的 N 维向量，它们在整个 N 维向量空间中是以非常特定的"狗概率分布"来分布的，即该空间中的某些点代表小狗形象，而其他点则不。按照同样的思路，在这个 N 维向量空间中还存在小猫、小鸟等图像的概率分布。

然后，生成新的小狗图像的问题等同于在 N 维向量空间中生成服从"狗概率分布"的新向量的问题。事实上，这里我们面临的是针对特定概率分布生成随机变量的问题。

对于某类图像在高维概率空间中的分布问题，有两点必须强调：第一，我们提到的"狗概率分布"是在非常大的空间中的非常复杂的分布；第二，即使我们可以假设存在这样的潜在分布（实际上这里存在看起来像狗的图像和其他看起来不像狗的图像），我们也不知道如何明确地表达这种分布。这两点都使我们难以用直接转换的方法来基于该分布生成随机变量。

尽管有困难，但我们仍然尝试解决以上问题。目前，存在一些产生复杂随机变量的不同方（算）法，常见的有逆变换方法、拒绝抽样方法、Metropolis-Hasting

算法等。但它们都依赖不同的数学技巧，通过对简单的随机变量进行操作或处理，生成我们想要生成的随机变量，而困难在于，这些技巧需要明确表达我们想要生成的随机变量的分布。

下面我们先看看常用的逆变换方法，然后引出神经网络的变换方法。

1. 逆变换方法

在所有函数变换方法中，最简单的是所谓的逆变换方法，它可使均匀随机变量通过精心设计的"变换函数"变为服从给定分布的随机变量。这个关键的变换函数就是目标概率密度函数的累积分布函数（Cumulative Distribution Function，CDF）的反函数，或称"逆CDF"。比较详细的说明可见第6章。事实上，这种"逆变换方法"的概念可以扩展为更一般的"变换方法"，它是一种由一些简单分布的随机变量生成复杂分布的目标随机变量的变换方法。这里，起始随机变量不一定是均匀分布的，变换函数也可能不是逆CDF。

2. 神经网络变换方法

当我们尝试生成新的小狗图像时，首先碰到的问题是，N维向量空间中的"狗概率分布"是一个非常复杂的分布，而我们不知道如何直接生成这种复杂分布的随机变量。为此，我们自然会想到使用变换方法来生成目标随机变量。如果这样做，就需要寻找一个非常复杂的转换函数，通过它可把一个简单分布的随机变量变换成的一个复杂分布的目标随机变量。

在这种情况下，找到变换函数并不像我们在描述逆变换方法时所说的那样，采用累积分布函数的反函数，因为我们并不知道累积分布函数，自然也无法明确表达转换函数。因此，我们必须从数据中学习这种分布。

在大多数情况下，非常复杂的函数问题，尤其是难以明确描述的函数问题，是有可能用神经网络建模的方法来解决的。我们设法通过一个神经网络对变换函数进行建模，然后对其进行训练。该网络模型将一个简单的均匀随机变量作为输入，返回另一个 N 维随机变量作为输出，在训练后，作为输出的随机变量应服从"狗概率分布"。

3. "匹配"和"对抗"

至此，我们已经说明了生成小狗图像的问题可以描述为在 N 维向量空间中生成服从"狗概率分布"的随机向量，并且可以使用变换方法完成，用神经网络模拟变换函数。

在网络建立后，需要对其进行训练（优化），以保证网络具有正确的变换功能。为此，可以采用两种不同的训练方法：直接训练方法和间接训练方法。直接训练方法就是比较真实数据的概率分布和生成数据的概率分布，并基于网络反向传播误差来调整网络参数。这是标准的 GMN 方法。对于间接训练方法，我们不能直接比较真实分布和生成分布。相反，我们通过使用这两个分布的"下游任务"（Downstream Task）完成的指标来训练生成网络，利用下游任务的优化来强制生成数据的分布尽量接近真实目标数据的分布。后者就是 GAN 的样本生成机理。所谓下游任务，在 GAN 系统中指真实样本和生成样本之间的鉴别任务。

1.3.2　概率分布比较

如上所述，GMN 方法通过直接将生成分布与真实分布进行比较来训练生成网络。但是，我们不知道如何明确表达真正的"目标概率分布"，或者说因生成数据的分布过于复杂而无法明确表达。因此，基于显式表达式的分布匹配几乎是不可能的。但是，如果我们有一种基于样本的概率分布比较方法，就可以使用它来训练网络。实际上，我们可以有两个用于比较的样本集，一个是真实数据的样本集，另一个是在训练过程的每次迭代中输出的生成数据样本集。

虽然理论上可以使用任何方法，只要能够有效地比较基于样本的两个分布的距离（或相似性）就可以。例如，我们可以用简单的最大均值差异（Maximum Mean Discrepancy，MMD）的比较方法。

一旦定义了一种比较两种基于样本分布的方法，我们就可以拟定 GMN 中生成网络的训练过程。给定具有均匀概率分布的随机变量作为输入，希望生成的输出样本的概率分布是"目标概率分布"。GMN 训练的主要步骤是比较真实的"目标概率分布"和基于实际样本生成的分布，如计算真实的小狗图像样本与生成的小狗图像样本之间的 MMD 距离。

1.3.3　对抗生成模型

1. "间接"训练方法

对于上面提到的"直接"方法，在训练生成网络时，需要直接比较生成分布与真实分布，而在实际中这些分布往往难以获得。为了避开这个困难，基本 GAN 用"间接"比较方式来替换这种直接比较，然后利用下游任务对生成网络进行训练，迫使生成的数据分布越来越接近真实数据分布。

GAN 的下游任务是真实样本和生成样本之间的判别任务。因此，在 GAN 架构中，要有判别器，它可以获取真实样本和生成样本，并尽可能地对它们进行分类；还要有生成器，一个经过训练的生成器可使自己输出的样本尽可能地欺骗判别器。

对于"间接"方法，我们还必须分析一下判别器的作用。现在假设这个判别器是一个"神"，它确切地知道什么是真实的分布、什么是生成的分布，并且能够根据这些信息预测任何给定样本的类（"真实"或"生成"）。如果这两个分布的差异很明显，那么判别器将能够轻松地进行分类，并且可以"高度自信"地对大多数输入样本准确分类。如果我们想欺骗判别器，则必须使生成器产生的样本分布十分接近真实分布。当两个分布在所有点上相等时，判别器是最难判断输入数据的类别的，在这种情况下，每个点上"真实"和"生成"的机会相等，判别器无法分清判别器的输入数据是真实的还是生成的。

2．对抗性神经网络

GAN 架构中的生成器是一个模拟转换函数的神经网络，将一个简单的随机变量作为输入，并且在训练后返回一个服从目标分布的随机变量。由于这个分布非常复杂和未知，所以将另一个神经网络建模为判别器，模拟一个判别函数，将一个样本（在上述小狗图像示例中为 N 维向量）作为输入，并将该点数据为真实数据的概率作为判别输出。

一旦 GAN 构成，生成器和判别器就可以联合进行训练，它们的训练目标刚好相反：生成器的目标是欺骗判别器，因此要训练生成器尽量生成逼真的数据，达到最大化判别器分类错误（将生成数据判定为真实数据）的目的；判别器的目标是检测伪造的生成数据，因此要训练判别器尽量判别正确，达到最小化分类错误的目的。因此，在训练过程的每次迭代中，更新生成器的权重，输出更加逼真的数据，以增加判别器的分类错误，同时更新判别器的权重，以减少判别器的分类错误。

GAN 的数据流示意如图 1-4 所示，对数据的正向处理流程如图中空心箭头所示，对误差信息的反向处理流程如图中实心箭头所示。生成器将简单的随机变量作为输入并生成新数据，如图中小圆圈所示。判别器则试图判定输入的是真实数据还是生成数据。判别器的输入可能是真实数据，如图中小方块所示，也可能是生成数据。

在生成器和判别器的对抗训练中，它们都试图击败对方，在此过程中，它们的性能都变得越来越好。从博弈论（Game Theory）的角度来看，我们可以将此设置视为极小极大双玩家游戏，其中均衡状态对应生成器产生服从目标分布的生成数据，并且判别器在接收任何一个数据后，将其判定为"真实"或"生成"的概率均为1/2。

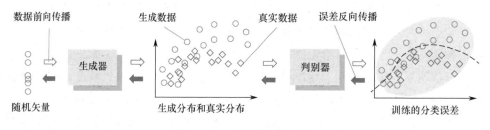

图 1-4　GAN 的数据流示意

1.4　GAN 的应用

GAN是一项新技术，在 2014 年由加拿大 Ian Goodfellow 博士提出，迅速成为人工智能、深度学习研究和应用领域中非常重要的模型和工具。由于 GAN 在生成样本的过程中不需要显式建模，可以生成逼近任何数据分布的样本，所以 GAN 在图像、文本、语音等诸多领域中都有广泛的应用。

1.4.1　在图像领域中的应用

GAN提供了一种高效的数据生成的（深度学习）方法，不需要或只需要很少的标注数据，就可以通过生成器和判别器之间的竞争来获得高质量的生成数据。GAN学习模型适用于不同类型的信号处理，图像处理是其中一个重要领域，如图像生成、图像翻译、图像风格迁移、图像超分辨率重建、图像修复和编辑、视频生成和预测等。

1．图像生成

GAN 的图像生成（Image Synthesis）是指生成与训练图像类似的图像。图像生成是 GAN 主要应用场景，一是可以用生成的图像来扩充图像数据集，如扩充MNIST 手写数字数据集、CIFAR-10 小件图片数据集；二是生成各种实景图像，GAN生成的实景图像的逼真程度堪比实际照片，可生成人脸照片、风景照片、物品照片、动物照片，以及人体模型、动画图片、艺术画面等。

2．图像翻译

图像翻译（Image Translation）也称图像转换，是 GAN 一个比较"有趣"的应用领域。"翻译"原用于不同语言之间的转换，但需要保持语言的含义不变，如中文和英文之间的翻译。图像翻译的意思也差不多，指图像与图像之间不同形式的转换，也需要保持主要内容和特征不变，如同一场景的图像可以以彩色图像、灰度图像、梯度图甚至语义标签映射等形式呈现。

传统图像翻译基本是采用特定算法解决具体问题，不同的问题需要用不同的算法解决。但是基于 GAN 的图像翻译的目标是建立一个通用的结构来解决各种图像翻译问题，而不必为每个问题都重新设计一种算法。

3．图像风格迁移

图像风格迁移（Image Style Transfer）是指利用 GAN（或其他方法）将一幅具有某种风格的输入图像转换为具有另一种风格的新图像，这幅新图像的内容基本不变，但风格与另一幅（或多幅）其他风格的参考图像一致。这种用于风格迁移的神经网络在训练中会学习参考图像的风格，把学到的风格融合到输入图像中，即将参考图像的风格（仅仅是风格，而不是内容）"迁移"到输入图像上，从而生成一幅具有新风格的图像。例如，可以利用 GAN 的图像风格迁移算法学习著名画作的风格，然后再把这种风格迁移到输入图像上，形成一幅具有名画风格的"作品"。著名的图像处理应用软件 Prisma 就是利用风格迁移技术，将普通用户的照片自动变换为具有某个艺术家风格的"画作"。

4．图像超分辨率重建

GAN 的图像超分辨率（Super Resolution，SR）重建的目标与传统的超分辨率方法是一致的，输入一幅低分辨率图像，生成对应的细节丰富的高分辨率图像。感知损失重点关注中间特征层的误差，而不是输出结果的逐像素误差，在很大程度上能够避免生成的高分辨图像缺乏细节信息的情况。用 GAN 重建的图像的质量一般明显高于用传统的超分辨率算法重建的图像。

5．图像修复和编辑

利用 GAN 可以进行图像修复（Image Inpainting）或图像编辑。图像修复就是填补图像中某些缺失或损坏的部分，如修复有划痕或部分缺损的人脸图像；图像编辑则是将不同图像的某些特征根据需要融合在一幅图像上，如依据特定的面部特征（如发色、发型、表情）来编辑人脸图像。还可以利用 GAN 来消除图片中雨、雾对画面的影响。

6. 视频生成和预测

通常说来，视频图像由相对静止的背景和运动的前景组成。GAN 可以使用 3D CNN 生成器生成运动前景，使用 2D CNN 生成器生成静止背景，进而合成一段视频。还可以使用 GAN 进行视频未来帧的预测，利用已有的视频帧预测后面的视频帧，甚至可以连续预测时长为一秒的视频帧。

以上简要介绍了几种 GAN 在图像处理中的应用，比较详细的介绍安排在第 10 章。此外在图像领域还有多种应用，如图像中的目标检测、目标跟踪、行人识别等，以及图像中的目标美化（Object Transfiguration）、视觉显著区域预测、图像去雾、自然图像匹配、图像融合、图像分类、遥感图像处理等。

1.4.2 在其他领域中的应用

相比于 GAN 在图像领域中的应用，GAN 在文本、语音等序列信号领域中的应用要少很多。主要原因是 GAN 在优化时普遍使用 BP 算法，对于文本、语音这类序列数据，GAN 的训练有一定的困难。针对这类应用问题，已有多种解决方法被提出，如将强化学习中的策略梯度下降（Policy Gradient Descent）算法引入到 GAN 的序列生成中，以及使用长短期记忆（LSTM）网络作为生成器和判别器，直接生成整个音频序列。目前，GAN 已经在序列数据应用方面取得不少进展，在自然语言、音乐、时间序列等方面都有了许多新的尝试。

1. 在音频领域中的应用

在自然语音处理方面，可以利用 GAN 进行语音分析、语音合成、语音增强和语音识别。例如，可利用 GAN 进行语音处理，使用对抗学习方法进行对话的生成，还可以用 GAN 进行可视化故事讲解。

GAN 可结合变分自编码器（VAE）实现语音转换系统，编码器用于编码语音信号的内容，解码器则用于重建音色。在一般情况下，VAE 生成的语音比较平滑、模糊，而 GAN 生成的语音则比较清晰和"丰满"。

在基于 GAN 的文本转语音（Text To Speech，TTS）中，它的前馈生成器是一个卷积神经网络，与多个判别器集成在一起，这些判别器基于多频随机窗口评估生成的音频和实际的音频。

在音乐方面，GAN 还可用于生成新的音乐。

2．在医学领域中的应用

GAN 在医学领域中有多种应用。例如，GAN 可用于生物 DNA 的生成和设计、MRI 信号的压缩、新药品的发现、医学图像的处理、牙齿的修复设计等。

3．在数据领域中的应用

在数据领域，GAN 可用于数据生成、神经网络生成、数据增强、空间表示学习、网络嵌入等，还可用于恶意软件检测、国际象棋竞赛、速记、隐私保护、网络修剪等。GAN 也已经广泛地用于图像到文本（图像标题）的生成。Google Brain 团队结合 GAN 和强化学习进行文本的完形填空，具体任务是补全句子中的缺失部分。此外，GAN 可用于问题回答选择（Question Answer Selection）、诗词生成、书写体中文生成等。

第 2 章
数字图像处理

数字图像处理是始于 20 世纪 60 年代的一门学科，其产生和发展得益于数理统计理论和数字技术、计算机技术、图像获取/显示技术的发展。近年来，人工智能、计算机视觉的发展也深刻影响着数字图像处理的理论和实践。由于数字图像处理是 GAN 应用的主要领域，因此，掌握一些有关数字图像处理的基本理论和主要技术，对于深入理解 GAN 在图像领域中的应用是很重要的。

本章第 1 节介绍数字图像基础相关知识，包括图像的数学表示、图像的数字化、数字图像的表示、图像的分辨率；第 2 节对传统数字图像处理进行简单介绍；第 3 节则介绍基于 ANN 的数字图像处理方面的基本内容；第 4 节介绍常用的图像数据集。

2.1 数字图像基础

2.1.1 图像的数学表示

图像按其所占空间维数的不同，可分为平面的二维图像和立体的三维图像等；按其内容随时间的变化情况，可分为不随时间变化的静态图像和随时间变化的活动图像（视频）等；按照光波长的不同，可分为固定波长的单色（灰度）图像和波长随坐标变化的彩色图像等。

最常见的连续平面彩色图像可用二维连续函数表示：

$$I = f(x, y, \lambda) \tag{2-1}$$

其中，I 表示二维彩色图像，(x, y) 为像素坐标，λ 为光波长。由于单个波长变量 λ 不易分析，可以根据红绿蓝（Red Green Blue，RGB）三基色原理，将 λ 分解为 3 个基色波长 λ_R、λ_G 和 λ_B，将 I 也分解为三个基色分量图像 I_R、I_G 和 I_B，即

$$\begin{cases} I_R = f_R(x, y, \lambda_R) \\ I_G = f_G(x, y, \lambda_G) \\ I_B = f_B(x, y, \lambda_B) \end{cases} \tag{2-2}$$

式（2-2）将一幅彩色图像分解为 3 个二维函数，可理解为在某一坐标 (x, y) 处有 3 个彩色分量映入我们的眼睛，从而产生不同的彩色感觉。

如果（2-1）式中的 λ 取定值，表示单色图像或只关心图像的亮度，与波长无关，则成为二维灰度（单色）图像：

$$I = f(x, y) \tag{2-3}$$

在（2-3）式中，如果图像的灰度只取黑、白两个值，就形成了二值图像：

$$I = f(x, y) = \begin{cases} 1, & (x, y) \in \text{white area （白色区域）} \\ 0, & (x, y) \in \text{black area （黑色区域）} \end{cases} \tag{2-4}$$

2.1.2　图像的数字化

式（2-1）～式（2-4）是连续函数，表示的是连续的模拟图像。模拟图像的连续性包含两方面的含义，即空间位置延续的连续性及每个位置上光强度变化的连续性。连续的模拟图像无法用计算机进行处理，也无法在各种数字系统中传输或存储，所以必须先将连续（模拟）图像信号转变为离散（数字）图像信号，这样的变换过程称为图像信号的数字化（Digitalization）。图像信号的数字化过程和其他模拟信号的数字化过程基本类似，一般要经历三个阶段：取样、量化和编码。

1．连续图像的取样

连续图像 $f(x, y)$ 的定义域在二维空间（xy 平面）上的离散化过程称为取样（Sampling）或抽样。被选取的点称为取样点、抽样点或样点，也称为像素（Pixel）。样点上的函数值称为取样值、抽样值或样值。取样就是在定义域空间（图像）上用有限的样点代替连续无限的坐标值。

可见，连续图像的取样就是对图像空间位置的离散处理。在均匀方格（正交）取样的前提下，如图 2-1 所示，可以证明，若原始图像频谱是限带的且取样间隔 Δx 和 Δy 足够小，使 $\Delta u \geqslant 2U_m$，$\Delta v \geqslant 2V_m$，$\Delta u = 1/\Delta x$，$\Delta v = 1/\Delta y$，U_m、V_m 为图像频谱的最高频率，则我们至少可以通过低通滤波的方法完全恢复原始图像。这就从理论上保证了经过适当取样的离散图像与原来的连续图像是完全等价的。

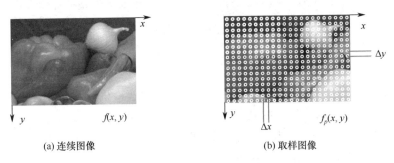

(a) 连续图像   (b) 取样图像

图 2-1 连续图像的取样

2. 取样值的量化

经过取样的图像是在空间上被离散成像素（样点）的阵列，而每个像素的灰度值还是一个有无穷多取值的连续变化量，必须将其转化为有限个离散值并赋予不同码字，才能真正得到数字图像，从而方便计算机或其他数字设备进行处理，这个过程称为量化（Quantization）。

如图 2-2 所示，用判决电平将连续的灰度范围均分，形成 8 个量化间隔（区域）。两个判决电平之间的所有灰度值用一个量化值来表示。

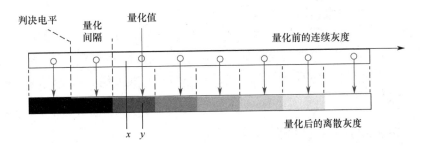

图 2-2 量化示意

量化既然是以有限个离散值来近似表示无限多个连续量的，就一定会产生误差。例如，输入的灰度值为 x，在量化后，输出的灰度值为 y，这两者之间的误差

（$y-x$）就是所谓的量化误差，由此产生的失真即为量化失真或量化噪声。之所以可以把量化形成的失真称为量化噪声，是因为二者的产生过程和结果是十分相似的。噪声引起的失真相当于在准确的图像灰度值的基础上加上（或减去）噪声的值。而量化引起的失真，实际上也是在准确值的基础上加上（或减去）量化所引起的误差。当量化层次少到一定程度时，量化值与连续量值之间的差值（量化误差）变得很显著，会引起严重的图像失真。

图像量化的基本要求是，在量化失真对图像质量的影响一定的前提下，用最少的量化层进行量化。通常对取样值进行等间隔的均匀量化，量化层数 K 取为 2^n。这样，每个量化区间的量化电平可采用 n 位（比特）自然二进制数表示，形成 PCM 编码。对于均匀量化，由于其是等间隔分层，所以量化分层越多，量化误差越小，但编码占用的比特数就越多。

与取样中到底需要多少样点的问题类似，在量化中也存在到底要用多少个量化值来替代连续灰度值的问题。但与取样问题不同的是，无论用多少个（有限的）量化值来取代连续值，理论上都存在失真，都不可能用量化后的值完全恢复原来的量值。这就涉及我们能够容忍多大的量化失真的问题，在实际应用中，我们往往按照一定的应用要求来决定量化值的个数。

3. 量化值的编码

所谓数字图像，是指用二进制（或多进制）的符号按一定的顺序表示每个像素的量值。在完成了对连续图像的取样、量化后，就实现了图像的空间和量值的离散化，但还没有形成数字图像。

图像的采样值在量化后形成了有限数量的量化值，量化值实际上是一套标号，标号表示量化值所属的量化区间。因此，需要设计一套二进制的比特组合来对应这套标号，这就是编码。经过编码的图像形成了二进制比特表示，就完成了图像的数字化，形成了数字图像。在实际中应用最多的是脉冲编码调制（Pulse Code Modulation，PCM），它和量值之间按大小关系自然对应，形成二进制码，常简称为 PCM 码。我们由 PCM 码所代表的数值就能够知道其灰度的量值。例如，图像的连续样值在 0～255，采用 8 比特均匀量化，那么图像灰度级分为 $2^8=256$ 层，每个量化区间（层）的长度皆为 1，形成 0～255 的整数 PCM 值。

在神经网络的图像处理中，常常要求对输入图像的像素值进行归一化处理，如将 0～255 的整数值线性地纳入 0～1，处理后再恢复到 0～255。

2.1.3　数字图像的表示

经过数字化处理的图像称为数字图像。尽管我们看到的场景是连续（模拟）的，但为了便于计算机或其他设备对图像的采集和处理，图像处理操作几乎全是针对数字图像而言的。数字图像普及的程度已经到了使图像和数字图像几乎等价的地步。数字图像的众多优越性无须一一道来，这里只说明一条，数字图像便于数学表示，尤其是矩阵表示、张量表示及计算机的数组表示。

1．黑白图像

参考式（2-4），黑白图像的每个像素只能是黑或白，没有中间的过渡，故又称为二值图像，每个像素值一般归一化为 0 或 1，如 1 表示白色，0 表示黑色。图 2-3（a）是一幅黑白图像，图 2-3（b）是图像中某个 3×3 的局部图像放大后的表示，图 2-3（c）是用来表示其像素值的 3×3 矩阵。

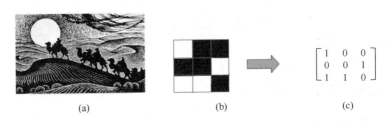

(a)　　　　　　　　　　(b)　　　　　　　　　　(c)

图 2-3　黑白图像及其像素的矩阵表示

2．灰度图像

灰度图像可以看作式（2-3）表示的连续图像的数字图像，它的每个像素由一个量化的灰度级描述，没有彩色信息。图 2-4 表示一幅 8 比特的灰度图像，和图 2-3 中黑白图像的表示方式类似，只不过规定每个像素值为 0～255 的某个数。

图 2-4　灰度图像及其像素的矩阵表示

3．彩色图像

彩色图像可以看作（2-2）式表示的连续图像的数字图像，它的每个像素位置包含红、蓝、绿三个彩色值。如图 2-5 所示，与灰度图像表示方式不同的是，在彩色图像中，对于某一小块图像需要用 3 个同样大小的矩阵来表示，分别表示红色变量（**R**）、绿色变量（**G**）和蓝色变量（**B**）的像素值。

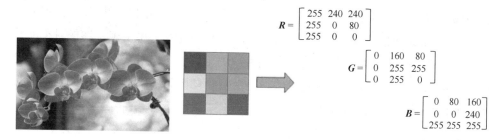

图 2-5　彩色图像及其像素的矩阵表示

4．图像的矩阵表示

如上所述，我们已经了解如何将一小块图像表示为相应的矩阵，因此，不难从一小块扩大到整幅图像，道理是一样的，只不过矩阵的规模不同。设 $f(x, y)$ 表示一幅具有两个表示位置的连续变量 x 和 y 的连续灰度图像函数。通过取样、量化和编码，形成等价的数字图像。则该数字图像为一个二维阵列 $f(m,n)$，该阵列有 M 行和 N 列，其中 (m,n) 是离散坐标。

$$f(m,n) = \begin{bmatrix} f(0,0) & f(0,1) & \cdots & f(0,N-1) \\ f(1,0) & f(1,1) & \cdots & f(1,N-1) \\ \vdots & \vdots & & \vdots \\ f(M-1,0) & f(M-1,1) & \cdots & f(M-1,N-1) \end{bmatrix} \quad (2\text{-}5)$$

使用传统的矩阵来表示数字图像更为方便，如用矩阵 **A** 来表示阵列 $f(m,n)$，用 $a_{m,n}$ 表示图像中某一像素：

$$A = f(m,n) = \{a_{m,n}\} \quad (2\text{-}6)$$

这样一幅 $M \times N$ 的图像可以表示为一个矩阵，矩阵中的元素和图像中的"像素"一一对应，总像素数为 $M \times N$。每个像素都有它自己的"位置"和"值"，"值"是这一"位置"像素的颜色或者强度。设像素的灰度级数为 2^k，则每个像素可用 k 比特表示，整幅图像的数据量为 $M \times N \times k$ 比特。至此，上述矩阵表示的是灰度图像，如果是彩色图像，则一幅图像一般需要用 3 个同样大小的矩阵表示，每个矩阵表示一种彩色，相应的数据量也会增加到 3 倍。

2.1.4　图像的分辨率

表征图像质量的一个主要参数是图像的分辨率（Resolution）。图像的分辨率指图像所表示的场景中可以区分的最小的差别（比这再小的差别图像就没有办法表示了）。常见的分辨率包括三类：第一类是空间分辨率，用于表示图像对空间位置的区分能力；第二类是灰度/彩色分辨率，用于表示图像对灰度深浅或彩色种类的区别能力；第三类是时间分辨率，这是针对活动图像而言的，用于表示图像对不同时间场景变化的区别能力。

1．空间分辨率

数字图像的空间分辨率可用单位面积的像素数来表示，而单位面积的像素数直接取决于采样频率或采样间隔。对于同一场景的相同尺寸的图像，空间分辨率越高意味着图像越清晰，我们在图像中所能分辨的细节越多。因此，在一般情况下，图像的空间分辨率越高越好。空间分辨率可以用一幅图像的行数乘列数来表征，如对于一幅 M 行、N 列的图像，我们说这幅图像的空间分辨率（常简称为分辨率）为 $M \times N$。图 2-6 所示是不同空间分辨率的图像，空间分辨率从左到右分别为 256×256、128×128、64×64、32×32。从图 2-6 中可以看出，随着分辨率的逐渐减小，图像中细节的模糊、边缘的锯齿状现象逐渐严重，最终在 32×32 的图像中，看不出人的鼻子和嘴的具体形状。

256×256　　　　128×128　　　　64×64　　　　32×32

图 2-6　不同空间分辨率的图像

在不考虑图像压缩的情况下，空间分辨率的本质是描述同一场景耗费了多少数据量（多少字节）。仍然以图 2-6 为例，同样是描述 Lena 的图像，每个像素占用 1B，最左边的图像耗费了（256×256）B=64KB 的数据量，而最右边的图像仅耗费了（32×32）B=1KB 的数据量。

2. 灰度/彩色分辨率

图像空间分辨率对应的是数字化过程中的空间离散化环节，与取样密度直接相关。而图像的灰度分辨率则与取样值的量化环节直接相关。虽然讨论的是灰度分辨率，但它对彩色图像同样适用。因为一幅彩色图像可以分解为多幅单色图像，每幅单色图像都可作为一幅灰度图像来处理。

图像的灰度分辨率是指将像素的总体灰度范围划分为多少个等级，等级数越多，灰度分辨率越高，意味着图像的深浅层次越丰富，我们在图像中所能分辨的细节越多。因此，在一般情况下，图像的灰度分辨率越高越好。一幅数字图像的灰度分辨率可以简单地用像素的比特数来表示。

如图 2-7 所示，对于同一人物不同灰度分辨率的图像，从左到右、从上到下分别为 64 灰度级、32 灰度级、16 灰度级、8 灰度级、4 灰度级、2 灰度级的图像，对应的像素比特数为 6、5、4、3、2、1。为了便于计算机运算，图像的灰度级常用 2 的整数幂来定义。从图 2-7 中可以看出，随着灰度分辨率的逐渐减小，图像中发生灰度"合并"的区域不断增加，细节的模糊、边缘生硬的现象逐渐严重，最终在 2 灰度级的图中，非白即黑，没有任何灰度过渡，仅保留了图像的基本轮廓。

图 2-7　不同灰度级的图像

对于 64 灰度级的图像，人眼已经难以觉察到其灰度变化和通常所见的 128 灰度级或 256 灰度级的图像有什么差别，甚至 32 灰度级的图像看起来"也不错"。这是因为人眼对灰度的区分能力有限，没有受过专门训练的人通常只能够分清图像中几十个不同的灰度级，而机器可以分清数百上千的灰度级。

3．时间分辨率

图像的时间分辨率是针对活动图像（如视频、电影、动画等）而言的。

利用人眼的视觉暂留特性，将在不同时间采集的同一活动场景的图像快速地进行显示，我们就会看到一个"活动"的场景，这就是电影等视频显示的最基本的原理。那么，每秒播放多少幅场景图像才能够使人获得非常接近真实的运动感？实践表明，每秒图像数达到 10 幅以上，人眼就可以产生明显的连续感。当然，图像随时间更改的速度，即每秒显示图像的幅数（帧频）也是越高越好的。也就是说，时间分辨率越高，我们看到的运动越平滑、越连续。因此，我们往往用帧频来表示时间分辨率。帧频越高，时间分辨率也越高，人的动态视觉感受就越好。

一般来说，电影的时间分辨率达到 24 帧/秒，一般的广播电视的时间分辨率达到 25 帧/秒或 30 帧/秒，就已经能够使我们获得比较满意的连续动感图像了，但仍然有一点跳动感。而计算机的显示器，其帧频可高达 70 帧/秒以上，其动感的连续性和稳定性明显增加。因此，在现在的高清电视中，不仅空间分辨率大大增加，时间分辨率也大大增加，可达 50 帧/秒、60 帧/秒、100 帧/秒，甚至达120 帧/秒。

2.2　传统数字图像处理

数字图像技术主要指数字图像处理相关技术，即用数字信号处理设备（如计算机等）对数字图像信号按照具体的应用要求进行采集、压缩、存储、传输、运算和分析等处理。图像处理的具体技术很多，我们这里仅简单介绍传统的数字图像处理技术的几个主要方面。所谓"传统"的图像处理方法，从处理工具来看，大致不包含神经网络等方法；从具体的处理方式来看，大致不包括图像生成、图像翻译、图像编辑、图像风格转移等新的处理方式。

2.2.1　图像采集和压缩

1．图像采集

图像采集就是从工作现场获取场景图像的过程，采集工具大多为 CCD 或 CMOS 相机或摄像机。相机采集的是单幅图像，摄像机则可以采集连续图像。就一幅图像而言，它实际上是三维场景在二维图像平面上的投影，图像中某一点的彩色（亮度和色度）是场景中对应点的彩色的反映。这就是我们可以用采集到的图像来反映真实场景的根本依据。

现在绝大部分相机都可直接输出数字图像，可以跳过数字化这一步骤，直接输入计算机进行处理，后续的图像处理工作往往是由计算机或嵌入式系统以软件的方式进行的。

2. 图像压缩

因为数字图像的数据量非常大，而且图像内容存在较强的相关性，所以我们有必要也有可能对数字图像进行压缩处理，减少其相关性，形成高效的表示方法。基于图像统计特性的图像压缩的目标，就是在满足一定的图像质量要求的前提下，最大限度地压缩图像的数据量，以便存储更多的图像，或在图像传输的过程中节省更多的带宽。图像压缩的主要方法包括图像的预测编码、变换编码和熵编码等。

2.2.2　图像去噪和滤波

噪声是图像中普遍存在的一种干扰信号，在通常情况下，我们希望消除图像中噪声的影响，也就是要对图像进行去噪处理。图像去噪的最终目的是改善图像的质量，解决实际图像受噪声干扰而质量下降的问题。

1. 常见的图像噪声

图像中常见的噪声可归纳为两种：一种为加性噪声，这种噪声和图像信号强度不相关，带有噪声的图像 g 可看作理想无噪声图像 f 与噪声 n 之和，即 $g=f+n$；另一种为乘性噪声，这种噪声与图像信号相关，往往随图像信号的变化而变化，可用 $g=f(1+n)$ 来表示。

从统计的角度来看，可以将图像噪声分为服从不同分布的噪声，例如，若噪声服从高斯分布，则称为高斯噪声，类似的还有瑞利噪声、伽马噪声、指数噪声、均匀噪声等。

2. 图像去噪算法

1）空域滤波

空域滤波在原始图像上直接进行数据运算，对像素的灰度值进行处理。常见的算法有邻域平均、低通滤波等线性方法和中值滤波等非线性方法。

2）变换域滤波

变换域滤波是指对图像进行某种变换，将图像从空域转换到变换域中，然后对变换域中的变换系数进行去噪处理，再进行反变换，将图像从变换域转换到空域中，达到去除图像噪声的目的。将图像从空域转换到变换域的滤波方法很多，常用的有傅里叶频域的低通滤波和和小波域的阈值滤波等。

3）基于偏微分方程的去噪算法

偏微分方程具有各向异性的特点，将其应用在图像去噪中，可以在去除噪声的同时，很好地保留图像中的边缘和细节。偏微分方程的应用主要可以分为两类：一类是基本的迭代格式，通过随时间变化的更新，使图像向所要得到的效果逐渐逼近，如 PM（Perona-Malik）算法；另一类是基于变分的图像去噪方法，先确定图像的能量函数，通过对能量函数的最小化使图像达到平滑状态，如全变分（Total Variation，TV）模型。

4）形态学滤波（Morphological Filtering）

形态学的开（Open）运算与闭（Close）运算的组合可用来去除图像噪声。例如，首先对有噪声的图像进行开运算，可选择比噪声尺寸大的结构要素矩阵，将图像背景上的噪声去除；再对得到的图像进行闭运算，将图像目标上的噪声去除。由此可知，这类方法适用的图像类型是目标尺寸比较大且没有微小细节的图像。

随着数字图像去噪应用的日趋广泛，各种图像去噪方法层出不穷，如非局部均值（Non Local Means，NL-Means）方法、3D 块匹配滤波（Block-Matching and 3D Filtering，BM3D）等方法，去噪效果也越来越好。

2.2.3 图像增强和复原

降质（或退化）的图像通常模糊不清，会使机器从中提取的信息减少甚至发生错误。因此，必须对降质的图像进行改善。改善的方法有两类：一类方法是从主观感知出发，不考虑（或者无从考虑）图像降质的原因，只对图像中感兴趣的部分加以处理，故改善后的图像并不一定要逼近原始图像，如增加图像的对比度、提取图像中目标物轮廓、衰减各类噪声、均衡图像灰度等，这类改善方法称为图像增强；另一类方法是从客观出发，针对图像降质的具体原因，设法补偿降质因素，从而使改善后的图像尽可能地逼近原始图像，这类改善方法称为图像恢复或图像复原。

1. 图像增强

图像增强（Image Enhancement）是指按照人们的主观要求对目标图像进行处理，利用多种计算方法和变换手段提高图像中人们感兴趣部分的清晰度等观看指标。

图像增强方法基本上可分为空域方法和频域方法两大类。空域方法是在原始图像上（空域中）直接进行数据运算，对像素的灰度值进行处理。如果对图像进行逐点运算，称为点运算（Point Operation）；如果在像点邻域内进行运算，称为局部运算或邻域运算（Neighborhood Operation）。空域方法包括图像的直方图修正、图像平滑、噪声去除、边缘增强、特殊图像（如雾天图像、暗光图像等）增强等。频域方法是在频域内进行处理，增强感兴趣的频率分量，然后进行反变换，得到增强后的图像。

2. 图像复原

图像复原（Image Restoration）也称图像恢复，是一类以客观指标为准的图像处理方法。复原处理的目标是尽可能地避免或消除图像获取、处理、存储、传输等过程中的质量下降（退化），恢复降质图像的本来"面目"。要达到这一目的，就必须弄清楚降质的原因，分析引起降质的主要因素，建立相应的数学模型，并利用图像降质的逆过程来恢复图像。

在具体应用中，成像过程的每个环节都有可能引起降质，典型的有光学系统的像差、光学成像的衍射、成像系统的非线性畸变、摄像感光元件的非线性、成像过程的相对运动、大气的湍流效应、环境随机噪声等。由于引起降质的因素很多且性质不同，因此图像复原的方法、技术也各不相同。

图像复原处理可以在空域内进行，如矩阵对角化、最小二乘等；也可以在频域内进行，如逆滤波、维纳滤波等。在给定降质模型的条件下，可以在复原过程中不设置约束条件，形成无约束条件的图像复原，如逆滤波、维纳滤波等；也可以在复原过程中增设约束条件，形成有约束条件的图像复原，如有约束维纳滤波、有约束最小二乘等。除了上述线性复原方法，还可以采用非线性图像复原方法，如最大熵复原、最大后验概率复原等。

2.2.4　图像分割

图像分割（Image Segmentation）的主要目标是按照具体应用的要求，将图像中有意义或感兴趣的部分分离或提取出来。这种分离或提取通常是根据图像的各种特征或属性进行的，如基于边缘的/基于区域的/基于灰度的分割方法等。例如，将一幅航拍照片分割成公路、湖泊、森林、住宅、农田等区域；再如，将监控视频中行驶的车辆、人的脸部从背景中分割出来，供下一步的车辆车牌识别、人脸识别使用。

图像分割是从低层次的图像处理到较高层次的图像分析、更高层次的图像理解的关键步骤。图像在分割后的处理，如图像描述、特征提取、目标识别、行为识别、语义识别等都依赖图像分割的结果。

2.2.5　图像特征提取和目标检测

1. 特征和特征提取

图像特征和特征提取（Feature Extraction）尚未有明确的定义，图像"特征"这个概念是有一定的主观性的，一般来讲是图像中最关键、最具代表性的"形状"部分，如数字图像中的边缘、角点、脊线、纹理等。特征信息比原始图像更加抽象，因为它忽略了图像中大部分与应用目标无关的内容。图像特征的表示一般称为特征描述（Feature Descriptor），是指用简单明确的数值、符号、图形或它们的组合表达图像中目标或区域的特征，以及区域之间的关系等。获取图像特征的过程称为特征提取。特征提取就是通过图像处理算法，检测出图像中的特征并将其提取出来作为"特殊图形"，供下一步的图像处理或图像分析使用。

为了更顺利地进行特征提取，在特征提取前，一般需要对图像进行预处理，如图像去噪、平滑滤波等。特征提取一般不是图像处理的最终目标，通常是一个中间步骤，是许多高级图像分析算法的基础。也就是说，提取出来的特征大多用于后续的具体应用，例如，对于两幅有相同目标的图像，提取的角点特征可用于匹配这两幅图像中的同一个目标；再如，脊线检测在交通图像中往往用来分辨道路，在医学图像中则用来标注血管。

经典的特征提取算法有边缘检测、角点检测、纹理匹配等。效果比较好的特征提取方法有尺度不变特征变换（Scale Invariant Feature Transform，SIFT）、加速鲁棒特征（Speeded Up Robust Features，SURF）等。

2. 目标检测和跟踪

我们一般将图像中感兴趣的部分或者有特别用途的部分称为目标，但这些目标在图像中并没有专门的标注，需要采用特别的处理方法（如图像分割等）将其分离或标注出来，这就是目标检测（Object Detection）。因此，图像的目标检测就是确定图像中是否有我们关注的目标，以及这些目标在哪里（获得目标的位置信息）。

目标检测主要用于目标跟踪、目标识别、目标定位、目标分割等。例如，图像中人脸的检测可为后续在检测出的区域内进行人脸识别打好基础；交通图像中的车辆目标检测可为检测后的车辆跟踪或车辆识别提供必不可少的基本依据。

传统的目标检测有多种方法，在很大程度上要凭经验并依靠手工方法，如基于 HOG（Histograms of Oriented Gradients）特征的行人检测算法。HOG 特征基于梯度方向直方图，是所有基于梯度特征的目标检测器的基础。

运动目标跟踪（Object Tracking）就是在摄像机检测到场景图像中有运动目标后，预测运动目标下一步的运动方向和趋势（跟踪），并及时将这些运动数据提供给后续的分析和控制单元，形成相应的控制动作。

2.2.6　图像变换和超分辨率重建

1．图像变换

图像变换（Image Transform）通常指利用正交变换改变图像数据结构，从而便于后续的处理。常用方法有傅里叶变换、余弦（正弦）变换、沃尔什/哈达码变换、小波变换等，将图像转换到变换域中进行分析或处理。例如，将空域中的图像变换到频域中进行各种滤波处理，以改善图像的质量；将图像从空域变换到频域中以消除图像数据之间的相关性，实现图像数据的压缩。另外，小波变换在时域和频域中都具有良好的局部化特性，在图像处理中有广泛的应用。

2．图像的超分辨率重建

在实际应用中，由于受到多种因素的影响，理想的高分辨率图像往往会退化为低分辨率图像，而我们总希望能恢复原来的高分辨图像。从低分辨率到高分辨率的图像超分辨率重建（Super Resolution Reconstruction，SRR）技术是当前图像处理领域的热点之一。图像的超分辨率重建技术与图像恢复技术的目标都是重建高质量的原始图像，不同之处在于，图像恢复技术处理后的图像空间分辨率不变，而超分辨率技术重建的图像的空间分辨率是成倍增加的。

除了上述基本的图像处理技术，还有其他一些图像处理技术，如彩色图像处理（Color Image Processing）、形态学图像处理（Morphological Image Processing）、基于偏微分方程的图像处理（Image Processing based on Partial Differential Equation）、图像的压缩感知（Compressed Sensing，CS）等，这里不再具体介绍。

2.3 ANN 图像处理

随着信息技术的不断发展，传统的图像处理技术逐渐显示出本身的一些局限性。利用人工神经网络进行图像处理已成为当前十分活跃的研究和开发领域之一，这主要由于其具有多方面的优点，如高度的并行计算结构，可以提高运行速度；很强的学习能力，可以适应多种复杂的应用场景；神奇的函数映射功能，可以模拟非线性、高复杂度、（甚至）无法描述的函数功能；处理不完全数据的能力，泛化能力强。

2.3.1 图像分类

不同于经典的图像分类方法，基于人工神经网络的图像分类是一种基于数据驱动的方法。该方法并不直接在代码中指定每个感兴趣的图像类别，而是为计算机提供每个类别图像的许多示例（样本），然后设计一种学习算法，查看这些示例并学习每个类别的视觉特性。也就是说，首先积累一个带有标记图像的训练集，然后将其输入到计算机中，由计算机进行处理。

计算机处理可以按照以下步骤进行：首先，输入由 N 幅图像组成的训练集，共有 K 个类别，每幅图像都有相应的类别标记；其次，使用该训练集训练一个分类器，学习每个类别的外部特征。最后，用训练好的分类器来预测一组新图像的类别，用分类器预测的类别与其真实的类别标签进行比较，以此来评估分类器的性能。

目前较为流行的图像分类模型是卷积神经网络（Convolutional Neural Network，CNN），如图 2-18 所示，CNN 主要由输入层、卷积层、池化层、全连接层和输出层组成。将图像送入 CNN，然后 CNN 对图像进行分类。如果输入一个 100×100 的图像，CNN 不需要一个有 10000 个节点的网络层，只需要创建一个大小为 10×10 的扫描输入层，扫描图像的前 10×10 个像素。然后，扫描窗口向右移动一个像素，再扫描下一个 10×10 的像素，按这种滑动窗口机制继续下去，直至完成整幅图像的扫描。

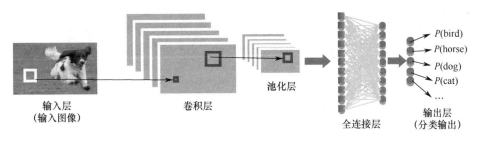

图 2-8　CNN 示意

输入数据被送入卷积层，卷积输出的数据送入池化层。如果将卷积层和池化层视为一个单元，CNN 一般有多个这样的单元。在卷积时，每个节点只需处理离自己最近的邻近节点，卷积层的规模也随着层数的深入而逐渐缩小。池化层的作用是过滤细节，常用的池化技术是最大池化，一般为 2×2 的矩阵。CNN 的输出为输入图像属于各类别的概率，显然，输入图像属于最大概率值对应的那个类别。

2.3.2　目标检测与跟踪

1. 目标检测

在目标检测中，经常要对多个目标进行分类和定位，而不仅仅对某个主体目标进行分类和定位。在图像或视频的目标检测中，一般设定 2 个输出类别：目标和非目标，常将图像中目标的边界框出，一般不会紧贴目标的真正边界（不容易办到），而是标定一个矩形框作为目标的边界框，当然这个矩形框要尽可能贴近目标。在可能的情况下，常为检测出的目标加上简洁的文字标注。如图 2-9 所示，在道路车辆检测中，对于给定的视频图像，检测出其中所有的汽车目标，并用矩形框（实际为红色）进行标注。

图 2-9　目标检测示例

近年来，图像目标检测技术朝着快速、高效的方向发展。例如，YOLO（You Only Look Once）、SSD（Single Shot MultiBox Detector）和 R-FCN（Region-based Fully Convolutional Network）等目标检测方法，都有在整个图像上共享计算的趋势。

2. 目标跟踪

目标跟踪是指在特定场景中跟踪某个或多个特定的感兴趣目标的过程。常见的应用就是在监控视频和真实场景的交互中，在检测到初始目标之后进行跟踪观察。如图 2-10 所示，图中不同颜色的曲线表示图像中不同目标的运动轨迹，也就是目标跟踪的结果。根据观察模型，目标跟踪算法可分为两类：生成算法和判别算法。生成算法使用生成模型来描述目标的表观特征，并通过最小化重建误差来搜索目标。判别算法是一种更常见的目标跟踪算法，可用来区分目标和背景，其性能比较稳健，已逐渐成为目标跟踪的主要手段。

注：彩插部分有相应彩色图片。

图 2-10　多目标跟踪结果示意

为了通过检测实现跟踪，我们检测所有帧的候选目标，并使用深度学习从候选目标中识别所需目标。有两种可以使用的基本网络模型：堆叠自动编码器（Stacked Auto Encoder，SAE）和 CNN。其中，由于 CNN 在图像分类和目标检测方面性能优越，已成为神经网络目标跟踪的主流模型。两个代表性的基于 CNN 的跟踪算法是完全卷积网络跟踪器（Fully Convolutional Network Tracker，FCNT）和多域 CNN（Multi-Domain CNN，MD CNN）跟踪算法。

除此以外，研究人员还探索了多项改进措施：应用其他网络模型，如循环神经网络（RNN）和深度置信网络（DBN）等；设计新的网络结构来适应视频处理和端到端学习；优化流程、结构和参数，甚至将深度学习与传统的计算机视觉或其他领域的方法（如语音处理和语音识别）相结合。

2.3.3 语义分割和实例分割

1. 语义分割

图像分割就是将整幅图像分成一个个像素组，然后对每个像素组进行标记和分类。在基于神经网络的图像分割中，语义分割（Semantic Segmentation）试图在语义上理解图像中每个像素的角色，如识别它属于汽车、摩托车或其他的类别。如图 2-11(a)所示，除了识别行人、道路、汽车、树木等，还必须确定每个物体的边界。因此，网络模型需要对图像中所有的像素进行预测。

CNN 在图像分割中应用得比较早，采用的方法是通过滑动窗口进行块分类，利用像素周围的图像块，对每个像素分别进行分类，其计算效率是非常低的。后来加州大学伯克利分校提出了全卷积网络（Fully Convolutional Network，FCN）方案，采用了端到端的 CNN 架构，如图 2-11(b)所示，在没有任何全连接层的情况下进行密集预测。这种方法允许针对任何尺寸的图像生成分割图，并且比块分类算法快得多，几乎后续所有的语义分割算法都采用了这种方式。

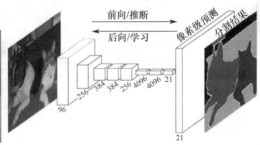

(a) 街景的语义分割　　　　　　　　　(b) FCN 语义分割

图 2-11　语义分割示意

但是，这里仍然存在一个问题：在原始图像分辨率上进行卷积运算非常耗时。为了解决这个问题，FCN 在网络内部使用了下采样和上采样：下采样层被称为条纹卷积（Striped Convolution），而上采样层被称为转置卷积（Transposed Convolution）。尽管采用了上采样和下采样，但由于池化期间的信息丢失，FCN

会生成比较粗糙的分割结果。SegNet 是剑桥大学提出的一种基于 FCN 的图像语义分割深度网络，使用最大池化和编码-解码结构的高效内存架构及其他一些措施，改善上采样和下采样的粗糙度问题。

2. 实例分割

实例分割（Instance Segmentation）能对图像中不同类型的实例进行分类，如图 2-12 所示，用 5 种不同颜色来标记 5 辆汽车。分类任务在通常情况下只要识别出单个目标的图像是什么即可，但在分割实例时，需要执行更复杂的任务。例如，会遇到有多个重叠物体和不同背景的复杂场景，我们不仅需要将这些不同的目标进行分类，而且还要确定目标的边界、差异和彼此之间的关系。也就是说，需要对每个目标的像素进行精确定位，而不仅仅用边界框进行定位。Facebook AI 对实例分割问题进行了研究，起先使用 Faster R-CNN 方法进行目标检测，框定图像中的目标，检测效果良好；在此基础上推出了 Mstr R-CNN 分割方法，将 Faster R-CNN 扩展到像素级分割。

注：彩插部分有相应彩色图片。

图 2-12　实例分割示例

2.3.4　图像生成

图像的生成主要靠 ANN 生成模型（Generative Model）。我们从分布为 P_{data} 的随机变量空间中取若干样本构成模型的训练数据集，训练模型学习这一分布，得到近似这一分布的概率分布 P_g；然后，可以从 P_g 分布中生成一些样本图像。如图 2-13(a)所示的训练数据为 ImageNet 中的样本，生成模型可以生成以假乱真的图片，如图 2-13(b)所示。

(a) 训练数据　　　　　　　　　　　　(b) 生成结果

图 2-13　图像生成示例

在图像生成中，生成模型的选取是非常关键的，不同的生成模型决定了生成图像的质量、数量和特点，以及生成的难易程度。基于 ANN 的生成模型有多种，实际中主要用到的有三种：自回归网络（Auto-Regressive Network，ARN）、变分自编码器（VAE）和生成对抗网络（GAN）。

1. ARN 生成模型

如果需要构建一个网络模型来生成一幅图像，那么最简单的方法就是将前面已生成的像素作为参考，一个像素一个像素地进行生成。相当于将对一幅图像上所有像素的联合分布的预测转换为对条件分布的预测。这就是 ARN 的思路，其中，条件概率用神经网络表示，利用概率的链式法则，可将关于观察量的联合分布转化为一系列条件概率 $p(x_i \mid x_{i-1}, \cdots, x_1)$ 的乘积形式：

$$p(x) = \prod_{i=1}^{n_i} p(x_i \mid x_{i-1}, \cdots, x_1) \tag{2-7}$$

这里的 x_i 指在 i 处的像素，$x_1, x_2, \cdots, x_{i-1}$ 是在 x_i 前已预测的像素。既然是用已经预测到的像素来预测当前的像素，那么这其实就是对一组有顺序的序列的预测，就可以用 RNN 或 CNN 来建模，这就是 pixelRNN 或 pixelCNN，其在图像生成方面应用广泛，尤其在将残缺图像补全为完整图像的应用中。基本思想是，从某个角落开始，依据之前的像素信息，利用 RNN 或 CNN 来预测下一个位置的像素值。PixelRNN 模型像素生成过程示意如图 2-14 所示，其中与之前变量的依赖关系可用 RNN（如 LSTM 结构）来模拟。

在生成图像时，ARN 生成模型通常能够得到较高质量的图像，由于其直接模拟概率分布，更容易评估训练效果，训练过程也比 GAN 更稳定，但是其训练过程的序列性会导致训练过程较为缓慢。

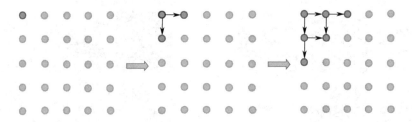

图 2-14 PixelRNN 模型像素生成过程示意

2. VAE 生成模型

VAE 生成模型结构简图如图 2-15 所示，主要由编码器、解码器和隐空间 3 部分组成。其中编码器和解码器分别由两个神经网络实现。编码器的输入样本为原始图像（向量）x，输出为该样本的隐变量所服从的正态分布的均值 μ 与方差 σ（均为向量），即编码器的输出为专属于输入样本的隐变量的概率分布。然后根据这个概率分布进行采样，并由外部 $N(0,I)$ 噪声注入随机性，得到隐变量值。通常隐变量 z 相较于输入 x，维度要小，只包含重要特征。将采样得到的隐变量值送到解码器进行解码，重构样本向量 x'。重构的样本是十分接近输入样本分布的新图像。

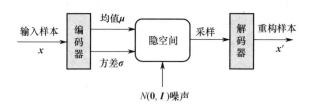

图 2-15 VAE 生成模型结构简图

VAE 的原理比较简单，实现也比较容易，而且中间学习到的隐空间（特征空间）也可以迁移到其他任务中。虽然 VAE 显性地定义了概率分布，但并没有精确地求解概率分布，而是用"下界"来近似其概率分布，这样生成的样本相较于 GAN 生成模型的样本，通常要更模糊些。关于为何 VAE 生成的样本比较模糊，以及如何改善 VAE 的研究仍在进行中，将 VAE 与 GAN 相结合，同时利用二者优势的研究已经获得了很好的结果。

3. GAN 生成模型

GAN 是近些年生成模型研究中最为活跃的一个方向，它的原理不再是对显性概率分布做直接计算或近似处理，而是利用了生成器（生成网络）与判别器

（判别网络）的相互博弈（对抗），是一种新颖而有效的思路。

GAN 采用博弈论的解决方法：两个神经网络相互博弈，其中一个是生成器，另一个是判别器，生成器尽力产生可以以假乱真的样本来"迷惑"判别器，判别器尽力区分真实样本与生成器生成的假样本，通过不断地交替学习，两个神经网络的准确度都越来越高，最后达到所谓的纳什均衡（Nash Equilibrium）状态，生成器可以模拟与训练集数据分布相同或相近的样本分布，如图 2-16 所示。在训练完毕后，样本的产生就不再需要判别器了，而是从生成器中取样，生成新的图像。

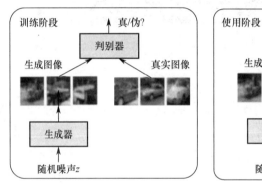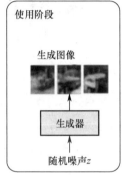

图 2-16　GAN 生成模型示意

近年来，关于 GAN 的研究和应用非常多，如图像风格迁移、由文字生成图像等。同时，GAN 也因为训练过程的不稳定常受诟病，为了增强 GAN 的稳定性，大量改进 GAN 的研究方兴未艾，并取得了显著的进展。

2.4　常用的图像数据集

在基于神经网络的图像处理中，一项关键技术是训练，它也是保证神经网络能够正常工作的必要步骤。训练当然离不开训练数据，这里介绍几种公开且使用率很高的图像数据集。

1. MNIST

MNIST（Mixed National Institute of Standards and Technology）是一个手写数字图像数据集，共有 7 万幅图像，分为一个包含 6 万个实例的训练集和一个包含 1 万个实例的测试集，总大小为 50MB。图像均为黑白二值图像，其宽高均为 28 像素，以二进制方式存储。MNIST 是最受欢迎的图像数据集之一，当前主流深度学习框架几乎无一例外地将对 MNIST 图像数据集的处理作为介绍及入门的第一教程，如 TensorFlow 关于 MNIST 的教程就非常详细。MNIST 图像数据集示例如图 2-17 所示。

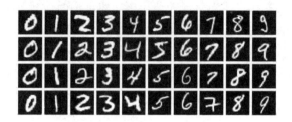

图 2-17　MNIST 图像数据集示例

2．MS-COCO

MS-COCO（Microsoft Common Objects in Context）是一个大型图像数据集，对图像的标注不仅有类别、位置信息，还有对图像的语义文本描述，几乎已经成为图像语义理解算法性能评价的标准数据集。其大小约为 40GB，压缩后的大小约为 25GB，有几个特点：具有超过 30 万幅图像、超过 200 万个实例；具有 80个目标类别，每幅图像有多个目标和 5 个字幕；10 万人身上有关键点；实现了目标分割，在上下文中可识别。MS-COCO 图像数据集示例如图 2-18 所示。

图 2-18　MS-COCO 图像数据集示例

3．ImageNet

ImageNet 图像数据集是目前在深度学习图像领域应用广泛的一个数据集，有关图像分类、定位、检测等的研究工作大多基于此数据集展开，几乎已经成为目前深度学习图像算法性能检验的标准数据集。ImageNet 图像数据集有 1400 多万幅图像，涵盖 2 万多个类别；其中超过百万幅图像有明确的类别标注和物体位置标注。

有一个与 ImageNet 图像数据集对应的享誉全球的大赛——ImageNet 国际计算机视觉挑战赛（ILSVRC）。ImageNet 图像数据集的大小约为 1TB，其示例如图 2-19 所示。

图 2-19 ImageNet 图像数据集示例

4．Open Images

Open Images 是 Google 在 2016 年推出的一个包含 900 多万幅 URL（Uniform Resource Locator）图像的数据集，这些图像分为 6000 多个类别，包含图像级标签、边框和一定的注释。Open Images 图像数据集中有 41260 幅验证集图像及 125436 幅测试集图像，总大小约为 500GB。Open Images 图像数据集示例如图 2-20 所示。

图 2-20 Open Images 图像数据集示例

5．VQA

于 2014 年建立并逐渐发展的 VQA（Visual Question Answering）是一个包含相关图像开放式问题的数据集，为计算机视觉和自然语言处理服务。这些问题的回答需要理解图像内容并进行语言表达。这个数据集的特点：共有 265016 幅图像（COCO 和抽象场景），每幅图像至少有 3 个问题（平均有 5.4 个问题），每个问题有 10 个基本事实答案、3 个似乎合理（但可能不正确）的答案。VQA 数据集的大小约为 25GB（压缩后），其示例如图 2-21 所示。

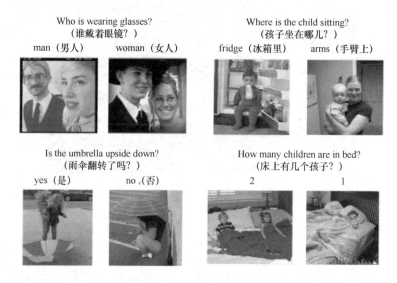

图 2-21　VQA 图像数据集示例

6. SVHN

SVHN 是街景房屋号码（Street View House Numbers）图像数据集，可用于目标检测算法的测试和验证。它与前面提到的 MNIST 图像数据集类似，但具有更多标签数据，630420 幅图像分布在 10 个类别中。这些数据是从谷歌街景中收集的，总大小约为 2.5GB。SVHN 图像数据集示例如图 2-22 所示。

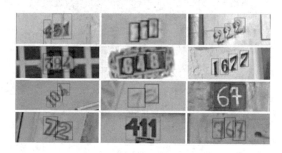

图 2-22　SVHN 图像数据集示例

7. CIFAR

CIFAR-10 图像数据集包含 10 个类别，共计 6 万幅彩色图像，其中 5 万幅为训练图像，1 万幅为测试图像，图像大小为 32×32。CIFAR-100 与 CIFAR-10 类似，包含 100 个类别，每类有 600 幅图像，其中 500 幅图像用于训练，100 幅图像用于测试；这 100 个类别分成 20 个超类。图像类别均有明确标注。CIFAR 图像数据集主要用于图像分类测试，其示例如图 2-23 所示。

图 2-23   CIFAR 图像数据集示例

8. Fashion-MNIST

Fashion-MNIST 图像数据集共有 7 万幅图像，被分为 10 个类别，包含 6 万幅训练图像和 1 万幅测试图像。它是一个类似 MNIST 的时尚产品数据库，10 个类别分别是 T 恤（T-shirt）、牛仔裤（Trouser）、套衫（Pullover）、裙子（Dress）、外套（Coat）、凉鞋（Sandal）、衬衫（Shirt）、运动鞋（Sneaker）、包（Bag）、短靴（Ankle Boot）。开发人员认为 MNIST 数据已被过度使用，因此他们将其作为该数据集的直接替代品。Fashion-MNIST 图像数据集示例如图 2-24 所示。每幅图像都以灰度显示，并与 10 个类别的标签相关联。Fashion-MNIST 的大小约为 30MB。

9. PASCAL VOC

PASCAL（Pattern Analysis，Statistical Modeling and Computational Learning）VOC（Visual Object Classes）是由同名的有关目标识别、检测和分类的国际计算机视觉竞赛提供的一个基准测试图像数据集。PASCAL VOC 图像数据集包括 20 个目录：人类、动物（鸟、猫、牛、狗、马、羊）、交通工具（飞机、自行车、船、公共汽车、小轿车、摩托车、火车)、室内(瓶子、椅子、餐桌、盆栽植物、沙发、电视)。PASCAL VOC 图像数据集的图像质量好且标注完备,非常适合用来测试算法性能,其大小约为 2GB。PASCAL VOC 图像数据集示例如图 2-25 所示。

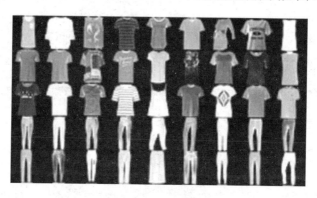

图 2-24　Fashion-MNIST 图像数据集示例

图 2-25　PASCAL VOC 图像数据集示例

10．Youtube-8M

Youtube-8M 为谷歌的开源视频数据集,视频来自 YouTube,共有 8 百万个视频,总时长达到 50 万小时,分为 4800 个类别。为了保证标签视频数据库的稳定性和质量,谷歌只采用浏览量超过 1000 的公共视频资源。数据集大小约为 1.5TB。

第 **3** 章
人工神经网络

一方面，生成对抗网络（GAN）的技术基础之一就是人工神经网络（ANN），GAN 可看作人工神经网络的一个应用领域；另一方面，传统的数字图像处理技术因为 ANN 的介入而不断取得新的进展，显示出蓬勃的生机。因此，如果想要深入地理解 GAN，了解 GAN 在图像处理中的应用，就需要对 ANN 有一定的了解。

本章简要介绍 ANN 的基本工作原理、常见类型、一些关键技术和 4 种学习方式等。第 1 节和第 2 节分别介绍 ANN 基础知识和常见类型；第 3 节简要介绍 ANN 的关键技术；第 4 节介绍 ANN 训练中最常见的误差反向传播（Back Propagation，BP）算法；第 5 节介绍 ANN 中常见的有监督、无监督、半监督、强化等 4 种学习方式。

3.1 ANN 简介

ANN 是 20 世纪 80 年代以来在人工智能范畴内兴起的一个理论研究和技术应用的重要领域，它是从信息处理的角度对人脑神经元网络进行抽象和模仿，按不同的连接方式组成的信息处理网络，有时也简称为神经网络。ANN 是一种运算模型，由大量的节点（或称神经元）互连构成。每个节点代表一种特定的输出函数，称为激活函数（Activation Function）。每两个节点间的连接都有一个加权值，称为权重或权值，这相当于 ANN 的记忆。输出则依据网络的连接方式、权重和激活函数的不同而不同。而其自身通常是对自然界某种算法或者函数的逼近，也可以是对某种逻辑策略的表达。

近十多年来，ANN 的研究工作不断深入，已经取得了很大的进展，在图像处理、模式识别、智能机器人、自动控制、生物医学、军事装备等领域已成功解决了许多现代计算机难以解决的实际问题，表现出了良好的智能特性。

3.1.1 从生物到人工神经元

简单来说，ANN 就是模仿生物神经网络（系统）最基本的工作机理，将人工神经元或作为一个神经网络节点，然后用此类节点和连接权组成一个层次型网络结构。最简单的 ANN 是由输入层（Input Layer）、隐层（Hidden Layer）和输出层（Output Layer）组成的 3 层网络，当网络的层次大于 3 层时，称为多层 ANN。

在生物神经网络中，最基本的部分是神经元（Neuron），每个神经元和其他神经元相连。神经元在"兴奋"时，会向相连的神经元发送化学物质，从而改变这些神经元的内电位。如果某个神经元的内电位超过"阈值"，那么它就会被激活，即"兴奋"起来，向其他神经元发送化学物质，以此种方式传递特定的信息。

将上述情况抽象为简单的模型，如图 3-1 所示。图 3-1(a)为生物神经节点示意，图 3-1(b)是在 1943 年由神经生理学家 McCulloch 和数学家 Pitts 提出并一直沿用至今的 MP 神经元模型。在这个模型中，神经元接收来自 n 个其他神经元传递过来的信号，这些输入信号通过带权重的连接（Connection）进行传递，将神经元接收到的总输入值与阈值进行比较，此后通过"激活函数"进行处理以产生神经元输出。

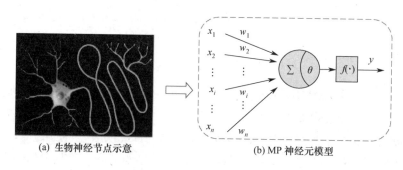

(a) 生物神经节点示意　　(b) MP 神经元模型

图 3-1　神经元模型示意

在图 3-1(b)中，$x_1 \sim x_n$ 为输入向量 x 的各分量；$w_1 \sim w_n$ 为神经元的连接权（向

量 w）的各分量；θ 为阈值或偏置；$f()$ 为激活函数，通常为非线性函数；y 为神经元输出，一般为标量，可表示为

$$y = f(\sum_{i=1}^{n} w_i x_i - \theta) \text{ 或向量表达式 } y = f(\boldsymbol{w}^{\mathrm{T}} \boldsymbol{x} - \theta) \tag{3-1}$$

可见，一个神经元的功能是求得输入向量与权向量的内积，经阈值偏移后由一个非线性激活函数得到一个标量结果。从向量空间的角度看，如果激活函数是一个简单的阶跃函数，那么单个神经元的作用就是把一个 n 维向量空间用一个超平面（$\boldsymbol{w}^{\mathrm{T}} \boldsymbol{x} - \theta$）分割成两部分，给定一个输入向量，神经元可以判断出这个向量位于超平面的哪一边。

3.1.2　从感知机到神经网络

把许多上述神经元按一定的层次结构连接起来，就得到神经网络。在神经网络中，出现最早、结构最简单的就是所谓的感知机（Perceptron）。

1．感知机

神经网络技术起源于 20 世纪 60 年代，当时叫感知机。感知机由两层神经元组成，分别为输入层和输出层，实际上就是前述的神经元，输出函数为 $y = f(\sum_{i=1}^{n} w_i x_i - \theta)$。输入层在接收外界输入信号后传递给输出层，输出层为 MP 神经元，也称"阈值逻辑单元"（Threshold Logic Unit）。感知机可实现线性二分类算法，如前所述，其功能相当于在输入空间中用超平面将目标划分成"0""1"两类样本。当然，它要求目标是线性可分的，否则感知机不能保证正确分类。

以两输入感知机为例，输出函数为 $y=f(w_1 x_1+w_2 x_2-\theta)$，输入逻辑变量 x_1、x_2 的值为 0 或 1，激活函数为阶跃函数 step(x)，当输入 x 为正时，输出 step(x)=1，当输入 x 为负时，输出 step(x)=0，它能容易地实现逻辑与、逻辑或、逻辑非运算。

"与"运算（$x_1 \cap x_2$）：令 $w_1=1$，$w_2=2$，$\theta=2$，只有在 $x_1=x_2=1$ 时，$y=$step(x_1+2x_2-2)=1；

"或"运算（$x_1 \cup x_2$）：令 $w_1=w_2=1$，$\theta=0.5$，在 x_1、x_2 不全为 0 时，$y=$step($x_1+x_2-0.5$)=1；

"非"运算（$\bar{x}_1$）：令 $w_1=-0.6$，$w_2=0$，$\theta=-0.5$，在 $x_1=1$ 时，$y=$step($-0.6x_1+0.5$)=0；在 $x_1=0$ 时，$y=$step($-0.6x_1+0.5$)=1。

1）感知机学习规则

从上述分析可以看出，对于具体应用，需要确定感知机的具体参数，即权重和偏置。当感知机对所有的（或最大比例的）训练数据的输出和它的标定值一致时，其参数即为该感知机的参数。这就是感知机工作的第一步："学习"过程。通过学习得到特定权重和偏置的感知机就可投入使用，将需要判定的数据输入感知机，感知机的输出即为该输入数据的判定结果（如该数据的类别）。

根据式（3-1），阈值 θ 也可以看作增加一个输入数固定为 1 的节点，$x_{n+1}=1$，对应的连接权 $w_{n+1}=-\theta$，这样，权重和阈值的学习就可以统一为如式（3-2）所示的权重学习表达式：

$$y = f(\sum_{i=1}^{n+1} w_i x_i) \tag{3-2}$$

感知机的学习规则比较简单。对于训练数据集中的某一对数据(x_i,y_i)，其中，x_i 为数据，y_i 为对应的标定值，将 x_i 输入感知机进行训练，在经过 k 次迭代后，若当前感知机的输出为 $\hat{y}_i^k$，则感知机的权重 w_i 的第 $k+1$ 步值 w_i^{k+1} 将在第 k 步值 w_i^k 的基础上迭代调整：

$$w_i^{k+1} = w_i^k + \Delta w_i^k \tag{3-3}$$

$$\Delta w_i^k = \eta(y_i - \hat{y}_i^k) x_i \tag{3-4}$$

其中，$\eta \in (0,1)$为学习率（Learning Rate）。从式（3-3）可看出，如果已知对训练样例(x,y)预测正确，则感知机不发生变化，否则将根据错误程度进行权重调整。

2）感知机的不足

需要注意的是，感知机只有输出层神经元能够进行激活处理，即只拥有一层功能神经元，其学习能力非常有限。事实上，与、或、非问题都是线性可分问题。可以证明，若两类模式是线性可分的，则存在一个线性超平面能将它们分开。在图 3-2 中，各图中的 4 个圆圈表示 4 组输入数据(x_1,x_2)，同时圆圈的"实心"和"空心"代表该组数据的感知机输出，实心圆圈表示输出为"1"，空心圆圈表示输出为"0"。如果给出的模式都是线性可分的，如图 3-2(a)、图 3-2(b)、图 3-2(c)所示，则感知机的学习过程一定会收敛，从而求得适当的权向量 $w=(w_1,w_2)^{\mathrm{T}}$；否则感知机的学习过程将会发生振荡（Fluctuation），w 难以稳定下来，不能求得合适的解，如感知机并不能解决如图 3-2(d)所示的"异或"这样简单的线性不可分问题。

2．神经网络

要解决线性不可分问题，需要考虑使用多层神经元。在简单的两层感知机（也称单层感知机）的输出层与输入层之间加一层神经元，即隐层或隐含层（Hidden Layer），形成单隐层感知机或神经网络，如图 3-3(a)所示，其隐层和输出层的每个神经元都有激活函数。

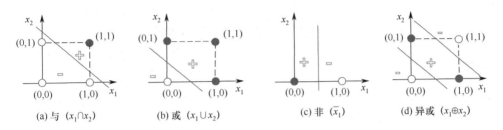

(a) 与 $(x_1 \cap x_2)$　　(b) 或 $(x_1 \cup x_2)$　　(c) 非 $(\overline{x_1})$　　(d) 异或 $(x_1 \oplus x_2)$

图 3-2　感知机的线性可分和不可分

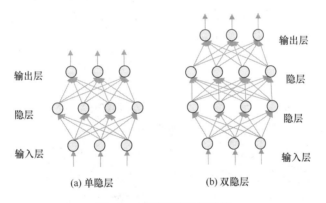

(a) 单隐层　　(b) 双隐层

图 3-3　多层前馈网络结构

更一般地，常见的神经网络是如图 3-3(b)所示的多层级结构。每层神经元与下一层神经元全互连，神经元之间不存在同层连接，也不存在跨层连接，通常称为"多层前馈神经网络"（Multi-layer Feedforward Neural Networks），其中输入层神经元接收外界输入，隐层与输出层神经元对信号进行加工，最终由输出层神经元输出。换言之，输入层神经元仅接收输入，不进行数据处理，隐层与输出层是具有激活功能的神经元，能够进行各种必要的数据处理。

在学习过程中，根据训练数据来调整神经元之间的"连接权"及神经元的阈值。换言之，神经网络"学"到的东西，就蕴含在连接权与阈值中。

3.1.3　从浅层到深度

深度学习（Deep Learning）的概念源于深度神经网络的出现，由加拿大学者 Hinton 等人于 2006 年提出。一些简单的机器学习模型由于本身的学习能力有限，在很多复杂任务中难以获得较好的效果，而深度神经网络是具有强大学习能力的机器学习模型。

所谓深度神经网络，通俗地讲就是层数较多的神经网络。在神经网络中，"层"一般指的是隐层，浅层网络即隐层数量少，如一层、两层、十几层。深度网络则指隐层数量大大超过浅层网络的网络，少则几十层，多则数百层，甚至上千层。隐层的层数可以看作神经网络的"深度"，这也是将在神经网络中的机器学习称为"深度"学习的原因。

那么，为什么需要/是否有可能发展深度网络？首先让我们看一看，如果我们让网络的层数进一步增加会怎样。应该说，层数的增加并没有使网络在基本运行机理上发生变化，还是数据的前向传播、误差梯度的后向传播和网络参数不断更新的过程。但是，网络层数的增加会改进网络的性能。深度网络性能的提高，主要基于以下两个方面的原因。

一方面，在参数数量一样的情况下，更深的网络往往具有更好的网络识别性能或网络表达性能。例如，在大致相同的网络参数（如权重、偏置等）条件下，我们可以设计两种网络结构，一种是网络层数少，但每层神经元数量多的浅层网络，另一种是网络层数多，但每层神经元数量少的多层网络，如图 3-4 所示。

图 3-4 中有两个神经网络，图 3-4(a)所示的网络有 2 个隐层，有 3×3+ 3×4+4×3= 33 个权重参数，10 个偏置参数，共有 33+10=43 个参数；图 3-4(b)所示的网络有 4 个隐层，有 3×2+2×3+3×2+2×3+3×3=33 个权重参数，13 个偏置参数，共有 33+13=46 个参数。它们的权重参数的数量是一致的，偏置参数稍有差别，但是层数却不同，分别为 3 层和 5 层（输入层不计入在内）。因此，我们可以用相同数量的参数构建不同层数的神经网络，但层数多的神经网络包含更多的隐层，可以增加神经网络的表达能力。虽然神经网络的表达能力主要由隐层的层数和隐层神经元的个数决定，但在多层网络中，可以将输入数据的特征用多个隐层分别表示，每个隐层专门负责一个（或一类）特征，这样有利于输入数据的特征表示。这个简单的例子告诉我们，在神经网络的参数数量确定的情况下，隐层较多的网络性能更好。

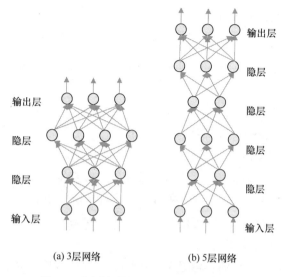

(a) 3层网络　　　　　　(b) 5层网络

图 3-4　相同参数但不同层数的网络比较

　　另一方面，隐层具有两项特殊功能：其一，每个神经元在前向传播时，进行一次加权、加偏置的线性运算，再进行一次非线性激活运算；在后向传播时，用链式求偏导方法寻找最优的参数，然后用这组参数进行下一轮（或下一个样本）的前向传播。其二，隐层的作用在于对向量空间进行了空间变换，例如，在分类器网络中，隐层对向量空间进行了空间变换，使非线性分类问题在变换后的向量空间中变成了线性分类问题。

　　但是，深度网络的出现也给网络的训练带来了一系列的问题，如收敛问题、稳定性问题等，这些已经成为现在深度网络领域中的热点研究问题。

3.1.4　ANN 的特点和应用

1. ANN 的特点

ANN 的特点主要表现在以下几个方面。

1）强大的函数模拟能力

ANN 最大的特点就是它能够近似模拟任何函数（尽管我们还不能完全知道它具体是如何完成某个函数映射的），其依据就是统一近似定理（Universal Approximation Theorem）。这个定理的大致描述是，如果你的激活函数单调增、有上下界、非常数且连续，那么给定一个任意的连续函数，总是存在一个有限的 N，使得含有 N 个神经元的单隐层神经网络可以无限逼近这个连续函数。

2）广泛的学习适应能力

ANN 具有学习功能。例如，在实现图像识别时，只需把许多不同的图像样板和对应的类别标识输入 ANN，ANN 就会通过自学习功能，逐步"学会"识别类似的图像。

3）独特的联想存储能力

用 ANN 的反馈网络可以实现联想存储。

4）强大的优化求解能力

在寻找一个复杂问题的优化解时，传统方法往往需要很大的计算量，还不一定能获得满意的解答。但是，如果利用一个针对具体问题而设计的 ANN，能够发挥计算机的高速运算能力，则可能很快就找到优化解。

5）强大的纠错容错能力

在神经网络中，信息的存储是分布在整个网络的互联参数中的，并且有一定的冗余度，局部的网络损坏、连接中断或计算误差一般只会引起网络性能的少许下降，而不至于破坏整个网络。

2. ANN 的应用

随着计算机技术、人工智能和大数据分析的飞速发展，作为人工智能重要支撑技术之一的 ANN 也从理论走向实践，走向各行各业的应用。

1）信息处理

现代信息处理要解决的问题往往是很复杂的，ANN 能够模仿或代替与人的思维有关的功能，可以实现自动诊断、问题求解，解决传统方法不能或难以解决的问题。ANN 系统具有很高的容错性、鲁棒性及自组织性，即使连接线遭到很大程度的破坏，它仍能处在优化工作状态附近，这点在军事系统的电子设备中尤为重要。

2）模式识别

近年来，基于 ANN 的模式识别方法正逐渐取代传统的模式识别方法。经过多年的研究和发展，ANN 模式识别已成为当前十分先进的技术，被广泛应用到文字识别、语音识别、指纹识别、遥感图像识别、人脸识别、手写体字符识别、动作识别、工业故障检测、精确制导等方面。

3）生物医学信号分析

ANN 可以解决生物医学信号分析处理中常规方法难以解决或无法解决的问题。神经网络在生物医学信号检测与处理中的应用主要集中在脑电信号的分析、听觉诱发电位信号的提取、肌电和胃肠电等信号的分析、心电信号的分析和压缩、医学图像的识别和处理等方面。

4）市场预测和风险评估

ANN 擅长处理不完整、不确定或规律性不明显的数据，所以用 ANN 构造适合实际情况的市场模型和算法，进行市场价格预测和风险评估有着传统方法无法相比的优势。

5）自动控制

ANN 由于其独特的模型结构和固有的非线性模拟能力，以及高度的自适应和容错特性等，在控制系统中获得了广泛的应用。它在各类控制器框架结构的基础上，加入了非线性自适应学习机制，从而使控制器具有更优良的性能。

6）智能交通

交通运输问题是高度非线性的，可获得的数据通常是大量的、复杂的，用神经网络处理这类问题有巨大的优越性。

虽然 ANN 的理论和应用已经取得了长足的进步，但是还存在不少问题，例如，ANN 的应用面不够广阔、结果不够精确，现有模型算法的训练速度不够快，算法的集成度不够高等。目前，人们正在大力对生物神经元系统进行研究，不断丰富自身对人脑神经活动机理的认识，希望在理论上找到新的突破点，从而建立和提出新的 ANN 模型和算法。

3.2 常见的 ANN 类型

ANN 模型主要考虑网络连接的拓扑结构、神经元的特征、学习规则等。目前，已有几十种神经网络模型，其中，感知机前面已有描述，BP 网络和深度学习网络将另外单独介绍。这里大致介绍一下自 ANN 发展以来出现的其他几类常见网络。

3.2.1 RBF 网络

径向基函数（Radial Basis Function，RBF）网络是一种单隐层前向神经网络，它使用径向基函数作为隐层神经元激活函数。假定输入为 d 维向量 $\boldsymbol{x}$，输出为实值 $f(\boldsymbol{x})$，针对函数的插值问题或逼近问题等，RBF 网络可表示为

$$f(\boldsymbol{x}) = \sum_{i=1}^{n} w_i \rho(\boldsymbol{x}, c_i) \tag{3-5}$$

其中，n 为隐层神经元个数，c_i 和 w_i 分别是第 i 个隐层神经元所对应的中心和权重，$\rho(\boldsymbol{x}, c_i)$ 是径向基函数，这是某种沿径向对称的标量函数，通常定义为样本 $\boldsymbol{x}$ 到数据中心 c_i 之间欧氏距离的单调函数。常用的高斯径向基函数形如

$$\rho(\boldsymbol{x},\, c_i) = \exp\left(-\beta_i \|\boldsymbol{x} - c_i\|^2\right) \tag{3-6}$$

训练 RBF 网络：第一步，确定神经元中心 c_i，常用的方式包括随机采样、聚类等；第二步，利用 BP 算法确定参数 w_i 和 β_i。

理论上，RBF 网络和 BP 网络一样，可逼近任意的连续非线性函数，两者的主要差别在于通常使用不同的激活函数，BP 网络中的隐层节点使用的是 sigmoid 函数，其函数值在输入空间无限大的范围内为非零值，而 RBF 网络的激活函数则是局部的径向基函数。因此，RBF 网络在逼近能力、分类能力和学习速度等方面均具有一定的优势。

3.2.2　ART 网络

竞争学习（Competitive Learning）是神经网络中一种常用的无监督学习策略，在使用这种策略时，网络的输出神经元相互竞争，每个时刻仅有一个竞争获胜的神经元被激活，其他神经元的状态被抑制，这种机制亦称"胜者为王"（Winner-Take-All）规则。

自适应谐振理论（Adaptive Resonance Theory，ART）网络是竞争型学习的重要代表。ART 网络由比较层、识别层、识别阈值和重置模块构成。其中，比较层接收输入样本，并将其传递给识别层神经元；识别层每个神经元对应一个模式类，神经元数目可在训练过程中动态增长，从而适应增加新的模式类的需求。

ART 网络在适应新输入模式方面具有较大的灵活性，同时能够避免对先前所学模式的修改。在接收比较层的输入信号后，识别层神经元之间相互竞争以产生获胜神经元。具体来说，当 ART 网络接收新的输入时，识别层按照预设的参考门限检查该输入模式与所有已存储模式类向量之间的距离以确定相似度，对于相似度超过门限的所有模式类，选择最相似的一种作为该模式的代表类，并调整相关的权重，使后续与该模式相似的输入再与该模式类匹配时能够得到更大的相似度。若相似度都不超过门限，就在网络中新建一个模式类，并确定权重，用于代表和存储该模式及后来输入的所有同类模式。显然，识别阈值对 ART 网络的性能有重要的影响。当识别阈值较高时，输入样本会被分为比较多、比较精细的模式类，而如果识别阈值较低，则会产生比较少、比较粗的模式类。

早期的 ART 网络只能处理布尔型数据，此后 ART 发展成一个算法族，包括处理实值输入的 ART2 网络、结合模糊处理的 Fuzzy ART 网络，以及可以进行监督学习的 ARTMAP 网络等。

3.2.3　SOM 网络

自组织映射（Self-Organizing Map，SOM）网络是通过模拟人脑对信号的处理而发展起来的一种 ANN，属于固定结构的竞争学习型无监督神经网络。SOM 网络能将任意维数的输入数据映射到低维（通常为一维或二维）空间中，同时保持输入数据在高维的拓扑结构，即将高维空间中相似的样点映射至 SOM 网络输出层中的邻近神经元，常用作聚类或高维可视化工具。

SOM 网络结构如图 3-5 所示，它由输入层和输出层（或称竞争层）组成。输出层神经元组成一个二维平面阵列，和输入层神经元之间是全连接的，即每个输出层神经元都和输入层神经元全连接，拥有一个多维权向量。网络在接收输入向量后，会确定输出层中的获胜神经元，它决定了该输入向量在低维空间中的位置。SOM 网络的训练目标就是为每个输出层神经元找到合适的权向量，以达到保持拓扑结构的目的。

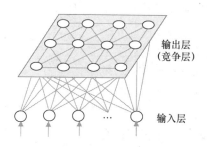

输出层
（竞争层）

输入层

图 3-5　SOM 网络结构

SOM 网络的训练过程很简单：在接收到一个训练样本后，每个输出神经元会计算该样本与自身携带的权向量之间的距离，距离最近的神经元为竞争获胜者，称为最佳匹配单元。然后，最佳匹配单元及其邻近神经元的权向量将被调整，从而使这些权向量与当前输入样本的距离缩小。这个过程不断迭代，直至收敛。

3.2.4　波尔兹曼机

Boltzmann 机（Boltzmann Machine，波尔兹曼机）是受统计力学启发的一种随机生成神经网络，在神经元状态变化中引入了统计概率，网络的平衡状态服从Boltzmann 分布，可通过输入数据集学习其概率分布。由网络状态定义一个"能量"（Energy），在能量最小化时，网络达到理想状态，而网络的训练就是最小化能量函数。如图 3-6(a)所示，Boltzmann 机的神经元分为两层：显层与隐层。显层用于表示数据的输入与输出，隐层则被理解为数据的内在表示。

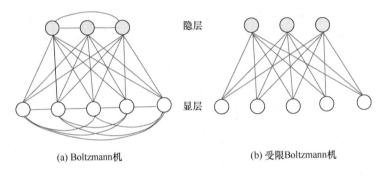

图 3-6　Boltzmann 机和受限 Boltzmann 机

Boltzmann 机中的神经元是布尔型的，即只能取 0、1 两种状态，状态 1 表示激活，状态 0 表示抑制。令向量 $s \in \{0,1\}^n$ 表示 n 个神经元状态，w_{ij} 表示神经元 i 与神经元 j 之间的连接权，θ_i 表示神经元 i 的阈值，则状态向量 s 对应的 Boltzmann 机能量定义为

$$E(s) = -\sum_{i=1}^{n-1}\sum_{j=i+1}^{n} w_{ij}s_i s_j - \sum_{i=1}^{n}\theta_i s_i \tag{3-7}$$

若网络中的神经元以任意不依赖输入值的顺序更新，则网络最终将达到Boltzmann 分布，此时状态向量 s 出现的概率仅由此状态能量与所有可能状态能量之比来确定：

$$P(s) = \frac{e^{-E(s)}}{\sum_t e^{-E(t)}} \tag{3-8}$$

Boltzmann 机的训练过程就是视每个训练样本为一个状态向量，使其出现的概率尽可能大。标准的 Boltzmann 机是全连接的，网络训练的复杂度很高，这使其难以用于解决现实问题。

现实中常采用受限 Boltzmann 机（Restricted Boltzmann Machine，RBM）。如图 3-6(b)所示，受限 Boltzmann 机仅保留显层与隐层之间的连接，从而将 Boltzmann

机结构完全简化。神经元之间的连接是双向对称的，这意味着在训练网络及使用网络时，信息会在两个方向上流动，而且两个方向上的权重是相同的。由于隐层神经元之间没有相互连接，独立于给定的训练样本，使得直接计算依赖数据的期望值变得容易。显层神经元之间也没有相互连接，通过从训练样本得到的隐层神经元状态来估计独立于数据的期望值，并行地交替更新所有显层神经元和隐层神经元的值。根据任务的不同，受限 Boltzmann 机可以使用有监督学习或无监督学习的方式进行训练。

3.2.5　级联相关网络

一般神经网络模型的网络结构是固定的，训练的目的是利用训练样本来确定合适的连接权、阈值等参数。与此不同，结构自适应网络将网络结构也当作学习的目标之一，并希望在训练过程中找到最符合数据特点的网络结构。级联相关（Cascade-Correlation）网络是结构自适应网络的代表，它往往从一个小网络开始，自动训练和添加隐含单元，最终形成一个符合要求的多层网络结构。

级联相关网络在开始训练时，网络只有输入层和输出层，处于最小拓扑结构状态；随着训练的进行，新的隐层神经元逐渐加入，从而逐步创建层级结构。当新的隐层神经元加入时，其输入端连接权是固定的。"相关"是指通过最大化新神经元的输出与网络误差之间的相关性来训练相关参数。

如图 3-7 所示，在增加新的节点时，虚线所示的连接权通过最大化新节点的输出与网络误差之间的相关性来进行训练。与一般的前馈神经网络相比，级联相关网络无须设置网络层数、隐层神经元数，并且训练速度较快，但其在数据较少时容易过拟合。

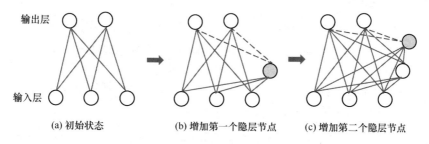

(a) 初始状态　　　(b) 增加第一个隐层节点　　　(c) 增加第二个隐层节点

图 3-7　级联相关网络的训练过程

3.3　ANN 的关键技术

3.3.1　网络类型

根据网络连接的拓扑结构、信息传送方式和网络运行方式，主要的神经网络模型大致可分为 4 类。

1. 前向型网络

在前向型网络（也称前向网络）中，各神经元接受前一级的输入，并输出到下一级，网络中没有反馈。这种网络实现信号从输入空间到输出空间的变换，它的信息处理能力来自简单非线性函数的多次复合。前向型网络结构简单，易于实现，如应用广泛的 BP 网络就是一种典型的前向型网络，其原理与算法也是其他一些网络的基础。除此之外，RBF 网络也是前向型网络。

2. 反馈型网络

在反馈型网络中，神经元之间有反馈。系统的稳定性与联想记忆功能有密切关系。Hopfield 网络、波耳兹曼机都是反馈型网络。

3. 随机型网络

随机型网络采用具有随机性质的模拟退火（Simulated Annealing，SA）算法来解决优化计算过程陷于局部极小的问题。这类网络已在神经网络的学习及优化计算中成功应用。

4. 竞争型网络

竞争型网络，如自适应谐振理论（ART）网络等，广泛应用于各类模式识别应用中。竞争型网络的特点是能识别环境的特征，实现自动聚类。

3.3.2　网络训练

1. 训练和学习

对于一个神经网络，如一个具有 2 个隐层、1 个输入层和 1 个输出层的简单神经网络，每层的神经元数目及激活函数是给定的，这样的神经网络既可以用来实现输入数据分类，也可以用来进行数据回归，还可以用来完成其他任务。理论上，不太严格地说，2 层以上的神经网络可以拟合任意函数。那么，它是如何完成不同的任务的呢？答案是它是通过对神经网络进行特定的"训练"和"学习"来完成的。

"学习"（Learning）或"训练"（Training）是神经网络适应具体应用需求的一项重要工作，神经网络的适应性就是在训练过程中通过学习实现的。可以这样认为，网络学习是网络获得智能的来源，而网络训练是网络完成学习的具体操作。因此网络训练的目标在于，通过训练逐步更新神经网络的参数，使得该网络可以判别输入数据的类别，或者可以拟合输入数据的分布，或者可以完成其他任务。判断神经网络训练目标是否实现的常见方法就是看训练过程是否使损失函数逐步减小，最后是否到达损失函数的最小化点。

人们针对神经网络提出了各种学习规则和算法，以适应不同网络模型的需要。根据不同的应用场合，目前，神经网络的学习方式主要可分为有监督学习、无监督学习、半监督学习、强化学习等多种类型。

以有监督学习方式的训练为例，在训练时，向网络输入足够多的已知结论的数据样本，通过特定算法（如 BP 算法）调整网络的参数（如网络连接的权重、偏置，甚至激活函数的种类等），使网络的输出尽量与预期相符。这个不断调整参数的过程就是神经网络的训练过程。

2．训练数据

一般来说，训练数据的样本规模是很大甚至超大的，对深度神经网络而言更是如此。一个直观的理解是，神经网络有那么多的参数，相当于一个复杂函数的待定系数，需要用很多的训练数据（它们之间相互独立或者不相关）来确定，太少的数据肯定得不到好的结果。但这不是唯一的原因，还有一个重要原因是所面临的任务和场景具有复杂性，如大规模图像分类、图像检测、图像生成等。

3．训练过程

以应用最为广泛的 BP 网络训练为例，神经网络训练的过程可以分为三个步骤：首先，确定神经网络的结构，输入训练数据得到前向传播的输出结果；其次，定义损失函数，比较网络结果和理想结果，选择反向传播的优化算法；最后，在训练数据上反复运行数据的前向传播和误差的反向传播，直至算法优化完成。

3.3.3 激活函数

神经元激活函数有多种，但常用的并不多，这里简单介绍几种常用的激活函数。一种为如图 3-8(a)所示的阶跃函数：

$$\text{step}(x) = \begin{cases} 1, x \geqslant 0 \\ 0, x < 0 \end{cases} \tag{3-9}$$

它将输入值映射为输出值"0"或"1"，显然"1"对应神经元兴奋，"0"对应神经元抑制。然而，阶跃函数具有不连续、不光滑等缺陷，不利于微分、梯度等运算。因此常用另一类"光滑"的连续函数作为激活函数，如 sigmoid 函数：

$$\text{sigmoid}(x) = \frac{1}{1 + e^{-x}} \tag{3-10}$$

典型的 sigmoid 函数又称 logistic 函数，如图 3-8(b)所示，它可将$(-\infty, \infty)$范围内的输入变换到$(0, 1)$输出值范围内。sigmoid 函数有一个重要特性，即它的导数比较简单，记 sigmoid$(x)=s(x)$，则其导函数为

$$\frac{\mathrm{d}s(x)}{\mathrm{d}x} = s(x)[1-s(x)] \tag{3-11}$$

根据此特性，计算 sigmoid 函数的梯度就非常简便了。另外，双曲函数也可以用来替代 sigmoid 函数，二者的曲线图比较类似：

$$\tanh(x) = \frac{\sinh(x)}{\cosh(x)} = \frac{e^x - e^{-x}}{e^x + e^{-x}} \tag{3-12}$$

还有一种近年来常用的激活函数，即修正线性单元（Rectified Linear Unit，ReLU）函数：

$$\text{ReLU}(x) = \max(0, x) \tag{3-13}$$

ReLU 函数如图 3-8(c)所示，它的负部输出为 0，正部输出为标准的 45°线性，特点是收敛快、求梯度简单，常用在后面将要介绍的卷积神经网络中。

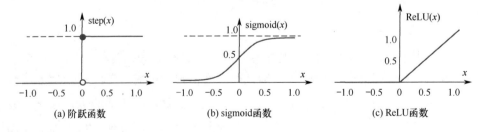

(a) 阶跃函数　　　　　(b) sigmoid函数　　　　　(c) ReLU函数

图 3-8 典型的神经元激活函数

3.3.4　验证和泛化

在大多数情况下，神经网络在训练中用到大量已知结果的数据样本，我们这里暂称其为已知数据。网络训练的本意就是用这些已知数据来对网络进行训练，使网络参数不断优化，直至完成网络的最优化。然后这个网络模型就可以交付使用，对同类未知的新数据进行测试了。但是，直接交付使用的网络模型对新数据的预测能力如何，是未知的。为此，在网络训练时，常将已知数据分为三部分，一部分用于网络训练，一部分用于网络验证，还有一部分用于网络测试。训练和验证属于网络的学习，而测试是检查网络的实际应用情况，如测试网络的泛化能力（推广应用能力），使我们做到对网络性能"胸中有数"。

1. 训练、验证和测试

如上所述，比较完整的网络训练方法将已知数据集分为三个子集：训练集（Training Set）、验证集（Validation Set）和测试集（Testing Set）。其中，训练集用于模型的训练调试，用来建立网络模型；验证集用于对训练出的多个模型参数进行预测，选出效果最佳的模型所对应的参数；测试集则用于在模型完成后评估模型的性能，即模型对未知样本进行预测的精确度，也称泛化能力。

一般说来，三个子集中的数据必须从完整集合中均匀取样而得，训练集中的样本必须足够多，如至少多于总样本数的 50%。均匀取样的目的是减少子集（训练集、验证集和测试集）与完整集合之间的偏差（Bias），但这并不容易做到。一般的做法是随机取样，当样本足够多时，便可达到均匀取样的效果。

2. 交叉验证

训练后的验证、验证后的训练，称为交叉验证（Cross Validation，CV），是用来验证神经网络性能的一种统计分析方法。

先用训练集对分类器进行训练，再用验证集测试训练得到的模型，将其作为改进模型参数的指导。这是最简单的一种交叉验证，严格来说，这样并没有做到"交叉"。比较典型的交叉验证的方法为双交叉验证（2-fold CV，2-CV），具体做法是进行两个回合的训练。在第一回合中，用训练集进行网络训练，用验证集对网络进行验证；在第二回合中，将训练集与验证集数据对换，再次训练和验证网络模型。

还有其他一些交叉验证方法，如 k-重交叉验证（k-fold CV，k-CV）：将数据

集分成 k 个子集，每次选择一个子集作为测试集，其余 $k-1$ 个子集作为训练集。这样的交叉验证重复 k 次，并将 k 次交叉验证的正确识别率的平均值作为最终的模型识别率。

3. 泛化能力

网络训练和学习的目的是学到隐含在数据背后的规律，泛化能力是指网络对具有同一规律的训练集以外的数据也能给出正确的预测。泛化能力也表示网络对非训练数据的外推能力，即推广应用的能力。很多时候，训练后的网络对于训练数据能很好地拟合，但是对于不在训练集内的数据，拟合就不能让人满意了，这就叫泛化能力差。

泛化能力可用泛化误差（Generalization Error）来定义，泛化误差越小的网络，泛化性能越好，这是我们追求的目标。泛化误差定义为模型对未知数据预测的误差，可以用训练后模型的损失函数的期望（期望误差）来表示。

在多轮迭代后，一个神经网络记住了已经训练的输入数据和对应的目标，为什么对新的同类数据也有效？实际上，我们至今尚不完全明确是什么因素让神经网络具有良好的泛化能力。如果能够确定是什么因素让神经网络具有泛化能力，就能让模型更具可解释性，还能为构建更鲁棒的模型提供指导方向和设计原则。这样看来，现在的深度网络似乎更像一个"黑盒"，缺少一个统一解释的理论基础。对于这个问题，有些人认为神经网络泛化能力可能建立在这样一个猜想之上："自然"数据往往存在于高维空间中一个非常窄的低维流形中，这样就能够在一定程度上解释神经网络的泛化。然而，有些随机数据并不具备这样的特性，这个猜想的普遍性也就存在问题了。

3.4　BP 算法

BP 算法是迄今最成功的神经网络学习算法。近来比较成功的新型神经网络的拓扑结构和算法思路大多是在 BP 网络的基础上发展而来的。在现实任务中应用神经网络时，大多使用 BP 算法进行训练。值得指出的是，BP 算法不仅可以用于前馈神经网络，还可以用于其他类型的神经网络，如训练递归神经网络。但通常在说"BP 网络"时，一般指用 BP 算法训练的多层前馈网络。

3.4.1　数据的正向传播

BP 算法的核心为反向传播，其作用是对神经网络进行优化，属于有监督的学习方式。BP 算法包括两个过程，一个是将输入信号从输入层经隐层传至输出层，即信号的正向传播过程；另一个是将误差从输出层反向传至输入层，即误差的反向传播过程，同时通过梯度下降算法来调节连接权与偏置。

这里用一个最简单的 3 层网络来简单说明 BP 算法。图 3-9 给出了一个包含 d 个输入神经元、l 个输出神经元、q 个隐层神经元的多层前馈网络结构。其中，输出层第 j 个神经元的阈值用 θ_j 表示，隐层第 h 个神经元的阈值用 γ_h 表示。输入层第 i 个神经元与隐层第 h 个神经元之间的连接权为 v_{ih}，隐层第 h 个神经元与输出层第 j 个神经元之间的连接权为 w_{hj}。假设隐层神经元和输出层神经元都使用 sigmoid 函数，记为 $f()$。给定训练数据集 $D=\{(\boldsymbol{x}_1,\boldsymbol{y}_1),(\boldsymbol{x}_2,\boldsymbol{y}_2),\cdots,(\boldsymbol{x}_m,\boldsymbol{y}_m)\}$，$\boldsymbol{x}_i \in R^d$，$\boldsymbol{y}_j \in R^l$，即输入数据由 d 个属性描述，输出 l 维实值向量。

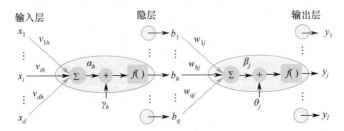

图 3-9　BP 网络的算法结构示意

输出层第 j 个神经元的总和值为 $\beta_j = \sum_{h=1}^{q} w_{hj} b_h$，经偏置、激活函数处理后输出为 y_j。隐层第 h 个神经元的总和值为 $\alpha_h = \sum_{i=1}^{d} v_{ih} x_i$，经偏置、激活函数处理后输出为 b_h。

对于训练数据 $(\boldsymbol{x}_k, \boldsymbol{y}_k)$，即输入数据 $\boldsymbol{x}_k = (x_1^k, x_2^k, \cdots, x_d^k)$，对应的理想输出 $\boldsymbol{y}_k = (y_1^k, y_2^k, \cdots, y_l^k)$，假定网络的实际输出为 $\hat{\boldsymbol{y}}_k = (\hat{y}_1^k, \hat{y}_2^k, \cdots, \hat{y}_l^k)$，即

$$\hat{y}_l^k = f(\beta_j - \theta_j) \qquad j = 1,2,\cdots,l \tag{3-14}$$

这样，BP 网络在第 k 对训练数据 $(\boldsymbol{x}_k, \boldsymbol{y}_k)$ 上的均方误差为

$$E_k = \frac{1}{2} \sum_{j=1}^{l} (\hat{y}_j^k - y_j^k)^2 \tag{3-15}$$

3.4.2 误差的反向传播

在如图 3-9 所示的网络中，有 $[(d+l)q+q+l]$ 个参数需要确定：输入层到隐层的 $d \times q$ 个权重、隐层到输出层的 $q \times l$ 个权重、q 个隐层神经元阈值、l 个输出层神经元阈值。BP 算法是一种迭代学习算法，在每轮迭代中采用广义的感知机学习规则对参数进行更新估计，与式（3-3）类似，任意参数 v 的更新估计式为

$$v \leftarrow v + \Delta v \tag{3-16}$$

下面我们以图 3-9 中隐层到输出层的连接权 w_{hj} 的更新为例来进行推导。

BP 算法基于梯度下降策略，以目标的负梯度方向对参数进行调整。对于式（3-15）中的误差 E_k，给定学习率 η，有

$$w_{hj} \leftarrow w_{hj} + \Delta w_{hj}, \quad \Delta w_{hj} = -\eta \frac{\partial E_k}{\partial w_{hj}} \tag{3-17}$$

注意到 w_{hj} 先影响第 j 个输出神经元的输入值 β_j，再影响其输出值 $\hat{y}_j^k$，然后有

$$\frac{\partial E_k}{\partial w_{hj}} = \frac{\partial E_k}{\partial \hat{y}_j^k} \cdot \frac{\partial \hat{y}_j^k}{\partial \beta_j} \cdot \frac{\partial \beta_j}{\partial w_{hj}} \tag{3-18}$$

根据 β_j 的定义，有

$$\frac{\partial \beta_j}{\partial w_{hj}} = b_h \tag{3-19}$$

利用 sigmoid 函数的导数性质，根据式（3-11）、式（3-14）和式（3-15），式（3-18）右边其余两项的偏微分为

$$g_j = -\frac{\partial E_k}{\partial \hat{y}_j^k} \cdot \frac{\partial \hat{y}_j^k}{\partial \beta_j} = -(\hat{y}_j^k - y_j^k)f'(\beta_j - \theta_j) = \hat{y}_j^k(1 - \hat{y}_j^k)(y_j^k - \hat{y}_j^k) \tag{3-20}$$

将式（3-20）和式（3-19）代入式（3-18），再代入式（3-17），就可得到 BP 算法中关于 w_{hj} 的更新公式：

$$\Delta w_{hj} = -\eta g_j b_h \tag{3-21}$$

类似可得

$$\Delta \theta_j = -\eta g_j \tag{3-22}$$

$$\Delta v_{ih} = \eta e_h x_i \tag{3-23}$$

$$\Delta \gamma_h = -\eta e_h \tag{3-24}$$

其中，

$$e_h = -\frac{\partial E_k}{\partial b_h} \cdot \frac{\partial b_h}{\partial \alpha_h} = -\sum_{j=1}^{l}\left(\frac{\partial E_k}{\partial \beta_j} \cdot \frac{\partial \beta_j}{\partial b_h}\right) f'(\alpha_h - \gamma_h)$$

$$= \sum_{j=1}^{l}(w_{hj}g_j)f'(\alpha_h - \gamma_h) = b_h(1 - b_h)\sum_{j=1}^{l}(w_{hj}g_j) \qquad (3\text{-}25)$$

学习率 $\eta \in (0,1)$ 控制着算法每轮迭代的更新步长，若太大则容易振荡，太小则收敛速度会过慢。有时为了做精细调节，可令式（3-21）与式（3-22）使用 η_1，式（3-23）与式（3-24）使用 η_2，即两者未必相等。

需要注意的是，BP 算法的目标是最小化训练集 D 中 m 对数据的累积误差：

$$E = \frac{1}{m}\sum_{k=1}^{m}E_k \qquad (3\text{-}26)$$

我们上面介绍的是"标准 BP 算法"，每次仅对一个训练样例更新连接权和阈值，也就是说，更新规则是基于单个 E_k 推导而得的。

如果类似地推导出基于累积误差最小化的更新规则，就得到了累积误差反向传播（Accumulated-error BP）算法，简称累积 BP 算法。

累积 BP 算法和标准 BP 算法都很常用。一般来说，标准 BP 算法每次的更新只针对单个样例，参数更新得非常频繁，而且对不同样例进行更新的效果可能相互"抵消"。因此，为了达到同样的累积误差极小点，标准 BP 算法往往需要进行次数更多的迭代。累积 BP 算法直接针对累积误差最小化，它在完整读取整个训练集 D 后才进行参数更新，其参数更新的频率低得多。但在很多任务中，累积误差在下降到一定程度后，进一步下降会非常缓慢，这时标准 BP 算法往往能更快获得较好的解，这点在训练集非常大时更明显。

由于强大的表示能力，BP 网络经常遇到过拟合问题，其训练误差持续降低，但测试误差却可能上升。有两种策略常被用来缓解 BP 网络的过拟合。第一种策略是"早停"（Early Stopping）：将数据分为训练集和验证集，训练集用来计算梯度及更新连接权和阈值，验证集用来估计误差，若训练集误差降低但验证集误差升高，则停止训练，同时返回具有最小验证集误差的连接权和阈值。第二种策略是"正则化"（Regularization），其基本思想是在误差目标函数中增加一个用于描述网络复杂度的部分，最简单的如连接权的平方和，仍令 E_k 表示第 k 个训练样例上的误差，w_i 表示连接权，则如式（3-26）所示的误差目标函数变为

$$E = \lambda \frac{1}{m} \sum_{k=1}^{m} E_k + (1-\lambda) \sum_i w_i^2 \qquad (3\text{-}27)$$

其中，$\lambda \in (0,1)$用于对经验误差与网络复杂度这两项进行折中。

3.4.3 BP 算法流程

对于每个训练样例，BP 算法执行以下操作：先将训练数据（信号）提供给输入层神经元，然后将信号逐层前传，直到产生输出层的结果；然后计算输出层的误差，见伪程序的第（4）行和第（5）行；再将误差反向传播至隐层神经元，见第（6）行；最后根据隐层神经元的误差来对连接权和阈值进行调整，见第（7）行。该迭代过程循环进行，直到达到某些停止条件，如训练误差已达到一个很小的值。

输入：训练集 $D=\{\pmb{x}_k, \pmb{y}_k\}$，$k=1,2,\cdots,m$，学习率 η
过程：
（1）在（0,1）范围内随机初始化网络中所有连接权和阈值
（2）repeat
（3）　　for all $(\pmb{x}_k, \pmb{y}_k) \in D$ do
（4）　　　　根据当前参数和式（3-14）计算当前样本输出 $\hat{\pmb{y}}_k$；
（5）　　　　根据式（3-20）计算输出层神经元的梯度项 g_j；
（6）　　　　根据式（3-25）计算隐层神经元的梯度项 e_h；
（7）　　　　根据式（3-21）～式（3-24）更新连接权 w_{hj}、v_{ih} 与阈值 θ_j、γ_h；
（8）　　end for
（9）until 达到停止条件
输出：由连接权与阈值确定的多层神经网络

3.4.4 BP 算法的几个问题

1. 非线性映射和参数优化

若网络输入层、输出层的节点个数分别是 d 个、l 个，那么该网络实现了从 d 维到 l 维欧式空间的映射，即 $T: R^d \rightarrow R^l$。可知网络的输出是样本在 L_2 范数意义下的最佳逼近，通过若干简单非线性处理单元的复合映射，可获得复杂的非线性处理能力。

BP 算法使用梯度下降法进行参数优化，把一组样本的 I/O 问题变为非线性优化问题，隐层使优化问题的可调参数增多，使解更精确。

2．加速收敛

为了解决 BP 算法收敛慢这个问题，已有多种改进方法被提出。如在权重更新方程中，加上阻尼项，使学习速率足够快，又不易产生振荡；再如采用可变学习率方法，使学习率 η 的步长随着训练的进行逐渐缩小。

3．输入信号预处理

sigmoid 型激活函数 $s(x)$ 的梯度模值 $|s'(x)|$ 随 $|x|$ 增大逐渐下降并趋于 0，不利于权重的调整。于是我们希望 $|x|$ 的取值在较小的范围内（靠近 0），因此网络的输入需要根据情况进行处理，如果输入数据的绝对值较大，则需要进行归一化处理，此时输出也要进行相应的处理。

4．泛化能力

泛化能力强意味着用较少的样本进行训练就能够使网络在给定的区域内达到要求的精度。没有泛化能力的网络是没有实用价值的。BP 网络的泛化能力与样本、网络结构、初始权重等有关，为得到较好的泛化能力，在训练网络时，除训练样本集外，还需要测试样本集。

5．BP 算法的不足

由于 BP 算法是非线性优化的，就不可避免地会出现存在局部极小值、学习算法的收敛速度慢及收敛速度与初始权重有关等问题。对于 BP 网络结构的设计，即隐层的数量及每个隐层节点的数量的选择，目前并无理论指导。还有一个问题就是在网络训练中，新加入的样本会影响已"学好"的网络。

3.5　ANN 的学习方式

神经网络中的"学习"与我们日常生活中的学习类似：增加新能力的方法、过程和结果。神经网络的学习基于数据的分析过程，通过对特定数据的分析处理来训练网络，培养网络对该类数据的处理能力。目前，神经网络的主要学习方式有两种：有监督学习和无监督学习；介于两者之间的还有半监督学习及强化学习。下面简单介绍这 4 种学习方式。

3.5.1　有监督学习

在有监督学习（Supervised Learning）中，相当于存在一个"教师"，能够判定网络学习的结果是否正确。这个"教师"就是每个训练数据对应的正确结果。在训练时，不仅要将训练数据输入神经网络，还要将每个数据对应的结果，即数据具有的标签（Label）输入神经网络，如在分类问题中，训练数据为手写数字图像及对应的标签"1""2""3"……同时将相应的期望输出（标签值）与网络的实际输出相比较，得到误差信号，以此来控制权重的调整，在经过多次训练调整后，收敛到一个确定的权重。当样本情况发生变化时，通过学习可以修改权重以适应新的数据。使用有监督学习方式的神经网络模型有 BP 网络、感知机等。有监督学习的常见应用场景有定性的分类问题、定量的回归问题等。

3.5.2　无监督学习

在无监督学习（Unsupervised Learning）中，顾名思义，就是没有"教师"进行指导，训练数据没有相应的标签。直接将神经网络置于应用环境之中，学习阶段与工作阶段成为一体，相当于"在工作中学习"。神经网络无法准确地知道数据具有什么标签，只能凭借网络的计算能力分析数据的特征，从而推断出数据的某些内在结构，进而得到一定的结果。通常是得到一些集合，集合内的数据在某些特征上相同或相似。常见的应用场景有聚类分析、降维等。无监督学习最简单的例子是 Hebb 学习，这种学习的结果是使网络能够提取训练集的统计特性，从而把输入信息按照它们的相似性程度划分为若干类。竞争学习是一种更复杂的无监督学习，它根据已建立的聚类进行权重调整。自组织映射、自适应谐振网络等都是与竞争学习有关的神经网络模型。

3.5.3　半监督学习

介于有监督学习和无监督学习之间的就是半监督学习（Semi-supervised Learning）。对于半监督学习，其训练数据的一部分是有标签的，另一部分没有标签，而无标签数据的数量常常远大于有标签数据的数量（这也是符合现实情况的）。半监督学习所依据的基本规律：数据的分布必然不是完全随机的，通过一些有标签数据的局部特征，以及更多无标签数据的整体分布，能够得到可被接受甚至效果非常好的分类结果。例如，向计算机输入很多未分类的动物图像和有标签的动物图像，然后由计算机学习图像上动物的分类方法。半监督学习方式的应用场景包括半监督分类/回归、半监督聚类/降维等。

3.5.4　强化学习

在强化学习（Reinforcement Learning）中，就"指导"而言，介于有监督学习和无监督学习之间，其是近年来随着深度学习的发展而兴起的一种特别的学习方式，非常类似人类的学习方式。在强化学习模式下，输入数据作为对模型的反馈，不像在有监督学习中那样，仅用来检查模型的对错。强化学习模型只对输出结果给出评价信息（奖励或惩罚），而不给出正确答案，神经网络按照奖励或惩罚来调整自己的参数或策略，朝着奖励指引的方向强化。

第*4*章
GAN 中常用的 ANN

在 GAN 系统中，生成器和判别器的基本功能是什么呢？简言之，生成器负责生成和真实训练图像相似的图像，而判别器则尽其所能发现冒充的"假"图像，迫使生成器不断改进，从而生成更加逼真的图像，直至判别器无法区分输入图像的真伪，在对抗中提高了生成器输出图像的质量。那么，生成器和判别器在实际中是如何实现的呢？概括地说，它们都由 ANN 组成，根据问题的需要，可以是简单的多层感知机，也可以是包含多个隐层的神经网络，当然更多的是性能良好且各具特点的深度神经网络，如卷积神经网络、循环神经网络、残差网络等。

本章简要介绍几种组建 GAN 系统常用的网络。第 1 节介绍在 GAN 中普遍使用的卷积神经网络（CNN）；第 2 节介绍在某些 GAN 中会用到的循环神经网络（RNN）；第 3 节介绍变分自编码器（VAE），它本身和 GAN 类似，是另一类生成模型，有时也可以和 GAN 联合使用以提高生成图像的质量；第 4 节介绍深度残差网络，它是一种新型深度神经网络，在 GAN 中的应用正在逐渐增多。

4.1 卷积神经网络

卷积神经网络（Convolutional Neural Network，CNN）的提出是比较早的，但其直到近年来才受到高度重视并成为一种广泛应用的高效神经网络。20 世纪 60 年代，Hubel 和 Wiesel 在研究猫视觉皮层中用于局部敏感和方向选择的神经元时，

发现其独特的网络结构可以有效地降低反馈神经网络的复杂性，继而提出了
CNN。现在，CNN 已经成为众多科学领域的研究热点，特别是模式分类领域，由
于该网络避免了对复杂的图像预处理，可以直接输入原始图像，因而得到了更为
广泛的应用。目前，CNN 在 GAN 中也得到了广泛应用，不少生成器和判别器都
是用 CNN 实现的。

　　一般来说，CNN 的核心是若干个基本单元，每个基本单元包括两层，前一层
为卷积层，任务是特征提取，每个神经元的输入与前一层的局部感知域相连，并
提取该局部的特征；一旦该局部的特征被提取，它与其他特征间的位置关系也随
之确定下来。后一层为池化层，紧跟在卷积层后面，对卷积层提取的特征图进行
下采样的低通滤波，能够降低特征图的分辨率，突出主要特征。

　　由于 CNN 的特征检测层是通过对训练数据进行学习而得到的，所以在使用
CNN 时，可以避免传统的显式特征抽取，而隐式地从训练数据中进行学习。再
者，由于同一特征映射面上的神经元权重相同，所以网络可以进行并行学习（运
算），这也是 CNN 相对于神经元彼此相连的网络的一大优势。CNN 以其局部权
重共享的特殊结构在图像处理方面有着独特的优越性，其布局更接近实际的生
物神经网络。

4.1.1　CNN 的结构

　　如图 4-1 所示，CNN 的由输入层、卷积层、池化层、全连接层及输出层构成。
卷积层和池化层可看作一个基本单元，一般会设若干个基本单元，它们相互连接。
全连接层也可以不止 1 层，常见的有 2 层、3 层。卷积层的每个神经元与其输入
进行局部连接，并通过对应的连接权与局部输入进行加权求和，再加上偏置，得
到该神经元的输入值，该过程等同于卷积过程，CNN 也由此而得名。而且 CNN
结构的可拓展性很强，可以有很多的层数。

　　传统的神经网络的层间都采用全连接的方式：隐层或输出层的每个节点都和
前一层的各节点相连接。对于低维的输入数据或少量的隐层，这样的全连接是可
以接受的。但对于图像数据，其维度很高，再考虑深度网络，全连接将导致参数
特别多，使得网络训练耗时特别长，甚至难以训练成功。CNN 则可以通过卷积层
的局部连接、网络节点的权重共享及卷积结果的池化下采样等方法来降低网络运
行的压力。

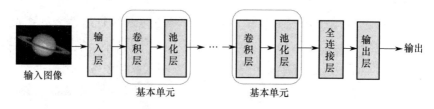

图 4-1 CNN 网络结构示意

这样，与多层感知机（Multi-Layer Perceptron，MLP）相比，CNN 中卷积层的局部连接和权重共享使网络中可训练的参数变少，降低了网络模型的复杂度，减少了过拟合的可能，从而可获得更好的泛化能力。同时，在 CNN 结构中使用池化操作使得模型中的神经元数量大大减少，忽略了特征的次要方面，抓住了特征的主要因素，从而增强了 CNN 特征提取的鲁棒性。

4.1.2　CNN 的核心技术

CNN 的三项核心技术是局部连接、权重共享和池化约简。此外，还有全连接输出等。这些技术措施不但能保证网络可以通过数据训练来学习特征，省去手工提取特征的过程，成为一个通用的特征提取框架，而且大大降低了网络操作的复杂度。

让我们看一下在一个普通的全连接神经网络中对一幅普通图像进行一层处理需要多大的计算量：在神经网络的图像处理中，往往把一幅图像表示为全体像素的向量，如一幅 1000×1000 的图像，可以表示为一个 10^6 维的向量。在全连接的神经网络中，如果隐层的神经元数量与输入层一样，即也是 10^6 个，那么输入层到隐层的权重数量为 $10^6×10^6=10^{12}$ 个。这样全局化处理图像的神经网络规模太大，基本没法训练和处理。而 CNN 的三项核心技术可有效减少网络参数的数量，下面我们分别予以介绍。

1．局部连接

局部连接是指利用图像数据的局部感知域特性进行网络的局部连接。一般认为，人对外界的认知是从局部到全局的，而图像的空间联系也是局部的像素联系较为紧密，而距离较远的像素之间的相关性则较弱。因而，每个神经元其实没有必要对全局进行感知，只需对局部进行感知，然后在更高层将局部的信息综合起来，就得到了全局的信息。局部连接的思想受到了生物学里视觉系统结构的启发。视觉皮层的神经元就是接收局部信息的（这些神经元只响应某些特定区域的刺激）。

此外，CNN 的层间采用局部连接的方法是符合图像（也包括其他类别的数据）的统计特性的。自然图像具有局部区域稳定的属性，即某一局部区域的统计特征和其他相邻局部区域的统计特征之间具有不同程度的相似性。因此，神经网络从自然中学习到的某一局部区域的特征同样适合于图像中其他相邻的局部区域。

下面基于一幅图像数据和神经网络之间不同的连接方式来说明局部连接的含义。图 4-2 所示为不同网络连接方式的比较，为了简单示意，将图像表示为一维列矢量。图 4-2(a)为全连接，设输入图像大小为 1000×1000，输入层的输入节点数为 10^6 个，卷积层的节点数也为 10^6 个，则全连接方式需要 $10^6×10^6=10^{12}$ 个权重，如此数量巨大的参数几乎是无法训练的。图 4-2(b)为局部连接，输入节点数为 10^6 个，卷积层的节点数也为 10^6 个，假设网络采用 10×10 的局部感受野，即每个卷积层节点只负责和输入层的 10×10=100 个节点相连，则网络权重数降低到 $10^6×100=10^8$ 个，减少了 4 个数量级。图 4-2(c)为权重共享连接，输入节点数为 10^6 个，卷积层的节点数也为 10^6 个，每个节点为 10×10=100 的局部感受野，但是每个节点的 100 个权重都相同，假设共有 100 个不同的滤波器（卷积核），则需要的权重数仅为 100×100=10^4 个，减少了 8 个数量级。图 4-2(d)表示图 4-2(c)的等效卷积。

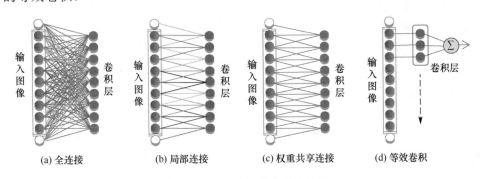

(a) 全连接　　(b) 局部连接　　(c) 权重共享连接　　(d) 等效卷积

图 4-2　不同网络连接方式的比较

2．权重共享

即使采用了局部连接，网络参数仍然过多（10^8 个）。CNN 还采用了权重共享（参数共享）的方法来进一步减少网络参数。

其实在图 4-2(c)中已涉及权重共享的机理，这里进一步说明。权重共享就是让一组神经元使用相同的连接权。具体做法是，在局部连接中，隐层的每个神经元连接的是一个 10×10 的局部图像，因此有 10×10 个权重，将这 10×10 个权重共享给其他神经元，也就是说，隐层中 10^6 个神经元的权重相同，那么此时不管隐层神经元的数量是多少，需要训练的参数就是这 10×10 个权重（相当于卷积核或滤波器的大小）。这样隐层 10^6 节点的输出等效于一个 10×10 卷积核和 1000×1000 输入图像卷积的结果（不考虑周边像素缺失的问题），这样就提取了图像的一种特征。如果利用一个卷积核可提取图像的一种特征，那么利用 100 个不同的卷积核就可以提取 100 种不同的特征，该隐层需要调整的权重总数为 100×100=10^4 个。这样，可看作隐层具有 100 个节点，每个节点负责一个独特的 10×10 卷积核的输出，共输出 100 幅特征图像，其尺寸和原始图像一样为 10^6 个像素。如果要多提取或少提取一些特征，可以增加或减少一些卷积核。另外，偏置参数也是共享的，同一种滤波器共享一个。

由此可见，网络的局部连接和权重共享可以大幅减少网络参数，简化网络结构，提高网络运行的效率。

3. 池化约简

如前所述，在通过卷积层获得图像的特征之后，理论上，我们可以直接使用这些特征进行分类或识别。但是这样做将面临巨大的计算量的挑战，而且容易过拟合。为了进一步减少和降低网络的训练参数及模型的过拟合程度，CNN 对卷积层输出（特征图）进行池化约简（Down-Pooling）。在 CNN 中，池化层紧跟在卷积层之后，卷积层是池化层的输入层，卷积层的特征图与池化层的特征图唯一对应。

池化操作将输入特征图分割成相同尺寸、不重叠的小块，通过池化（下采样）运算来降每个小块的分辨率。池化层常用的下采样方法主要有两种，一种是最大池化（Max Pooling），另一种是平均池化（Average Pooling），而实际中用得更多的是最大池化。最大池化的方法非常简单，以 2：1 最大池化为例，将特征图划分为不重叠的 2×2 小块，每个小块中的最大值就是池化层中的一个数据。如图 4-3(a) 所示，将一幅 4×4 的卷积层特征图划分为 4（2×2）个小块，对于每个 2×2 小块，选出最大的数作为池化层相应元素的值。例如，卷积层第一个 2×2 小块中最大的数是 6，那么池化层的第一个元素就是 6。以此类推，经过 2：1 的池化，池化层的数据量是相应的特征图数据量的 1/4。如果是 4：1 的池化，则是 4×4 小块划分后取一最大值，数据量压缩为 1/16。平均池化则是取卷积层每个小块的平均值作为池化层的数据。图 4-3(b)所示是实际池化示例，将一幅实际的 224×224 卷积层特征图池化为 112×112 特征图。

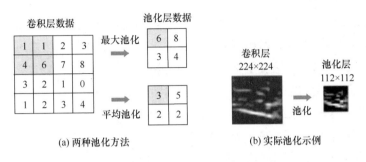

图 4-3　池化方式示意

总体说来，池化操作具有两方面的优点：一是能够保持池化前后特征不变，池化减小了特征图的尺度，但特征的本质基本没有改变，甚至更加突出了特征的主要部分；二是降低了数据量，便于处理和优化，还能在一定程度上防止过拟合现象的发生。

4．全连接输出

在 CNN 结构中，在经过多个卷积层和池化层后，往往连接着 1 个或 1 个以上的全连接层。与多层感知机类似，全连接层中的每个神经元与其前一层的所有神经元全连接。全连接层可以整合卷积层或者池化层中具有类别区分性的局部信息。为了提升 CNN 的网络性能，全连接层神经元的激活函数一般采用 ReLU 函数。LeNet-5 网络中安排了 2 个全连接层，后一个全连接层的输出值传递给输出层。

至此，可以看出 CNN 的核心技术是局部连接、权重共享及池化约简，最后由全连接输出将这些种技术结合起来，可直接输入图像数据，自动获得图像的各种特征，实现图像识别、分类、标注等。

4.1.3　CNN 的训练和改进

1．CNN 的训练

CNN 本质上是一种输入到输出的映射，它能够学习多种复杂的输入与输出之间的映射关系，而不需要任何输入与输出之间精确的数学表达式，只要用已知的模式对 CNN 进行训练，网络就具有输入-输出对之间的映射能力。CNN 进行的是有监督训练，所以其训练数据是由一系列形如"（输入样本，标签值）"的数据对构成的训练样本集。

2．CNN 的改进

在 CNN 中，局部连接、权重共享和池化约简使整个网络性能得到很大的提高。局部连接和权重共享减少了需要训练的参数个数，相同的权重可以让滤波器在不受信号位置影响的情况下检测信号的特性，使模型的泛化能力更强；池化约简可以降低特征图的空间分辨率，从而消除特征的微小偏移和扭曲的不利影响，对输入数据的平移不变性也要求不高。

深度 CNN 模型的不足之处主要在于，在训练中容易出现梯度消失的情况。当然，这也是很多深度网络训练最容易出现的问题之一。

CNN 在多个领域中取得了良好的效果，是近几年来研究和应用最为广泛的深度神经网络。比较有名的 CNN 模型主要有 1998 年 Yann Lecun 的 LeNet-5，这可看作当代 CNN 的雏形。此后有 2012 年 Hinton 的 Alexnet、2014 年 Christian Szegedy 的 GoogleNet 和牛津大学的 VGG、2015 年 He Kaiming 的 Deep Residual Learning 等。这些改进版本的 CNN 在模型深度或模型结构方面有一定的差异，但是模型的基本结构是相同的，基本都包含了卷积运算、池化运算、全连接运算和识别运算。

4.1.4　CNN 一例

LeNet-5 由 Lecun 等人于 1998 年提出，是一种用于手写体字符识别的高效 CNN。其最大的特点就是使用多层卷积网络，而且使用全连接层进行训练。多层卷积的特点是前面（靠近输入层）的卷积层学到的特征往往是比较局部的，越往后的卷积层学到的特征越全局化。

LeNet-5 的网络结构如图 4-4 所示，除输入层外，共有 7 层，每层都包含可训练参数（连接权等）。网络输入是一幅幅 32×32 的手写数字灰度图像及其对应的 0～9 数字标签，输出是识别结果，即 0～9 中的一个。LeNet-5 复合了 2 个卷积层–池化层单元对输入信号进行加工，然后利用全连接和 RBF 连接实现输出目标的分类映射。

每个卷积层都包含多个特征映射（Feature Map），每个特征映射是由多个神经元构成的"平面"，通过一种卷积滤波器提取输入的一种特征。例如，在图 4-4 中，第一个卷积层由 6 个特征构成，每个特征是一个 28×28 的神经元阵列，其中每个神经元负责从 5×5 区域中通过卷积滤波器提取局部特征。紧跟其后的是池化层，基于局部相关性原理进行下采样，从而在减少数据量的同时保留有用信息。在图 4-4 中，第一个池化层有 6 个 14×14 的特征映射，其中每个神经元与上一层中对应特征映射的 2×2 邻域相连，并据此计算输出。通过卷积层和池化层，LeNet-5 将原始图像映射成 120 维特征向量，最后通过一个由 84 个神经元构成的全连接层和输出层完成识别任务。输出层有 10 个神经元，对应类别 0～9，哪个输出的数值大（概率大），那个神经元代表的数字就是输出的识别结果。

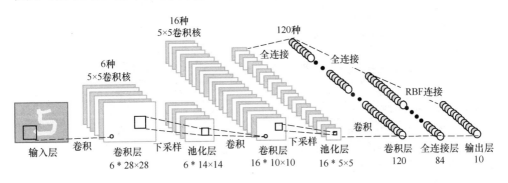

图 4-4　LeNet-5 的网络结构

4.1.5　图像卷积

图像卷积在 CNN 中是一项核心技术，主要包括一般的二维卷积及在此基础上扩展出来的多核卷积和多通道卷积，其实它们不限于 CNN 应用，是一类普遍实用的技术。

CNN 的卷积层由多个特征图组成，每个特征图由多个神经元组成，每个神经元通过卷积核与上一层特征图的局部区域相连。卷积核是一个权重矩阵，如用于二维图像卷积的 3×3 或 5×5 矩阵等。CNN 的卷积层通过卷积操作提取输入信号的不同特征，底层的卷积层提取低级特征，如边缘、线条、拐角等，更高层的卷积层则提取综合特征。

1．基本二维卷积

基本二维卷积运算是指一幅输入图像（二维数据）和一个卷积核的卷积运算，卷积结果为一幅特征图（也是二维数据）。二维卷积过程和图像处理中二维滤波器的滤波过程类似。这里用"滑动窗口滤波"来解释卷积运算的过程。卷积层是卷积核（窗口）在上一级输入层中通过逐一滑动窗口计算而得的，卷积核中的所有参数与卷积核覆盖的图像窗口中对应像素值的乘积之和，即为一步卷积得到的结果（通常还要加上一个偏置参数）。图 4-5 为二维卷积运算示意，5×5 的图像通过边框填 0 成为 7×7 的图像，和一个 3×3 的卷积核进行卷积运算。这里卷积核的移动步长为 2，最后产生一个 3×3 的卷积结果。卷积结果中框出的"0"是卷积模板算出的第一个数，其他卷积算出的数以此类推。此例中卷积步长为 2，实际上是一种 2:1 的下采样卷积，如果步长为 1，就是等尺寸的卷积，卷积的结果仍然是 5×5 的数据。

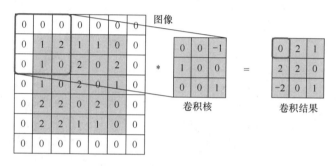

图 4-5　二维卷积运算示意

2. 多核卷积

在卷积层中，每个卷积核连接图像数据窗的权重是固定的，每个卷积核只关注一个特性。卷积核就相当于图像处理中的滤波器，如边缘检测专用的 Sobel 滤波器等。卷积层的每个卷积核（滤波器）都会有自己所关注一个图像特征，如垂直边缘、水平边缘、颜色、纹理等，所有这些卷积核运算的结果，成为整幅图像的一个特征集合。

在前面解释"权重共享"时我们提到，在只有 100 个参数时，对于一幅图像卷积，只有 1 个 10×10 的卷积核，只能提取一种特征，显然，特征提取是不充分的。我们可以添加多个卷积核，比如 100 个卷积核，每个卷积核针对一种特征，对于一幅图像可以提取到 100 种特征，这时网络的参数数量为 10×10×100=10000 个（未计算偏置参数），这就是多核卷积。

2 个卷积核的卷积是最简单的多核卷积，如图 4-6 所示，输入为 4×4 的图像，分别经过 2×2 卷积核的卷积（卷积步长为 1），得到两幅特征图。例如，卷积核 1 负责提取图像中的垂直边缘特征，卷积核 2 则负责提取图像中的水平边缘特征。如果还需要提取其他特征，则可以再增加相应的卷积核。在图 4-6 中，2 个卷积核就可以生成两幅特征图，这两幅特征图可以看作一幅图像的特征图的两个不同的通道（Channel）。

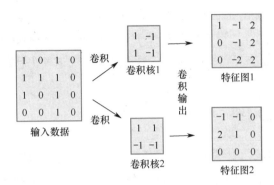

图 4-6　2 个卷积核的卷积过程

3．多通道卷积

多通道卷积指参与卷积的图像是多通道的。所谓多通道，如一幅彩色图像可以分解为 3 幅单色（R、G、B）图像，我们就称这 3 幅单色图像为 3 通道图像。多通道卷积不仅指输入图像是多通道的，卷积核也可以有多个，这样一来，输出图像也是多通道的。

这些概念比较简单，只需举例说明即可。如图 4-7 所示，输入图像为 4 通道 7×7 图像（由 3×3 图像插值而成），有 2 个卷积核参与卷积运算，需要注意的是，

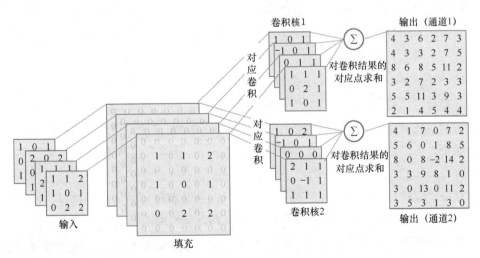

图 4-7　4 通道 2 卷积核的卷积示意

每个卷积核的大小为 4×3×3，可看成 4 个 3×3 的卷积核，对应 4 通道图像。在卷积时，4 通道图像先与第一个卷积核进行卷积，得到 4 个卷积结果，将这 4 个卷积结果对应位置的数值相加就得到第一个 6×6 卷积输出，即第一通道输出特征图。用同样的方法可得到 4 通道图像与第二个卷积核进行卷积的 6×6 输出特征图。至此，4 通道图像和 2 个卷积核的卷积运算得到了 2 通道输出特征图。

4.2 循环神经网络

在深度学习领域，普通的以多层感知机为基础的各类网络结构具有出色的表现，曾在图像识别、图像生成、目标分类等应用场景中创造出优秀的记录。但是，这类网络也存在一定的问题，例如，前述的 CNN 等多种模型无法处理序列数据。

在现实中有许多任务需要处理序列数据，如图像标注（Image Captioning）、语音合成（Speech Synthesis）、音乐生成（Music Generation）、视频分析（Video Analysis）等都要求网络模型的输入为序列数据，其他任务如机器翻译、人机对话、机器人控制等要求输入和输出均为序列数据。这些序列数据含有大量的内容，彼此间有着复杂的时间关联性，并且信息长度各不相同。这个问题是感知机类模型无法解决的，因此循环神经网络（RNN）应运而生。

顺便说一下，RNN 可以是两种神经网络模型的缩写，一种是递归神经网络（Recursive NN），另一种是循环神经网络（Recurrent NN）。虽然这两种神经网络之间有着千丝万缕的联系，但还是有区别的：循环神经网络的目标是时域序列，递归神经网络的目标是空域序列。我们这里主要讨论循环神经网络。

循环网络和其他网络最大的不同就在于能够实现某种"记忆功能"，这是在进行时间序列数据分析时最好的选择。RNN 的关键之处在于，当前网络的隐藏状态会保留先前的输入信息以用作当前网络的输出，使序列当前的输出与前面的输出有关。具体的表现形式为网络会对前面的信息进行"记忆"并应用于当前输出的计算中，即隐层之间的节点不再是无连接的，而是有连接的，也就是说，隐层的输入不仅包括输入层的输出，还包括上一时刻隐层的输出。理论上，RNN 能够对任意长度的序列数据进行处理，但是在实践中，为了降低复杂性，往往假设当前的状态只与前面的几个状态相关。

4.2.1　RNN 的结构

在图 4-8 中，左侧是 RNN 的原始结构，如果暂时不看中间隐层的层内闭环连接，那就是简单的"输入层=>隐层=>输出层"三层前向型网络结构。但 RNN 的隐层加上了层内节点之间的闭环连接，也就是说，在数据输入隐层之后，隐层还会将其输入给自己，使得网络拥有记忆能力。将 RNN 简化为图 4-8 中间由 3 个节点组成的图，输入层为 x，隐层为 h，输出层为 o，x 到 h 的网络权参数为 U，h 到 o 的网络权参数为 V，h 层内闭环权参数为 W。这个简化图可以理解为某一时刻的网络状态，如果按时间顺序展开，就成为图 4-8 右侧的时序展开图。我们说 RNN 的记忆能力就是指通过 W 对以往的输入状态进行记忆，作为下次输入的辅助。可以这样理解隐层状态：

$$h=f(现有的输入+过去的记忆)$$

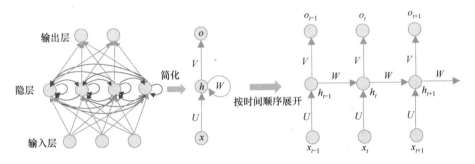

图 4-8　RNN 结构示意

4.2.2　RNN 与 CNN 的比较

1. RNN 的特点

RNN 的特点主要表现为以下 3 个方面。

（1）RNN 模型是时间维度上的深度网络模型，可以对时间序列数据进行建模。

（2）RNN 需要训练的参数较多，在误差反向传播中容易出现时域梯度消失或梯度爆炸的问题。

（3）RNN 不具有特征学习能力。

2．RNN 的改进

近年来，人们对 RNN 进行了一系列的改进，如在网络结构、求解算法等方面进行了优化。出现了双向 RNN（Bidirectional RNN，BRNN）与 LSTM 等循环网络，在图像标注、语言翻译及手写识别等方面都有了突破性进展。

3．RNN 与 CNN 的比较

从应用领域看，由于 CNN 侧重空间映射，图像数据比较符合空域处理场景，因此 CNN 主要用于解决图像问题，它的各隐层的作用基本上是对输入图像进行不同层次的特征提取，最后由对称感知机进行分类或识别。而 RNN 是回归型网络，并且具有一定的记忆能力，善于解决时间序列问题，可用来提取时间序列数据的信息。改进的 RNN 及 LSTM 可以解决 RNN 无法解决的长距离依赖问题，广泛应用于时间序列预测。

在序列数据的应用方面，CNN 只响应预先设定的信号长度（输入向量的长度），而 RNN 的响应长度是学习出来的。

在网络复杂度方面，CNN 如果采用全连接会产生权重太多的问题，为此 CNN 采取了一系列的简化措施，如局部连接、权重共享、池化约简等，大大提高了 CNN 的运行效率。

RNN 在隐层节点之间可以自连接或互连接，可以展开为一系列全连接神经网络（Full Connection Network，FCN）。RNN 的常见训练算法有时间反向传播（BP Through Time，BPTT）和隐文档类模型（Latent Document Type Model，LDTM）等。

4.3　变分自编码器

变分自编码器（VAE）是由 Kingma 等人于 2013 年基于变分贝叶斯（Variational Bayes）推断提出的一种深度生成模型，与 GAN 模型类似，是如今神经网络中重要的生成模型之一，可认为它是由自编码器（AE）"进化"而来的。

4.3.1　自编码器

自编码器（AE）于 20 世纪 80 年代晚期被提出，由编码器（Encoder）和解码器（Decoder）组成。如图 4-9 所示，AE 的编码器对输入图像进行编码，将高维空间的输入向量（图像）映射成低维隐空间（Latent Space）的向量（隐变量），然后通过解码器将后者解压重构以得到原始图像。AE 的目标是使输入图像和输出图像的差异最小，最好完全一样。这也使得 AE 生成的图像与输入图像非常相似（有一定的编码失真），但无法生成"新"的图像。

最简单的 AE 可以由一个 3 层神经网络构成：一个输入层、一个隐层和一个输出层。输入层到隐层相当于编码器，隐层到输出层相当于解码器。从数据维度上讲，输入层与输出层具有相同的高维度，而隐层的维度要远远小于输入层或输出层。很容易看出，AE 可以起到数据降维的作用，因为隐变量的维数虽然小于输入数据，但几乎包含了输入数据所有的信息，并且能够解码还原出原数据。当然，AE 的作用并不仅限于降维，其还可用于数据降噪、数据预处理等多种场景。

AE 在经过训练集图像训练后，得到一系列"码字"和训练好的编码器、解码器，实际上这些码字就是编码得到的隐空间中的若干点，这些点当然是能够由解码器还原为原始图像的。但是，如果我们输入另一个隐空间中的随机码，只和已有的码字相差一点点，通过解码器能够生成一幅稍有不同的图像吗？答案是往往得不到预期的结果，如图 4-9 下部所示，因而 AE 还算不上一种生成模型。

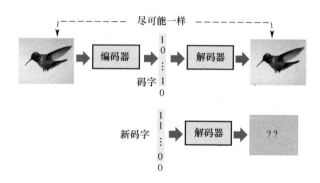

图 4-9　AE 的图像生成示意

4.3.2　VAE 概述

为了解决 AE 难以生成新图像的问题，人们提出了一种新的生成模型——VAE。如果使用 VAE，就有可能生成和训练图像相似但又不相同的新图像。

与 AE 相比，VAE 也包括编码器和解码器两部分，涉及编码过程和解码过程，但 VAE 的工作原理和 AE 有很大差别，最主要的差别在于，AE 编码输出的是隐变量的具体取值（码字），是隐空间中的"点"，而 VAE 编码输出的是隐空间中隐变量的概率分布。这样一来，我们就可以从 VAE 的分布中另外取样，送入解码器，从而生成类似于输入图像的新图像。

1. VAE 的结构

VAE 的网络结构如图 4-10 所示，关键的改进是在编码器中增加了一些"噪声"——服从已知分布的随机矢量。编码器要处理两个矢量：以 3 维为例，$m=(m_1,m_2,m_3)$是原本 AE 编码器生成的码字，$\sigma=(\sigma_1,\sigma_2,\sigma_3)$是网络自动学习到的分布方差。$e=(e_1,e_2,e_3)$是从服从正态分布的随机数据中抽取的一个同维度的随机矢量，控制附加噪声的分配权重。按照式（4-1）综合这 3 个量，生成 VAE 的编码结果$c=(c_1,c_2,c_3)$，其中 c_i 为

$$c_i=e_i\cdot\exp(\sigma_i)+m_i \qquad i=1,2,3 \qquad (4\text{-}1)$$

其中，因为 σ_i 总是大于 0 的，将它加到指数上，就会产生有正有负的数。

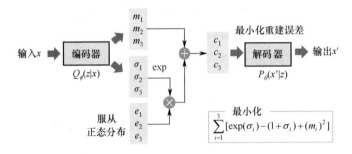

图 4-10　VAE 的网络结构

如果将 $c=(c_1,c_2,c_3)$送给解码器，就会得到相应的输出，通过最小化目标函数，使输入输出误差最小，可对 VAE 模型进行优化。这样，就可以通过输入 e 来获得和训练图像接近的新图像。

e 本身是从正态分布得到的，有固定的方差，将两者相乘相当于向编码中加入方差为某个值的噪声，而且又由于 σ 是通过编码网络得到的，所以网络在学习中可以自动调节噪声方差的大小。

2. VAE 一例

为什么加入额外的噪声就可以生成同分布的新图像呢？这里给出一个比较直观的解释。实际上，AE 的编码器输出的码字是输入图像的"压缩版"，将此码字送给解码器解码，输出的是原始图像的"解压缩版"，如果中间没有什么信息损失或损失很小，那么解码器输出的图像几乎和输入图像一模一样。当我们在编码输

出的码字上加上一个可以控制的噪声时，实际上是形成了一个新的隐变量分布，
从这个分布中取一个新的码字，解码输出的图像既和原始图像有很大的联系，又
不完全和原始图像一样。例如，如图 4-11(a)所示，用一张满月图像作为 AE 的输
入，模型解码得到的输出的是一个隐空间中的"点"，将这个点解码，得到的也是
一张满月图像。同理，如果将一张弦月图像作为输入，模型解码得到的就是一张
弦月图像。再看图 4-11(b)，由于 VAE 编码输出的是隐变量分布，一个隐变量点
旁边的一些点一般也能够解码产生比较相似的有意义的图像。抽象一点说，噪声
的加入使隐变量有序化了，在很大程度上保证了输入图像编码点周围的隐变量具
有和该点类似的特性。

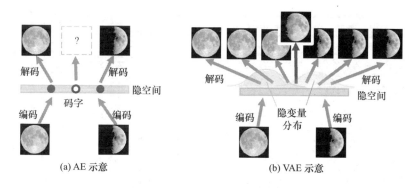

(a) AE 示意　　　　　　　　　　(b) VAE 示意

图 4-11　AE 和 VAE 的比较

从满月码字和弦月码字中间取出一个点（新的码字），它介于满月图像和弦月
图像隐变量分布的中间，因此，它的解码输出应当是一张介于满月和弦月之间的
图片。而不像 AE，我们没办法确定模型会输出什么样的图像，因为我们并不知道
模型从满月的码字到弦月的码字发生了什么变化。

3．VAE 中噪声的影响

在图 4-10 中，m 对应原来 AE 中的编码；σ 是从输入图像中生成的，它表示
图像分布的方差；e 是从正态分布中抽样得到的，和指数化后的 σ 相乘即得到了
影响码字的数值区间的噪声；方差影响噪声的大小，而且是由编码器训练得到的。

如果只根据"输入和输出越接近越好"这个目标来优化模型，即和 AE 类似
的损失函数一样：

$$\min (x-x')^2 \tag{4-2}$$

通过分析可知，当方差 σ 为 0 时，损失函数最小，模型理论最佳，实际上也

就退化成原来的 AE。因此需要对这个优化的目标函数加一个正则项限制，或者加一个损失函数，迫使这个方差不能太小，即

$$\min \sum_{i=1}^{3}[\exp\sigma_i - (1+\sigma_i) + m_i^2]　　　　（4-3）$$

VAE 模型的一个优势是可以通过调整隐含码中的某一维来确定码字的维度所代表的内容。假如隐含码是一个 10 维的向量，那么可以保持其中的 8 维不变，仅改变其余的 2 维，看看这 2 维对于生成图像的影响如何。如图 4-12 所示，由图 4-12(a)可以猜测，这 2 维特征可能分别控制着人脸的角度和表情；由图 4-12(b)可以猜测，这 2 维特征可能控制着数字中笔画的弯曲程度和数字的倾斜程度。

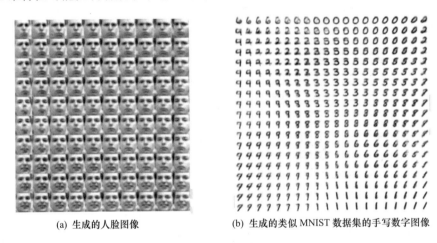

(a) 生成的人脸图像　　　　　　　　(b) 生成的类似 MNIST 数据集的手写数字图像

图 4-12　VAE 码字调整示意

4．VAE 与 GAN 的对比

与 GAN 相比，VAE 的优势在于，GAN 对隐变量的分布进行了隐式建模，在整个 GAN 训练完后，我们是不知道隐变量的具体分布的，也就无法生成想要的图像，只能任意输入一个噪声，使网络的生成图像看起来像训练集中的图像。而 VAE 对隐变量的分布进行了显式建模，在训练完 VAE 后，是可以得到隐变量的具体分布的，因此也就可以生成我们想要的图像。

与 GAN 相比，VAE 的不足在于，VAE 没有 GAN 那样的判别器，所以最后生成的图像会比较模糊。

当然，一方面，VAE 在不断改进，生成的图像质量也在不断提高；另一方面，已经出现了结合 VAE 的 GAN 系统，如对抗自编码器、Bi-GAN 等，其生成图像

的质量已经达到很高的水准。

4.4　深度残差网络

在神经网络中，在神经元总数确定的情况下，一般来说，增加网络的层数（深度）比增加一层中神经元的数量（广度）更加有效。以分类网络为例，网络中不同层的神经元学习输入数据的不同的特征，从输入到输出，越往后的神经元所学习的特征的抽象程度越高，层数越多则特征的区分越细，最后分类的结果越准确。

4.4.1　深度网络的困境

实验表明，网络的深度也不是越深越好的。随着网络层级不断增加，模型精度不断提升，而在网络层级增加到一定数量后，模型精度会先上升，然后达到饱和，之后会迅速下降，如图 4-13 所示。这说明当网络变得很深以后，深度网络就变得更加难以训练了，网络性能也会急剧下降。

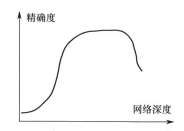

图 4-13　网络深度和精确度的大致关系

为了解决这个问题，2015 年，何凯明等人提出深度残差网络（Residual Network，ResNet），在当年的 ImageNet 大赛中获得图像分类、检测、定位三项的冠军。为了更好地理解残差网络的原理，我们先来认识一种特殊的网络层——恒等映射（Identity Mapping）层。

假设现在有一个多层网络已达到了饱和的准确率，在它后面再加上一个恒等映射层（该层的输出等于其输入），这样就增加了网络的深度，并且误差不会增加。不难想象，增加若干个恒等映射层，也不会影响网络的精确度和训练难度。这种使用恒等映射层直接将前一层的输出传给后面层的思想，便是 ResNet 的"灵感来源"。通过 ResNet 结构，可以把网络的深度增加到数百层甚至上千层。

4.4.2　残差块结构

在统计学中，残差（Residual）和误差（Error）是两个既有联系又不相同的概念。具体到神经网络中，误差是指实际观测值和真实值之间的差距，而残差是指实际观测值和预测值（或目标值、估计值）之间的差距。

ResNet 由于增加了输入到输出的直连线而变得更容易被优化。包含一个直连线的多层网络称为一个残差块（Residual Block），如图 4-14 所示，其中直连线为右侧从 x 到 $\oplus$ 的箭头连线。x 表示输入，$F(x)$ 表示残差块在第二层激活函数之前的输出，σ 表示 ReLU 激活函数，最后残差块的输出是 $\sigma[F(x)+x]$。

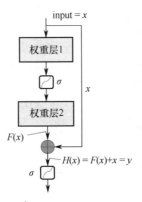

图 4-14　残差块结构示意

神经网络的一层或几层的作用通常可以看作输入值 x 和输出值 y 之间的映射关系，即 $y=H(x)$。这样，残差网络的一个残差块可以表示为 $H(x)=F(x)+x$，也就是 $F(x)=H(x)-x$。其中，x 是输入值，$H(x)$ 是输出值，所以 $F(x)$ 对应残差，因此称为残差块。

当图 4-14 右侧没有直连线时，残差块就是一个普通的 2 层网络。残差块中的网络可以是全连接层，也可以是卷积层。如果在该 2 层网络中，最优的输出就是输入 x，那么对于没有直连线的网络，就需要将其优化成 $H(x)=x$；对于有直连线的网络，则只需将残差 $F(x)=H(x)-x$ 优化为 0 即可，后者的优化要比前者简单。

4.4.3　残差块的作用

ResNet 的提出主要是为了解决深度网络中因深度增加而引起的精确度下降和训练中梯度消失等问题。自残差提出后，几乎所有的深度网络都离不开残差结构。

利用 ResNet 可以构建几百层、上千层的深度网络，而不用担心精确度下降和梯度消失的问题。

如前所述，深度网络的深度对网络的输出精度和网络的训练情况有很大的影响，最佳的网络深度应该处于图 4-13 中曲线的平台区内，不宜太深，也不宜太浅。面对一个网络任务，我们并不清楚到底加多少层才是最佳的。

假设现有一个比较浅的网络（Shallow Network）已达到了饱和的精确度，这时在它后面再加上几个恒等映射层，就增加了网络的深度，但误差不会增加，于是，ResNet 相当于将学习目标改变了，学习的不再是一个完整的输出，而是网络的目标值 $H(x)$ 和 x 的差值，也就是所谓的残差 $F(x) = H(x)-x$，因此，后面的训练目标就是要使残差结果逼近 0，使得随着网络加深，精确度不下降。也就是说，即使我们并不知道多少层是最佳的，但通过使用残差块，即使已经超过网络的最佳深度，也不会对模型的精确度有影响。

如果一个浅层网络就能达到饱和，那么后面的残差结构的目标是学习一个恒等映射，相当于加上的残差结构在最后没起到作用吗？的确如此，大于饱和层数的后续残差结构不起作用。那为什么还要这样做呢？

首先，网络深度为多少层时会达到精确度饱和状态是很难确定的：网络设计得过浅有可能达不到最高的精确度；设计得过深，有可能进入网络精确度饱和区之后的下降区。而采用深度 ResNet 结构，保证网络到达精确度饱和区，即使过了饱和区，因为后续的层是"直通"的，虽然无用，但也无害。

其次，在引入残差结构后，映射对输出的变化更加敏感了，调整网络输出的残差 $F(x)$ 使它趋于 0 即可，输出变化对权重的调整作用更大，所以效果更好。残差的意思就是去掉相同的主体部分，突出微小的变化部分。这也是 ResNet 虽然层数很多但收敛速度并不慢的原因。

ResNet 的实现也比较简单，只要增加一条直连线，原本的输出结果由 $F(x)$ 替换为 $F(x)+x$。当然 ResNet 还有很多细节，这里就不再论述。

4.4.4　ResNet 的误差反传

参考图 4-15，让我们看看普通多层前向型网络和同类 ResNet 的正向传播和误差反向传播的差别。先看正向传播公式，从第 l 层到最终第 L 层。为简单起见，网络中省去了偏置和激活函数。

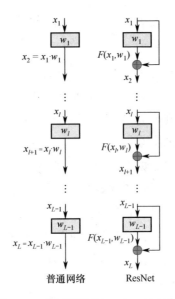

图 4-15 普通网络和 ResNet 的对比

普通网络的正向传播：

$$x_L = (\cdots((w_l x_l)w_{l+1} x_{l+1})\cdots w_{L-1} x_{L-1}) = \prod_{i=l}^{L-1} w_i x_i \tag{4-4}$$

ResNet 的正向传播：

$$
\begin{aligned}
x_L &= F(w_{L-1} x_{L-1}) + x_{L-1} \\
&= F(w_{L-1} x_{L-1}) + F(w_{L-2} x_{L-2}) + x_{L-2} \\
&= F(w_{L-1} x_{L-1}) + F(w_{L-2} x_{L-2}) + \cdots + F(w_{l+1} x_{l+1}) + (x_l + F(w_l x_l)) \\
&= x_l + \sum_{i=l}^{L-1} F(w_i x_i)
\end{aligned}
\tag{4-5}
$$

设网络的损失函数为 E，再看第 l 层的误差反向（从第 L 层到第 l 层）传播公式。

普通网络的反向传播：

$$\frac{\partial E}{\partial x_l} = \prod_{i=l}^{L-1} w_i \frac{\partial E}{\partial x_i} \tag{4-6}$$

相较于普通网络的直来直去结构，ResNet 中有具有跨层连接的结构，这样的结构在反向传播中的求导公式为

$$\frac{\partial E}{\partial x_l} = \frac{\partial E}{\partial x_L} \cdot \frac{\partial x_L}{\partial x_l} = \frac{\partial E}{\partial x_L} \cdot \left[1 + \frac{\partial}{\partial x_l} \sum_{i=l}^{L-1} F(x_i, w_i) \right] \tag{4-7}$$

式（4-7）右边的第一个因子 $\partial E / \partial x_L$ 表示损失函数到达第 L 层的梯度，中括号中的 1 表明短路机制可以无损地传播梯度，而另外一项残差梯度则需要经过带有权重参数的层，梯度不是直接传递过来的。残差梯度不会那么巧全为−1，而且就算其比较小，有 1 的存在也不会导致梯度消失。所以残差学习会更容易。

简单总结一下，对于深度神经网络，设网络输入是 x，网络输出是 $F(x)$，网络要拟合的目标是 $H(x)$。普通网络的训练目标是 $F(x)=H(x)$。但训练网络输出 $H(x)$ 比较困难，因为常常会出现梯度消失或梯度爆炸的情况，使得训练不稳定或不收敛。ResNet 则把传统网络的输出 $F(x)$ 处理了一下，加上输入，将 $F(x)+x$ 作为最终的输出，即 $H(x)=F(x)+x$，训练目标是 $F(x)=H(x)−x$。训练网络输出 $H(x)−x$ 是比较容易的，因为梯度适中。

第**5**章
相关算法

目前大部分的 GAN 应用都在图像处理领域，GAN 的运行基础是 ANN，GAN 完成任务的核心工具是有关的算法。那么具体和什么"有关"呢？主要是和 GAN 用于图像处理的任务有关，以及和 GAN 模型训练的目标函数优化有关。支撑这两类算法的重要理论基础是统计信号处理，这是一类基于统计的机器学习算法。在分析问题时，为了方便起见，有可能是从连续的信号或数据开始的，然后引申到离散信号，因为 GAN 图像处理算法是在计算机上执行的，必须以离散形式出现。

本章第 1 节简要介绍和图像处理有关的分类、聚类、降维等算法；第 2 节简要介绍和函数优化有关的 3 类基本算法。

5.1 和图像处理有关的算法

5.1.1 分类算法

1. 决策树分类

决策树（Decision Tree）是一种广泛使用的有监督的分类/回归算法，它通过对训练数据集的学习，挖掘有用的规则，建立相应的决策树，用于对新的数据集进行决策（分类）。与贝叶斯算法相比，决策树的构造过程不需要概率设置或参数估计，因此在实际应用中，对于探测式的知识发现，决策树更加适用。

决策树算法可以表示为一种树状结构，可以是二叉树，也可以是多叉树。我们可以将决策树想象为一棵倒长的树，"树根"在最上面，"树枝"向下分叉生长，最下面是"树叶"，树根、树叶和分叉点都称为"节点"。其中，每个非叶节点表示对一个特征属性的测试，这个节点下的每个分支代表这个特征属性在某个值域上的输出。最终到叶节点，每个叶节点存放一个类别（结果）。使用决策树进行决策的过程就是从根节点开始，测试待分类项中相应的特征属性，并按照其值选择输出分支，直至叶节点，将叶节点存放的类别作为决策结果。

1）决策树的构造

决策树通过属性选择度量来将数据划分成不同的类别，因此决策树一旦建成，使用起来相对比较简单，难点在于决策树的构造。所谓决策树的构造，就是进行属性选择度量，确定各特征属性之间的拓扑结构。

构造决策树的关键步骤是分裂属性的过程，就是在某个节点处按照某一特征属性的不同划分构造不同的分支，其目标是尽量让一个分裂子集中待分类项属于同一类别。如果属性是离散值且不要求生成二叉决策树，则可将属性的每个划分作为一个分支；如果要求生成二叉决策树，则可对属性划分的一个子集进行测试，按照"属于此子集"和"不属于此子集"分成两个分支。

在决策树的分裂中需要进行属性选择度量，就是选择分裂准则。属性选择度量算法有很多，一般使用自"树根"向"树叶"的递归分叉方法。下面以迭代二叉树 3 代（Iterative Dichotomiser 3，ID3）算法为例，具体说明这种决策树的构造理论和方法。

2）ID3 算法

ID3 算法的核心思想是将信息增益（Information Gain）作为属性的度量，选择分裂后信息增益最大的属性进行分裂。下面先定义几个要用到的概念。

设用决策树对训练样本集 D 进行划分，D 内共有 m 类样本，则 D 的信息熵（Entropy）可表示为

$$\text{info}(D) = -\sum_{i=1}^{m} p_i \log_2(p_i) \qquad (5\text{-}1)$$

其中，p_i 表示训练样本集 D 中第 i 类样本在整个训练数据中出现的概率，可以用属于此类别样本的数量除以训练样本总数量作为估计。从信息论知识中可知，信息熵的值越小，表明 D 的类别分布越集中，其纯度（Purity）也越高，即决策树的分支节点尽可能属于同一类别。

现在假设将训练样本集 D 按属性 A 进行划分，若 A 有 V 个可能的取值

$\{a_1, a_2, \cdots, a_j, \cdots, a_v\}$，则会产生 V 个分支节点，其中第 j 个分支节点包含了所有在属性 A 上取值为 a_j 的样本，记为 D_j，则 A 对 D 划分的条件熵近似为

$$\text{info}_A(D) = \sum_{j=1}^{v} \frac{D_j}{D} \text{info}(D_j) \tag{5-2}$$

定义属性 A 的信息增益为两者的差值：

$$\text{gain}(A) = \text{info}(D) - \text{info}_A(D) \tag{5-3}$$

一般说来，一个属性的信息增益越大，表明该属性对样本熵的减少影响越大，也就是说，确定这个属性会使系统的纯度得到提高。因此，可以将信息增益作为决策树的属性划分准则。

ID3 算法就是在每次需要分裂时，计算每个属性的增益率，然后选择增益率最大的属性进行分裂。下面我们用环境情况和某项室外活动的举行或取消的决策示例说明如何使用 ID3 算法构造决策树。影响活动举行的环境数据如表 5-1 所示，3 个环境因素：天气（晴、阴和雨）、湿度（中、高），风速（强、弱）。表格的最后一行为对应环境情况的结论：活动举行或取消。

表 5-1 影响活动举行的环境数据

天气	晴	晴	晴	晴	晴	阴	阴	阴	阴	雨	雨	雨	雨	雨
湿度	中	中	高	高	高	高	中	高	中	高	中	中	中	高
风速	弱	强	弱	强	弱	强	强	强	强	弱	弱	弱	强	强
活动	举行	举行	取消	取消	取消	举行	举行	举行	举行	举行	举行	举行	取消	取消

采用 ID3 算法对各属性（天气、湿度和风速）的信息增益进行比较，"天气"的信息增益最大，首先对它进行分裂："阴""晴""雨"，其中"阴"对应一种情况"进行"，无须分裂；再对"湿度"和"风速"进行分裂，……，结果形成一棵完整的决策树，如图 5-1 所示。

2. 朴素贝叶斯分类

贝叶斯分类是一类以贝叶斯定理为基础的分类算法的总称，包括朴素贝叶斯（Naive Bayesian，NB）分类、极大似然估计等。下面我们对朴素贝叶斯分类算法予以说明。

1）贝叶斯定理

设样本 x 的类别为 c，c 的先验概率为 $P(c)$，样本的特征分布为 $P(x)$。在类别

变量为 c 已知的前提下，样本为 $\boldsymbol{x}$ 的概率记作（类）条件概率 $P(\boldsymbol{x}|c)$，它和联合概率 $P(\boldsymbol{x},c)$ 之间的关系为

$$P(\boldsymbol{x}\,|\,c)=\frac{P(\boldsymbol{x},c)}{P(c)} \tag{5-4}$$

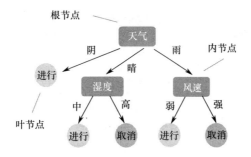

图 5-1　决策树的分裂选择结果

条件概率 $P(\boldsymbol{x}|c)$ 和后验概率 $P(c|\boldsymbol{x})$ 之间的关系就是著名的贝叶斯定理：

$$P(c\,|\,\boldsymbol{x})=\frac{P(\boldsymbol{x}\,|\,c)P(c)}{P(\boldsymbol{x})} \tag{5-5}$$

贝叶斯定理告诉我们，在已知条件概率 $P(\boldsymbol{x}|c)$ 的情况下，可以求得后验概率 $P(c|\boldsymbol{x})$，它是朴素贝叶斯分类算法的依据。

2）朴素贝叶斯分类算法

朴素贝叶斯分类算法是应用最为广泛的分类算法之一，是一种十分简单的分类方法：对于给出的待分类样本，计算它在各类别出现的概率，哪个最大，就认为此待分类样本属于哪个类别。

设数据集的某个样本为 $\boldsymbol{x}=\{x_1,x_2,\cdots,x_d\}$，共有 d 个属性（特征），样本数据分属于 m 个类别，类别变量为 $c=\{c_1,c_2,\cdots,c_m\}$。一个重要的假设就是样本 $\boldsymbol{x}$ 的特征分量 $x_1,x_2,\cdots,x_d$ 之间相互条件独立，这也就是朴素贝叶斯分类算法中"朴素"一词的来历，朴素意味着简化，因为这样的假设使问题变得比较简单。当然，实际上这些属性之间往往不是独立的，我们从式（5-6）就能看出这个假设的作用。在给定类别为 c 的情况下，条件概率可以进一步表示为

$$P(\boldsymbol{x}\,|\,c)=P(x_1,x_2,\cdots,x_d\,|\,c)=P(x_1\,|\,c)P(x_2\,|\,c)\cdots P(x_d\,|\,c)=\prod_{i=1}^{d}P(x_i\,|\,c) \tag{5-6}$$

在式（5-6）中，第二个等号就是因为样本属性之间相互独立的假设才得以成立的。

根据式（5-5），朴素贝叶斯分类算法表示的后验概率为

$$P(\boldsymbol{c} \mid \boldsymbol{x}) = \frac{P(\boldsymbol{x} \mid \boldsymbol{c})P(\boldsymbol{c})}{P(\boldsymbol{x})} = \frac{P(\boldsymbol{c})\prod\limits_{i=1}^{d} P(x_i \mid \boldsymbol{c})}{P(\boldsymbol{x})} \qquad (5\text{-}7)$$

由于 $P(\boldsymbol{x})$ 的大小是固定不变的，因此在比较后验概率时，只需比较式（5-7）的分子部分即可。因此，一个样本数据 $\boldsymbol{x}$ 属于类别 c_i 的概率可用朴素贝叶斯公式计算如下：

$$P(c_i \mid \boldsymbol{x}) = \frac{P(c_i)\prod\limits_{j=1}^{d} P(x_j \mid c_i)}{\prod\limits_{j=1}^{d} P(x_j)} \qquad (5\text{-}8)$$

设样本 $\boldsymbol{x}$ 的类别用 $f(\boldsymbol{x})$ 表示，则朴素贝叶斯结果为

$$f(\boldsymbol{x}) = \arg\max_{c_i}\{P(c_i)\prod\limits_{j=1}^{d} P(x_j \mid c_i)\} \qquad 0 < i < m \qquad (5\text{-}9)$$

考虑到式（5-8）中的分母对取极大值没有影响，对于 $P(x_j|c_i)$，特征如果是离散数值，只要统计训练样本中各特征在每个类别中出现的频率，就可以用它来近似 $P(x_j|c_i)$；如果是连续数值，通常假定其值服从高斯分布（或其他分布）。朴素贝叶斯分类算法实质上就是找出输入数据 $\boldsymbol{x}$ 和输出类别 c 之间的映射关系：$c=f(\boldsymbol{x})$，这个 $f()$ 就可以用神经网络实现。

通过对给定的训练集数据进行学习，朴素贝叶斯神经网络具有了分类函数 $f()$ 的功能，可以用于后续的非训练数据的分类，只要再输入测试数据就可以得到该数据的类别信息了。

朴素贝叶斯分类算法假设了样本属性之间是相互独立的，因此算法十分简单、稳定，当数据具有不同的特点时，朴素贝叶斯的分类性能不会有太大的差异。当然，数据集属性的独立性在很多情况下是很难满足的，数据集的属性之间往往都存在相互关联，会使得朴素贝叶斯分类的准确度受到不同程度的影响。

3. 支持向量机分类

支持向量机（Support Vector Machine，SVM）分类算法是 Cortes 和 Vapnik 于 1995 年首先提出的，它在解决小样本、非线性及高维模式分类问题中表现出许多特有的优势，并能够推广应用到函数拟合等其他机器学习问题中。这里简单介绍一下 SVM 的线性分类器部分，以使读者对 SVM 的基本原理和方法有个

大致的了解。

1）二分类问题

以一个 n 维数据空间中的二分类问题为例，给定训练数据集 $D=\{(x^{(1)},y^1),(x^{(2)},y^2),\cdots,(x^{(m)},y^m)\}$，$y^i \in \{-1,+1\}$，其中 $x^{(1)}, x^{(2)}, \cdots, x^{(m)}$ 是 n 维空间中的 m 个样本，每个样本都是 n 维矢量；y^i 是相应标签，因为是二分类，取值只有-1和$+1$。图 5-2 是一个 n 维数据空间的第 1 维和第 2 维，标记"+"和标记"−"的点分别代表 2 个类别的样点。分类的目标就是在多维数据空间中寻找一个超平面，将这两类样本尽可能完全分开（分置于在超平面的两边）。

如图 5-2 所示，可能有很多超平面可以做到完全分类，那么在这些超平面中，选哪一个最好呢？凭直觉，选择中间用实线表示的那一个超平面比较好，因为它距两边的样点都有较大的距离，这样由各种原因引起的样本微小波动一般不容易影响分类结果，而且在此后的测试阶段可以适应测试样本更大的变动，提高分类器的泛化性能。这样的一种直觉实际上就是"支持向量机"的初衷。如果用数学语言描述，就是用于分类的超平面需要满足"在各类别中，距超平面最近的点到超平面的距离为最大"，简言之，就是使"最小距离最大化"。

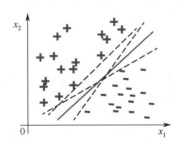

图 5-2　二分类问题的多种划分

2）判决超平面和支持向量

在 n 维空间中，超平面可表示为

$$\boldsymbol{w}^{\mathrm{T}}\boldsymbol{x}+\boldsymbol{b}=\boldsymbol{0} \tag{5-10}$$

其中，x 为 n 维坐标矢量；$w=(w_1,w_2,\cdots,w_n)^{\mathrm{T}}$ 为超平面的法向矢量，决定超平面的方向；b 为超平面的位移，决定超平面到原点的距离。在数据空间中，任意一点 x 到这个超平面的距离 d 可表示为

$$d=\frac{|\boldsymbol{w}^{\mathrm{T}}\boldsymbol{x}+\boldsymbol{b}|}{\|\boldsymbol{w}\|} \tag{5-11}$$

如果此时我们想比较两个点 $x^{(1)}$ 和 $x^{(2)}$ 到超平面的距离，把 $x^{(1)}$ 和 $x^{(2)}$ 代入式（5-11）就可比较。由于分母都相同，所以只比较分子就可以了，$|w^{\mathrm{T}}x+b|$ 能够相对表示点到平面的远近，而 $w^{\mathrm{T}}x+b$ 的符号与类别标签的符号是否一致可用于判断分类正确与否。

假设超平面 $w^{\mathrm{T}}x+b=0$ 能够将训练样本准确分类，即对于 $(x_i,y_i)\in D$，若 $y_i=+1$，则有 $w^{\mathrm{T}}x_i+b>0$；若 $y_i=-1$，则有 $w^{\mathrm{T}}x_i+b<0$。可令

$$
\begin{cases}
w^{\mathrm{T}}x_i+b \geqslant +1, & y_i=+1 \\
w^{\mathrm{T}}x_i+b \leqslant -1, & y_i=-1
\end{cases}
\tag{5-12}
$$

式（5-12）被称为最大间隔假设，$y_i=+1$ 表示样本为"+"样本，$y_i=-1$ 表示样本为"-"样本，选择"大于等于+1"和"小于等于-1"只是为了计算方便，原则上可以是任意常数，但无论是多少，都可以通过对 w 和 b 的缩放使其为+1和-1。实际上，式（5-12）等价于 $y_i(w^{\mathrm{T}}x_i+b) \geqslant +1$。

如图 5-3 所示，距离超平面最近的几个画圈的训练样点使式（5-12）成立，称它们为"支持向量"（Support Vector），它们位于两个不同类的边界上，两个不同类的支持向量到判决超平面的距离之和称为"间隔"（Margin），可表示为

$$
\gamma = \frac{2}{\|w\|}
\tag{5-13}
$$

找到具有"最大间隔"（Maximum Margin）的判决平面，即找到能够满足式（5-12）约束的参数 w 和 b，使得 γ 最大，即

$$
\max_{w,b} \frac{2}{\|w\|} \quad \text{s.t. } y_i(w^{\mathrm{T}}x+b) \geqslant 1, \quad i=1,2,\cdots,m
\tag{5-14}
$$

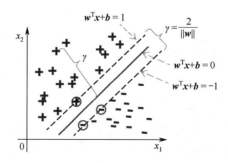

图 5-3　支持向量与间隔

4．*k*-最近邻分类

k-最近邻（*k*-Nearest Neighbor，*k*-NN）是一种比较简单的分类算法。所谓 *k*-最近邻，就是 *k* 个最近"邻居"的意思。也就是说，每个样本的类别都可以按照"从众"原则，由和它最接近的 *k* 个"邻居"的类别状况来决定代表。*k*-NN 是一种基于实例学习（Instance-based Learning）的分类方法，没有显式的学习过程，也就是说，没有训练阶段，数据集是事先已有分类和特征值的，待收到新样本后，直接进行分类处理。

在 *k*-NN 中，邻近样本的远近是通过测量样本特征值之间的距离来确定的，和新样本距离小的样本就是所谓的近邻。如果一个新样本在特征空间中的 *k* 个最邻近的样本大多属于某个类别，则该样本也划分为这个类别。当然，*k*-NN算法中所选择的近邻都是已经正确分类的对象。该方法在分类决策上只依据最邻近的一个或者几个样本的类别来决定待分类样本所属的类别。

一个简单的示例可以帮助我们理解 *k*-NN 算法。如图 5-4 所示，假设样本的特征为二维数据，在特征平面上，"+"字和"−"字表示已知类别的特征点，现在我们要确定某未知圆点表示的新样本属于哪一类，要做的就是选出距目标点最近的 *k* 个点，看这 *k* 个点的大多数是什么形状。当 *k* 取 3 的时候，我们可以看出，在最近的 3 个点中，有 2 个"−"和 1 个"+"，因此我们将该圆点分为"−"类。如果取 *k*=5，如图中虚线圆所示，5 个最近的点中有 3 个"+"和 2 个"−"，从而将该圆点分为"+"类。

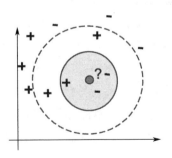

图 5-4　*k*-NN 分类示例

可见，*k* 取不同的数值，有可能引起分类结果的不同，因此，*k* 的取值非常重要。如果 *k* 取值过小，当测试点处于分类界线附近或受到噪声干扰时，将会对预测产生比较大的影响；如果 *k* 取值过大，这时与输入目标点较远的实例也会对预测起作用，易使预测发生错误，相当于用较大邻域中的训练实例进行预测，学习的近似误差会增大，模型变得简单。极端情况就是当 k 的取值为全体样点数时，分类的结果就是固定的了，和多数样点的类别一致，失去了分类的实际意义。

在实际的分类过程中，往往从 $k=1$ 开始，使用检验数据集来计算分类器的误差率；然后每次 k 值增加 1，允许增加一个近邻，重复误差计算，选取产生最小误差率的 k。一般 k 的取值不超过 20，当然随着数据集的增大，k 的值也要适当增大。

除了 k 值的选取，定义衡量近邻的距离也很重要。最常用的是特征空间中样点之间的欧几里得（Euclidean）距离、余弦值、相关度（Correlation）、曼哈顿距离（Manhattan Distance）等。例如，最简单的两个样点 x 和 y 之间的欧几里得距离定义为

$$d_{\mathrm{e}}(x, y) = \sqrt{\sum_{i=0}^{n}(x_i - y_i)^2} \tag{5-15}$$

其中，样点为 n 维矢量。

k-NN 算法简单有效，容易实现，尤其适用于类内间距小、类间间距大的数据集分类。但当训练数据集很大时，其需要大量的存储空间，而且需要计算待测样本和训练数据集中所有样本的距离，所以非常耗时。

5.1.2 聚类算法

聚类（Cluster）算法就是将数据集中具有相似特征的数据聚集在一起成为同一类，最终达到分类的目的，因此可以认为聚类算法本质上也是分类问题的一种统计分析方法。聚类算法有多种，这里只介绍应用最为广泛的 k-均值聚类算法。此外，还有均值偏移（Mean Shift）聚类算法、分层（Hierarchical）聚类算法、高斯混合模型（Gaussian Mixture Model，GMM）聚类算法等，限于篇幅不再介绍。

k-均值（k-means）聚类算法是一种较为简单的基于距离的聚类算法，属于无监督学习方法，无须训练，目标是尽量保证同一类的数据有相似的特征，主要用于对未知类别的样本数据集进行聚集、分类。和 k-NN 算法类似，它采用特征距离作为样本相似性的评价指标，即认为两个对象的特征距离越近，其相似度就越大，同类数据是由距离靠近的对象组成的。

假设数据可划分为 k 类，即 $c_1, c_2, \cdots, c_k$，则聚类的目标就是最小化平方误差 E：

$$E = \sum_{i=1}^{k}\sum_{x \in c_i} \| x - \mu_i \|_2^2 \tag{5-16}$$

其中，μ_i 是 c_i 类的均值或质心，$\mu_i = \dfrac{1}{|c_i|}\sum_{x \in c_i} x$，$|c_i|$ 表示属于 c_i 类的点的个数。直接求 E 的最小值并不容易，这是一个 NP 困难（NP-hard）问题，往往用启发式的迭代方法解决。

k-means 聚类算法的迭代求解：首先在特征空间中将聚类对象划分为 k 类，每类随机选取一个点（共 k 个点）作为初始的聚类中心，然后计算每个对象与各种子聚类中心之间的距离，把每个对象分配给距它最近的聚类中心。聚类中心及分配给它们的对象就代表一个聚类。每分配一个对象，就会根据聚类中现有的对象计算它们的质心，作为新的聚类中心。这个过程将不断重复，直到满足某个终止条件。

我们通过一个示例来了解一下 k-means 聚类算法。图 5-5(a)为初始的数据集分布，假设 k=2。在图 5-5(b)中，我们随机选择了两个类的聚类中心，即图中的浅色的 "+" 和深色的 "+"。然后分别求样本中每个点到这两个聚类中心的距离，距哪个聚类中心近，就将它标记为该聚类中心代表的类别，划分为浅色、深色两类，得到了所有样点第一轮迭代后的类别，如图 5-5(c)所示。此后，对当前标记为深色和浅色的点分别求其新的聚类中心，如图 5-5(d)所示，新的浅色聚类中心和深色聚类中心的位置已经发生了变动。图 5-5(e)和图 5-5(f)重复了我们在图 5-5(c)和图 5-5(d)中的过程，即将所有点的类别标记为距离最近的聚类中心的类别并求新的聚类中心。最终我们得到的两个类别如图 5-5(f)所示。

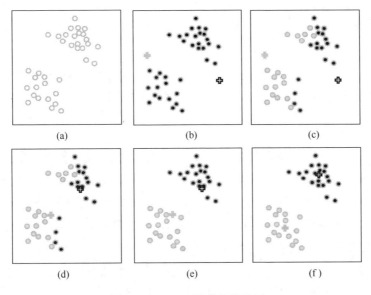

图 5-5　k-means 聚类算法示例

k-means 聚类算法原理比较简单，实现也容易，收敛速度快。当类内样本间距小、类间样本间距大时，它的效果更好。需要调整的参数仅有类别的个数 k。当然，由于 k 值需要预先给定，在很多情况下 k 值的估计是非常困难的。另外，初始聚类中心的选取对算法结果影响也很大。

k-means 聚类算法和 k-NN 分类算法都可以用于数据的分类，但它们所面对的数据、所采用的方法和所针对的应用场景是不同的。k-means 聚类算法是一种无监督学习方法，用于在没有训练数据和训练过程的条件下，把未知类别的样本划分为若干类，往往到底有几个类别也是未知的。在 k-NN 分类算法中，目标数据中存在哪些类别是已知的，有训练数据和训练过程，是一种有监督的学习方法，要做的就是判断每个数据属于哪个类别。

5.1.3 降维算法

数据量向海量发展，不仅因为我们需要处理的数据量迅猛增长，而且因为我们需要处理的数据的维度也在向高维、特高维发展。例如，一幅图像可以看作一个高达千万维（甚至更高维）的高维矢量。但是我们目前处理高维数据的能力还十分有限，因此常常希望对高维数据进行降维处理，将它们降低为低维数据。因为我们应对低维数据很有经验，数据在低维情况下更容易处理，重要的特征更能在低维数据中明显地表现出来，同时还可以消除一些噪声的影响，大大降低算法开销。当然，我们要求降维处理不应当过分丢失原高维数据的重要信息。

常见的降维算法有主分量分析（PCA）、奇异值分解（SVD）、独立成分分析（ICA）等，其中 PCA 是目前应用最为广泛的一种方法。

1. 主分量分析

主分量分析（Principal Component Analysis，PCA）是一种基于数据统计特性的降维方法，它把多个相关的变量通过正交变换的方式变换成少数几个（或等量的）新变量。这些新的变量之间互不相关，但保持了原数据的主要（或全部）信息，即可以通过变换后的新数据还原原数据，因而在数据压缩、特征提取和目标识别等图像处理中得到了广泛的应用。

设 n 维随机向量为 $\boldsymbol{x}=(x_1, x_2, \cdots, x_n)^\mathrm{T}$，由 n 个一维随机变量 x_i（$i=1,2,\cdots,n$）组成。$\boldsymbol{x}$ 的 m 个样本值形成一个样本数据（$n \times m$ 的矩阵 $\boldsymbol{S}$）：

$$S = \begin{bmatrix} x_{1,1} & x_{1,2} & \cdots & x_{1,m} \\ x_{2,1} & x_{2,2} & \cdots & x_{2,m} \\ \vdots & \vdots & & \vdots \\ x_{n,1} & x_{n,2} & \cdots & x_{n,m} \end{bmatrix} \tag{5-17}$$

其中，每列是 $\boldsymbol{x}$ 的一个样本数据。$\boldsymbol{x}$ 的各维随机变量 x_i 的数学期望 $E(x_i)$ 和方差 $\mathrm{Var}(x_i)$ 分别为

$$\overline{x}_i = E(x_i) = \frac{1}{m}\sum_{j=1}^{m} x_{i,j} \qquad i = 1, 2, \cdots, n \tag{5-18}$$

$$\mathrm{Var}(x_i) = E(x_i - \overline{x}_i)^2 = \frac{1}{m-1}\sum_{j=1}^{m}(x_{i,j} - \overline{x}_i)^2 = \sigma_i^2 \qquad i = 1, 2, \cdots, n \tag{5-19}$$

$\boldsymbol{x}$ 的均值为

$$\overline{\boldsymbol{x}} = E(\boldsymbol{x}) = (\overline{x}_1, \overline{x}_2, \cdots, \overline{x}_n)^{\mathrm{T}} \tag{5-20}$$

两个随机变量之间的相关程度可用协方差表示，协方差的值为 0，表示它们之间不相关，否则表示两者之间存在一定程度的相关性。$\boldsymbol{x}$ 中任意两个随机变量 x_i 和 x_j 之间的协方差为

$$\mathrm{Cov}(x_i, x_j) = E[(x_i - x_i)(x_j - \overline{x}_j)] = \frac{1}{m-1}\sum_{k=1}^{m}(x_{i,k} - \overline{x}_i)(x_{j,k} - \overline{x}_j) = c_{i,j} \tag{5-21}$$

其中，$i,j = 1, 2, \cdots, n$。$\boldsymbol{x}$ 中所有随机变量之间的协方差组成的协方差矩阵为

$$\mathrm{Cov}(\boldsymbol{x}) = E\{(\boldsymbol{x} - \overline{\boldsymbol{x}})(\boldsymbol{x} - \overline{\boldsymbol{x}})^{\mathrm{T}}\} = E\left\{ \begin{bmatrix} x_1 - \overline{x}_1 \\ x_2 - \overline{x}_2 \\ \vdots \\ x_n - \overline{x}_n \end{bmatrix} \begin{bmatrix} x_1 - \overline{x}_1 & x_2 - \overline{x}_2 & \cdots & x_n - \overline{x}_n \end{bmatrix} \right\}$$

$$= \begin{bmatrix} \mathrm{Cov}(x_1, x_1) & \mathrm{Cov}(x_1, x_2) & \cdots & \mathrm{Cov}(x_1, x_n) \\ \mathrm{Cov}(x_2, x_1) & \mathrm{Cov}(x_2, x_2) & \cdots & \mathrm{Cov}(x_2, x_n) \\ \vdots & \vdots & & \vdots \\ \mathrm{Cov}(x_n, x_1) & \mathrm{Cov}(x_n, x_2) & \cdots & \mathrm{Cov}(x_n, x_n) \end{bmatrix} = \begin{bmatrix} c_{1,1} & c_{1,2} & \cdots & c_{1,n} \\ c_{2,1} & c_{2,2} & \cdots & c_{2,n} \\ \vdots & \vdots & & \vdots \\ c_{n,1} & c_{n,2} & \cdots & c_{n,n} \end{bmatrix} = \boldsymbol{C_x} \tag{5-22}$$

$\boldsymbol{x}$ 是 n 维向量，所以 $\boldsymbol{C_x}$ 是 $n \times n$ 实对称方阵，元素 $c_{i,j}$ 表示 $\boldsymbol{x}$ 中第 i 个分量和第 j 个分量之间的协方差的值，其中对角线元素 $c_{i,i}$ 表示 x_i 的方差。如果将 $\boldsymbol{C_x}$ 归一化，元素值在 0 到 1 之间。

现在我们用矩阵 $\boldsymbol{A}$ 对随机向量 $\boldsymbol{x} - \overline{\boldsymbol{x}}$ 进行线性变换，形成新的随机向量 $\boldsymbol{y}$：

$$\boldsymbol{y} = \boldsymbol{A}(\boldsymbol{x} - \overline{\boldsymbol{x}}) = (y_1, y_2, \cdots, y_n)^{\mathrm{T}} \tag{5-23}$$

其中，变换矩阵 A 为 $n×n$ 方阵，变换的结果 y 为 n 维随机向量。不难证明 y 的均值 $\overline{Y}$ 为 0，y 的协方差矩阵如下：

$$\mathrm{Cov}(y) = E\{(y-\overline{y})(y-\overline{y})^{\mathrm{T}}\} = E(y \cdot \overline{y})^{\mathrm{T}}\} = E\{[A(x-\overline{x})][A(x-\overline{x})]^{\mathrm{T}}\}$$
$$= E[A(x-\overline{x})][(x-\overline{x})^{\mathrm{T}} A^{\mathrm{T}}] = AE[(x-\overline{x})][(x-\overline{x})^{\mathrm{T}}]A^{\mathrm{T}} = AC_x A^{\mathrm{T}} = C_y \quad (5\text{-}24)$$

即

$$C_y = AC_x A^{\mathrm{T}} \quad (5\text{-}25)$$

我们希望通过这一正交变换得到的随机向量 y 中的各维数据之间是完全不相关的。这一要求等价于 y 的 $n×n$ 维协方差矩阵 C_y 为对角阵。由于 C_x 是实对称正定矩阵，可选取适当的矩阵 A 使 C_y 成为对角阵 Λ，即

$$C_y = AC_x A^{\mathrm{T}} = \Lambda \quad (5\text{-}26)$$

根据矩阵对角化条件，A 是由 $C_x C_x^{\mathrm{T}}$ 的特征向量组成的正交矩阵。又因为对称矩阵 C_x 和 $C_x C_x^{\mathrm{T}}$（或 $C_x^{\mathrm{T}} C_x$）的特征向量相同，因此 A 也是由 C_x 的特征向量组成的，因而 A 就是我们所求的 PCA 正变换矩阵，即式（5-23）中的 A。同时，对角阵 Λ（C_y）的对角元素就是和 C_x 的特征向量所对应的特征值 $\{\lambda_i\}$，并将这 n 个对角元素按大小递减排序，即 $\lambda_1 \geqslant \lambda_2 \geqslant \cdots \geqslant \lambda_n$。

由于 C_y 是由对角元素 $\{\lambda_i\}$ 组成的对角阵，自然 λ_i 也是 C_y 的特征值，所以 C_y 和 C_x 有相同的特征值和特征向量。这样，经过矩阵 A 的变换，由于 C_y 的特征值按大小递减排序，变换形成的列矢量 y 中的第一个分量 y_1 称为 x 的第 1 主分量，y_2、y_3…依次称为第 2、3…主分量，并且它们之间互不相关。这样 PCA 中少数排列靠前的主分量包含了原数据的大部分、甚至绝大部分信息。

综上，在实际应用中，由所有的主分量就可以精确复原原数据；如果只取前 k 个主分量（$k<n$），也可以获得相当接近原数据的结果。这表明用 PCA 进行降维处理，可以将数据 x 从原来的 n 维减少至 k 维，并可以根据误差的要求来控制维数 k。

最后需要说明的是，PCA 是一种固定的线性降维算法，不用训练，无须参数调整，也就是说，面对同样的数据，其降维的结果都一样，便于通用实现。

2. 奇异值分解

矩阵的奇异值分解（Singular Value Decomposition，SVD）就是将矩阵分解为一种简洁的等价对角化表示方式。所谓对角化就是将普通矩阵用只有主对角线元素（不为 0）的对角矩阵来等价表示。

1）奇异值定义和分解

如果一个矩阵为方阵，可以采用特征值分解的方法对角化，如果这个矩阵为非方阵，那就只能用 SVD 的方法来对角化。

设 A 为 $m×n$ 矩阵，定义矩阵 AA^T 的特征值的非负平方根为矩阵 A 的奇异值。如果把 AA^T 的特征值（也是 A^TA 的特征值）记为 $\lambda_i, i=1,2,\cdots,r$, r 为 A 的秩（Rank），可以证明 λ_i 非负，则定义 A 所对应的奇异值为 $\sigma_i=\sqrt{\lambda_i}$。

$m×n$ 矩阵 A 存在 m 阶酉矩阵 U 和 n 阶酉矩阵 V，使得

$$A=U\Lambda V^T \tag{5-27}$$

式（5-27）即为矩阵 A 的 SVD，其中

$$\Lambda=\begin{bmatrix} \Sigma & 0 \\ 0 & 0 \end{bmatrix}, \quad \Sigma=\begin{bmatrix} \sigma_1 & 0 & \cdots & 0 \\ 0 & \sigma_2 & \cdots & 0 \\ \vdots & \vdots & & \vdots \\ 0 & 0 & \cdots & \sigma_r \end{bmatrix}=\begin{bmatrix} \sqrt{\lambda_1} & 0 & \cdots & 0 \\ 0 & \sqrt{\lambda_2} & \cdots & 0 \\ \vdots & \vdots & & \vdots \\ 0 & 0 & \cdots & \sqrt{\lambda_r} \end{bmatrix} \tag{5-28}$$

其中，$\sigma_i>0$ $(i=1,\cdots,r)$, $r=\text{rank}(A)$ 为 A 中非 0 特征值的个数。U 是 $m×m$ 酉矩阵，其各列是 AA^T 的归一化特征向量；V 是 $n×n$ 酉矩阵，其各列是 A^TA 的归一化特征向量。U 和 V 都是正交矩阵，即矩阵的各列之间相互正交。Λ 是 $m×n$ 准对角阵（不一定是方阵），其对角线元素为 A 的奇异值。

2）图像的 SVD 分解

根据上述矩阵 SVD 分解原理，设图像数据 A 为 $n×n$ 满秩矩阵，可以分解为 $A=U\Lambda V^T$。其中，U 是由 AA^T 的特征向量构成的正交矩阵，V 是由 A^TA 的特征向量构成的正交矩阵，Λ 是 $n×n$ 对角阵，其对角线元素包含了 A 的奇异值 σ_i，即 A^TA（或 AA^T）特征值 λ_i 的平方根 $\sqrt{\lambda_i}$。用 SVD 可以将图像 A 进行外积展开：

$$A=U\Lambda V^T=[u_1 \quad u_2 \quad \cdots \quad u_n]\begin{bmatrix} \sigma_1 & & & \\ & \sigma_2 & & \\ & & \ddots & \\ & & & \sigma_n \end{bmatrix}\begin{bmatrix} v_1^T \\ v_2^T \\ \vdots \\ v_n^T \end{bmatrix}=\sum_{i=1}^n \sigma_i u_i v_i^T=\sum_{i=1}^n \sqrt{\lambda_i} u_i v_i^T \tag{5-29}$$

其中，u_i 是 U 的列矢量；v_i 是 V 的列矢量；$u_i v_i^T$ 是 u_i 和 v_i 外积形成的矩阵，n 个外积矩阵的加权和就是原始图像 A，每个外积矩阵的加权系数是 σ_i 或 $\sqrt{\lambda_i}$。

3）SVD 近似重建

由式（5-29）可以清楚地看到，有了图像 A 所有的奇异值和相应的 U、V 分

量就可以完整地重建原始图像。如果图像 A 是按照奇异值从大到小降序排列的，可以取部分前面的 k 个奇异值来近似重建原始图像。可以证明，如果用前 k 项 σ_i 重构 A，形成近似图像 A_k，其平方误差可用矩阵的 F（Frobenius）范数表示为

$$\| A - A_k \|_{\mathrm{F}}^2 = \sum_{i=k+1}^{n} \sigma_i^2 \tag{5-30}$$

可见，图像近似表示所产生的平方误差等于"被抛弃的奇异值的平方和"，因此 SVD 是在最小平方误差意义下的最优解。适当控制 k 的值，就可以控制重建图像的质量。

下面给出一个简单的 SVD 分解示例，假设有 $m \times n$ 矩阵 A，SVD 将 A 分解为 3 个矩阵的乘积：

$$A_{m \times n} = U_{m \times m} \Sigma_{m \times n} V^{\mathrm{T}}_{n \times n} \tag{5-31}$$

一个实际的 4×2 矩阵 A 经 SVD 分解成了 3 个矩阵的乘积：

$$A_{4 \times 2} = \begin{bmatrix} 2 & 4 \\ 1 & 3 \\ 0 & 0 \\ 0 & 0 \end{bmatrix} = U_{4 \times 4} \Sigma_{4 \times 2} V^{\mathrm{T}}_{2 \times 2} = \begin{bmatrix} 0.82 & -0.58 & 0 & 0 \\ 0.58 & 0.82 & 0 & 0 \\ 0.00 & 0.00 & 1 & 0 \\ 0.00 & 0.00 & 0 & 1 \end{bmatrix} \begin{bmatrix} 5.46 & 0.00 \\ 0.00 & 0.37 \\ 0.00 & 0.00 \\ 0.00 & 0.00 \end{bmatrix} \begin{bmatrix} 0.49 & -0.91 \\ 0.91 & 0.40 \end{bmatrix}^{\mathrm{T}}$$

这里顺便说一下 PCA 和 SVD 之间的关系：很明显二者所解决的问题非常相似，都是对一个实对称矩阵进行特征值分解，PCA 是对 $(1/m)XX^{\mathrm{T}}$，SVD 是对 $A^{\mathrm{T}}A$，如果对数据进行一定比例的缩放，SVD 与 PCA 等价，其降维效果相同。所以 PCA 问题可以转化为 SVD 问题求解，以实现计算效率的提高。

3. 独立成分分析

独立成分分析（Independent Component Analysis，ICA）是从多维统计数据中寻找潜在因素或成分的一种方法。ICA 与其他方法的重要区别在于，它寻找信号中满足统计独立和非高斯的成分，简称独立成分。全面叙述 ICA 问题比较复杂，这里仅以一个经典的"鸡尾酒会问题"（Cocktail Party Problem）来简单说明一下 ICA 问题的条件、描述和解决方法。

1）鸡尾酒会问题

室内有 n 个人在不同的地方说话（信号源），在多处共设置了 n 个麦克风（测试器）以进行记录。记 n 个麦克风得到的 m 组 n 维测试数据为 $x^{(i)} = (x_1^{(i)}, x_2^{(i)}, \cdots, x_n^{(i)})^{\mathrm{T}}$，记 n 个信号源发出的 m 个 n 维列矢量为 $s^{(i)} = (s_1^{(i)}, s_2^{(i)}, \cdots, s_n^{(i)})^{\mathrm{T}}$，其中 i 表示采样的时间顺序，$i=1,2,\cdots,m$。在假设发出的信号相互独立（s 中的各

成分 s_j 相互独立）且服从非高斯分布的条件下，我们的目标是从这 m 组采样数据 x 中分辨出每个说话人的信号 s，即所谓的独立成分。

到达每个麦克风的声音信号是 n 个说话人声音不同程度的混合。这种混合我们用一个未知的混合矩阵（Mixing Matrix）A 来表示（一般要求为满秩方阵），则 i 时刻信号值 $s^{(i)}$ 经 A 组合叠加后形成测试信号 $x^{(i)}$，即

$$x^{(i)}=A s^{(i)} \tag{5-32}$$

如果把所有时刻的信号值列矢量 $s^{(i)}$ 和测试值列矢量 $x^{(i)}$ 各自排列成信号值矩阵 A 和测试值矩阵 X，则有

$$X=A S \tag{5-33}$$

这一过程的示意可参考图 5-6，图中表示了 3 个说话者（s_1，s_2，s_3）和 3 个麦克风（x_1，x_2，x_3)，3 个箭头表示 x_1 麦克风在时刻 i 接收到 3 个说话者的声音信号的混合情况，其他 2 个麦克风的情况可以此类推。

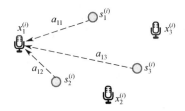

图 5-6　说话者声音混合情况示意

现在，A 和 s 都是未知的，x 是已知的，我们要想办法根据 x 来推出信源 s。这个过程也称为盲信号分离。令 $W=A^{-1}$，那么根据式（5-32），有

$$s^{(i)}=A^{-1}x^{(i)}=Wx^{(i)} \tag{5-34}$$

第 j 个信源为

$$s_j^{(i)} = w_j x^{(i)} \tag{5-35}$$

其中，w_j 为矩阵 W 的第 j 行；$s_j^{(i)}$ 表示说话者 j 在时刻 i 发出的信号。要求解 $s^{(i)}$ 就需要求解 W，在求解 W 之前需要对测得的数据 x 做一番预处理，使得 x 变为等价的零均值、相互独立的数据。这里省略具体的预处理过程。

2）求解矩阵 W

矩阵 W 的求解思路大致如下：假设 s 服从某个非高斯分布，由此得到 $x^{(i)}$ 的分布，所有 $x^{(i)}$ 分布相乘再取对数，形成一个对数似然函数，W 可以看作此对数似然函数的参数，最终用极大似然估计得到 W。

假定 s 中 n 个分量（每个人发出的声音信号）各自独立，其中 s_j 的概率密度为 $p_s(s_j)$，源信号 s 的联合概率密度就是

$$p_s(s) = \prod_{j=1}^{n} p_s(s_j) \tag{5-36}$$

然后，根据 $x=As$ 和 $s=Wx$，结合密度函数 $p()$ 与分布函数 $F()$ 的关系，可推得 x 的分布函数：

$$F_x(x) = F_s(Wx) \tag{5-37}$$

由 x 的分布函数的微分可推得 x 的密度函数：

$$p_x(x) = F'_x(x) = F'_s(Wx) = P_s(Wx)|W| \tag{5-38}$$

其中，$|W|$ 为 W 的行列式。然后就可以求得 x 的密度函数 $p_x(x)$：

$$p_x(x) = p_s(Wx)|W| = |W| \prod_{j=1}^{n} p_s(w_j x) \tag{5-39}$$

式（5-39）告诉我们，需要知道 $p_s(s)$ 和 W，才能求得 $p_x(x)$。ICA 要求 s 的分布为非高斯分布，这是因为两个或多个高斯变量的任何正交变换（如 A）的分布具有与原来的高斯变量完全相同的分布，并且相互之间是独立的。换句话说，矩阵 A 对于高斯独立分量是不可识别的。

在一般情况下，如果 $p_s(s_j)$ 没有任何先验信息，是无法求解的。因此我们可以假设 s_j 的累积分布函数（CDF）$g_s(s_j)$ 为 sigmoid 函数，因为 sigmoid 函数的值域在 0 至 1 之间，符合概率函数的要求，即

$$g_s(s_j) = \frac{1}{1 + e^{-s_j}} \tag{5-40}$$

求导后得到 s_j 的概率密度函数：

$$p_s(s_j) = g'(s_j) = \frac{e^{-s_j}}{(1 + e^{-s_j})^2} \tag{5-41}$$

实数 s_j 的概率密度函数 $p_s(s_j)$ 确定后就剩下 W 了，可用极大似然估计的方法来求解。计算前面得到的 x 的概率密度函数的对数，再将所有时刻的对数值相加，得到 W 的对数似然函数：

$$L(W) = \sum_{i=1}^{m} \left[\sum_{j=1}^{n} \log g'(w_j x^{(i)}) + \log |W| \right] \tag{5-42}$$

中括号里面的是 $p(x^{(i)})$。从概率的角度来看，根据已记录的数据，让这个数据集出现对数似然函数最大值的 W 就是 $L(W)$ 的最优值，可以采用梯度下降法迭代

求得。在求出 W 后，我们就可以逐个还原出原始信号：

$$s^{(i)} = W x^{(i)} \qquad\qquad (5\text{-}43)$$

至此 ICA 从原有混合数据中对来源于不同信号源的数据进行分离的任务便完成了。

5.1.4　迁移学习

迁移学习（Transfer Learning）不是一种具体的学习算法，而是一类新的有别于传统机器学习的学习理念和学习系统。对迁移学习的概念有所了解有助于掌握具体迁移学习算法，因此我们也把它放在"相关算法"本节进行简单介绍。所谓迁移学习，简单地说，就是把在别处学得的知识迁移到新场景的方法。具体可这样理解，将以往 A 任务上训练好的模型放在目前的 B 任务上，加上少量 B 任务训练数据，进行微调后就可得到新的模型。

在传统的机器学习中，我们会给不同任务 A 和 B 均提供足够的数据，以分别训练出不同的模型，分别解决问题 A 和 B，两者之间没有什么关联，即使这两项任务相似也是如此。但是如果新任务 B 和旧任务 A 类似，同时新任务缺乏足够数据去从头训练一个新模型，那该怎么办呢？迁移学习所做的事，就是将在旧任务 A 上训练好的模型拿过来放在新任务 B 上，再加上少量数据稍做训练、调整，效果往往并不输于海量数据下从头训练的效果，如图 5-7 所示。

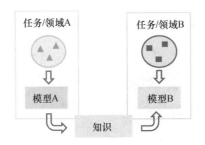

图 5-7　传统学习方法和迁移学习的比较

迁移学习的先决条件是任务 A 和任务 B 具有很多的共同特征。迁移学习试图把处理任务 A 获取的知识应用于任务 B 中。此时因为任务 B 中的大部分特征已经被任务 A 中预训练好的模型学得了，相当于提前完成了任务 B 中大部分的工作，那么任务 B 自然只需再提供少量数据，即可训练得到新模型。当然，如果 A、B 两个任务几乎没有共同的特征，或只有很少的共同特征，那么，知识的迁移是基本无效的。然而，在现实中，大多数新的任务都可以找到以往已经解决的类似的任务。例如，我们想建立一个汽车分类的神经网络模型，那么，我们可以参考以前已经有的飞机分类模型并进行迁移学习，只需少量的汽车数据就可以建立一个良好的汽车分类模型。

由此可见，迁移学习方法效率高，分析直观，应用前景看好，被视为人工智能领域未来的几个重要研究方向之一。目前，已有相当一部分模型训练采用了迁移学习的方法，不再从头开始训练一个新模型了。例如，基于深度网络的图像检测算法，就是在用 ImageNet 数据集训练好的基本模型（Base Model）上，用 COCO（Common Objects in Context）图像识别数据集或者自己的数据集进行细调（Fine-tune），训练 20 轮（Epoch）就差不多了。其中，一轮训练等于遍历一遍该数据集的所有图像。但是由于基本模型已经在 ImageNet 上训练了几十轮，因此再经过用 COCO 数据进行的细调，此时模型就相当于得到了"几十 + 20"轮的训练了。

在实际应用中，迁移学习的学习方式可分为归纳式和直推式两类，其中应用最广泛的是归纳学习方法。从这点上看，迁移学习更适合有标签的应用领域。根据所采用的技术方法不同，我们可将迁移学习分为基于样本的、基于特征的、基于参数的和基于相关性的多种类型的迁移学习。

基于特征的迁移学习（Feature-based Transfer Learning）示意如图 5-8 所示。特征迁移是指通过观察源领域图像与目标领域图像之间的共同特征，利用观察所得的共同特征在不同层级的特征间进行自动迁移。在特征空间进行迁移，一般需要把源领域和目标领域的特征投影到同一个特征空间里。

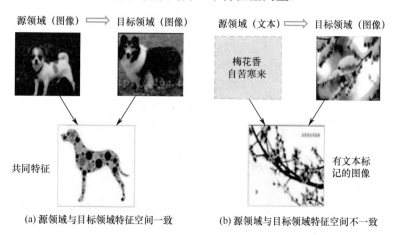

图 5-8　基于特征的迁移学习示意

迁移学习方法虽然在学术领域内已有很多的研究成果，但在实际应用领域并不算成熟，还处于实验摸索阶段。目前迁移学习还面临若干问题，如迁移学习适用场景的确定、具体迁移学习算法的创建和改进，以及如何避免负迁移（Negative Transfer）情况的出现等。

5.1.5 马尔可夫链和 HMM

数学家马尔可夫（Markov）于 20 世纪初提出的马尔可夫链、马尔可夫过程，以及在 20 世纪 70 年代后人提出的隐马尔可夫模型等理论与方法，是分析自然界广泛存在的随机现象的有力的数学工具，现已被广泛应用于包括人工智能在内的各领域。

1．马尔可夫链

1）马尔可夫性质与马尔可夫链

马尔可夫过程是具有马尔可夫性质的随机过程。所谓马尔可夫性质，简单地说就是随机过程的当前状态和它的历史状态有关。马尔可夫过程又分为连续过程和离散过程两类。在数字化的今天，在实际应用中我们较为关心的是离散型马尔可夫过程，又称马尔可夫链（Markov Chain），它具有离散时间变量和离散状态变量。如果马尔可夫链的当前状态和此前的 n 个状态有关，我们称之为 n 阶马尔可夫链；如果仅和前一状态有关，则称之为一阶马尔可夫链，常简称马尔可夫链。"链"的含义即一连串，可见，马尔可夫链是一个离散的状态序列，每个状态序列都来自一个离散状态空间（有限或无限），并且遵循马尔可夫性质。

记马尔可夫链为 $X=\{X_0, X_1, \cdots, X_n, \cdots\}$，$X_n$ 表示在离散时间 n 上的离散状态的观察结果，离散状态集合记为 $S=\{s_1, s_2, \cdots, s_i, \cdots\}$。那么，一阶马尔可夫性质可用条件概率来表示：

$$P(X_{n+1}=s_j|X_n=s_i, X_{n-1}=s_{i-1}, X_{n-2}=s_{i-2}, \cdots)=P(X_{n+1}=s_j|X_n=s_i)=p_{i,j} \qquad （5-44）$$

其中，s_j 表示状态集合中的某个取值。式（5-44）表示马尔可夫链下一个状态的概率分布仅取决于当前状态，而不取决于过去的状态。

2）初始分布和概率转移矩阵

根据马尔可夫性质，只要知道马尔可夫链的初始概率和转移概率，就可以唯一确定它的动态特性。$n=0$ 时刻的有限状态为 N 的马尔可夫链的初始概率分布可用一个行向量表示为

$$q_0=[P(X_0=s_1), P(X_0=s_2),\cdots, P(X_0=s_N)] \tag{5-45}$$

用马尔可夫链的转移概率可以给出从 n 时刻所有状态"转移"到 $n+1$ 时刻状态的概率转移矩阵：

$$\boldsymbol{P}=\begin{bmatrix} p_{1,1} & p_{1,2} & \cdots & p_{1,N} \\ p_{2,1} & p_{2,2} & \cdots & p_{1,N} \\ \vdots & \vdots & & \vdots \\ p_{N,1} & p_{N,1} & \cdots & p_{N,N} \end{bmatrix} \tag{5-46}$$

其中，状态集合为有限状态，共有 N 个状态，概率转移矩阵 $\boldsymbol{P}$ 中的第 i 行第 j 列的 $p_{i,j}$ 表示从 n 时刻的状态 s_i 转移到 $n+1$ 时刻的状态 s_j 的概率。

可见，对于有限可能状态为 N 的马尔可夫链，初始概率分布可以用大小为 N 的行向量 q_0 来描述，转移概率可以用大小为 $N×N$ 的矩阵 $\boldsymbol{P}$ 来描述。如果用一个行向量 q_n 表示步骤 n 的概率分布，可以建立简单的矩阵关系：

$$q_{n+1}=q_n\boldsymbol{P}, \quad q_{n+2}=q_{n+1}\boldsymbol{P}=(q_n\boldsymbol{P})\boldsymbol{P}=q_n\boldsymbol{P}^2, \quad \cdots, \quad q_{n+m}=q_n\boldsymbol{P}^m \tag{5-47}$$

式（5-47）表示给定时刻概率分布的行向量与转移概率矩阵右相乘，得到下一时刻的概率分布。在这里可以看到，将概率分布从一个给定的时刻发展到下一个时刻，就像把初始时刻的行概率向量与矩阵 $\boldsymbol{P}$ 右相乘一样简单。下面对一示例予以简单说明。

假设杂志 *Towards Data Science*（TDS）的读者每天有三种可能的状态：不访问 TDS(N)、仅访问（不阅读）TDS(V)、访问并阅读 TDS(R)。所以读者的状态空间为 $E=\{N, V, R\}$。

读者行为改变的转移概率是这样的：如果读者第一天不访问 TDS，状态为"N"，第二天有 25%的可能仍然不访问，50%的可能仅访问，25%的可能访问并阅读；当读者在第一天仅访问 TDS，状态为"V"，第二天有 50%的可能再次仅访问，50%的可能访问并阅读；当读者第一天访问并阅读 TDS，状态为"R"，第二天有 33%的可能不访问，33%的可能仅访问，34%的可能再访问并阅读。这种状态的改变可用图 5-9 来表示，图中 3 个圈表示第一天的 3 种状态，箭头表示下一步（第二天）状态转移的方向，箭头旁边的数表示这种转移的概率。每个状态的转移概率之和为 1。

对应图 5-9，我们有如下的概率转移矩阵 $\boldsymbol{P}$：

$$\boldsymbol{P} = \begin{bmatrix} 0.25 & 0.50 & 0.25 \\ 0.00 & 0.50 & 0.50 \\ 0.33 & 0.33 & 0.34 \end{bmatrix}$$

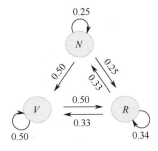

图 5-9　读者行为模型的马尔可夫链示意

这个矩阵的元素 $p_{i,j}$ 表示从第 n 天的 i 状态转移到第 $n+1$ 天的 j 状态的概率。$i=1,2,3$ 分别表示第 n 天的 N、V 和 R 状态，$j=1,2,3$ 分别表示第 $n+1$ 天的 N、V 和 R 状态。

假设在第 1 天，读者只有 50% 的可能访问 TDS，50% 的可能访问并阅读 TDS。则初始概率分布（第 0 天，$n=0$）的向量是 $\boldsymbol{q}_0=(0.0, 0.5, 0.5)$。这样，计算读者第 1 天（$n=1$）每个状态的概率 $\boldsymbol{q}_1$ 为

$$\boldsymbol{q}_1 = \boldsymbol{q}_0 \boldsymbol{P} = \begin{bmatrix} 0.0 & 0.5 & 0.5 \end{bmatrix} \begin{bmatrix} 0.25 & 0.50 & 0.25 \\ 0.00 & 0.50 & 0.50 \\ 0.33 & 0.33 & 0.34 \end{bmatrix} = \begin{bmatrix} 0.165 & 0.415 & 0.420 \end{bmatrix}$$

第 2 天的状态可以由概率转移矩阵推得：$\boldsymbol{q}_2=\boldsymbol{q}_1\boldsymbol{P}$。类似地，从第 n 天状态到第 $n+1$ 天的状态的概率可表示为 $\boldsymbol{q}_{n+1}=\boldsymbol{q}_n\boldsymbol{P}$。

2．隐马尔可夫模型

上述马尔可夫链的情况比较简单，状态是明显的、可以观察到的。但在实际应用中，事件的状态有可能是隐藏的、直接观察不到的，而是通过其他对应的方式表现出来的。这类问题就是所谓的隐马尔科夫模型（Hidden Markov Model，HMM），它是一种比较经典的机器学习模型，在图像、语音处理、模式识别等领域应用广泛。其难点是从可观察的数据中确定该过程的隐含状态。

HMM 适用于解决时间序列或状态序列问题，而且问题中有两类数据，一类序列数据是可以被观测到的，即观测序列；另一类数据是不能被观测到的，即隐

藏状态序列，简称状态序列。

1）HMM 的定义

参考图 5-10，给 HMM 一个简单的说明。

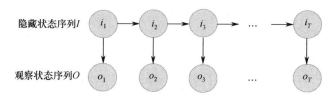

图 5-10　HMM 示意

假设 Q 是所有可能的 N 个隐藏状态的集合，V 是所有可能的 M 个观察状态的集合，即

$$Q=\{q_1,q_2,\cdots,q_N\}, \quad V=\{v_1,v_2,\cdots,v_M\} \tag{5-48}$$

I 是长度为 T 的隐藏状态序列 O 是和 I 对应的观察状态序列，长度也为 T，即

$$I=\{i_1,i_2,\cdots,i_T\}, \quad O=\{o_1,o_2,\cdots,o_T\} \tag{5-49}$$

其中，任意 t 时刻的隐藏状态 $i_t \in Q$，与之对应的 t 时刻的观察状态 $o_t \in V$。

HMM 假设隐藏状态序列具有马尔可夫性质，即任意时刻的隐藏状态只依赖于它前一个隐藏状态。状态转移概率矩阵 $\boldsymbol{A}$ 定义为

$$\boldsymbol{A}=[a_{ij}]_{N \times N} \tag{5-50}$$

其中，矩阵元素 a_{ij} 表示由状态 i 转移到状态 j 的概率。

HMM 还要求观察序列具有独立性，即任意时刻的观察状态仅依赖于当前时刻的隐藏状态。如果在时刻 t 的隐藏状态是 $i_t=q_j$，而对应的观察状态为 $o_t=v_k$，则该时刻观察状态 v_k 由隐藏状态 q_j 生成的概率 $b_j(k)$ 满足：

$$b_j(k)=P(o_t=v_k|i_t=q_j) \tag{5-51}$$

这样 $b_j(k)$ 可以组成观察状态生成的概率矩阵 $\boldsymbol{B}$：

$$\boldsymbol{B}=[b_j(k)]_{N \times M} \tag{5-52}$$

除此之外，我们需要一组在初始时刻 $t=1$ 的隐藏状态初始概率分布 $\boldsymbol{\varPi}$：

$$\boldsymbol{\varPi}=[\pi(i)]_N \tag{5-53}$$

其中，$\pi(i)=P(i_1=q_i)$。

一个 HMM 可以由隐藏状态初始概率分布 $\boldsymbol{\varPi}$、状态转移概率矩阵 $\boldsymbol{A}$ 和观察状态概率矩阵 $\boldsymbol{B}$ 决定。$\boldsymbol{\varPi}$、$\boldsymbol{A}$ 决定状态序列，$\boldsymbol{B}$ 决定观测序列。因此，HMM 可以由

一个三元组 λ 表示：$\lambda=(A,B,\varPi)$。

2）HMM 的三个基本问题

（1）观察序列概率计算。即给定模型 $\lambda=(A,B,\varPi)$，计算某一观察序列 $O=\{o_1,o_2,\cdots,o_T\}$ 出现的概率 $P(O|\lambda)$。这个问题的求解需要用到前向算法（Forward Algorithm）或后向算法（Backward Algorithm）。

（2）状态序列预测，也称为解码问题。即给定模型 $\lambda=(A,B,\varPi)$ 和观测序列 $O=\{o_1,o_2,\cdots,o_T\}$，求对给定观测序列条件概率 $P(I|O)$ 最大的状态序列 $I=(i_1,i_2,\cdots,i_T)$。这个问题的求解需要用维特比算法（Viterbi Algorithm）。

（3）模型参数学习。即给定观测序列 $O=\{o_1,o_2,\cdots,o_T\}$，估计模型 $\lambda=(A,B,\varPi)$ 的参数，使该模型下观测序列的条件概率 $P(O|\lambda)$ 最大。这个问题的求解需要用到基于 EM 算法的鲍姆-韦尔奇算法（Baum-Welch Algorithm）。

3）HMM 模型示例

假设有 3 个盒子，每个盒子里都有红色和白色两种球，这三个盒子里球的数量如表 5-2 所示。

表 5-2　盒子中球的数量

盒子	1 号	2 号	3 号
红球数	5	4	7
白球数	5	6	3

按照下面的方法从盒子里抽球。开始的时候，从 1 号盒子抽球的概率是 0.2，从 2 号盒子抽球的概率是 0.4，从 3 号盒子抽球的概率是 0.4。以这个概率抽一次球后，将球放回。然后从当前盒子转移到下一个盒子进行抽球。

规则：如果当前抽球的盒子是 1 号盒子，则以 0.5 的概率仍然留在 1 号盒子继续抽球，以 0.2 的概率去 2 号盒子抽球，以 0.3 的概率去 3 号盒子抽球；如果当前抽球的盒子是 2 号盒子，则以 0.5 的概率仍然留在 2 号盒子继续抽球，以 0.3 的概率去 1 号盒子抽球，以 0.2 的概率去 3 号盒子抽球；如果当前抽球的盒子是 3 号盒子，则以 0.5 的概率仍然留在 3 号盒子继续抽球，以 0.2 的概率去 1 号盒子抽球，以 0.3 的概率去 2 号盒子抽球。如此进行，直到重复三次，得到一个球的颜色的观察序列：$O=\{红，白，红\}$。

注意在这个过程中，观察者只能看到球的颜色序列，却不能看到球是从哪个盒子里取出的。那么按照上面 HMM 的定义：观察集合 $V=\{红，白\}$，$M=2$；状态集合 $Q=\{1$ 号盒，2 号盒，3 号盒$\}$，$N=3$；观察序列和状态序列的长度=3；初始状

态分布 $\boldsymbol{\Pi}$=(0.2 0.4 0.4)^{T}；状态转移概率矩阵 $\boldsymbol{A} = \begin{bmatrix} 0.5 & 0.2 & 0.3 \\ 0.3 & 0.5 & 0.2 \\ 0.2 & 0.3 & 0.5 \end{bmatrix}$；观察状态概率

矩阵 $\boldsymbol{B} = \begin{bmatrix} 0.5 & 0.5 \\ 0.4 & 0.6 \\ 0.7 & 0.3 \end{bmatrix}$。

省略计算解答的细节，用前向算法解得观测序列 O={红，白，红}的概率 $P(O|\lambda)$=0.13022；用维特比算法解得最可能的隐藏状态序列为（3，3，3），即最可能三次都在 3 号盒子取球。

5.2　和函数优化有关的算法

5.2.1　最小二乘法

最小二乘（Ordinary Least Squares）法是一种基于数理统计的优化方法，可以解决许多问题，如最小二乘法直线拟合、曲线拟合、线性回归、系统辨识、参数估计等。既然是拟合（Fitting），就会有拟合误差，最小二乘法的核心思想就是通过最小化误差的平方和，使得拟合对象尽可能接近目标对象。将误差平方和设为目标函数，最小二乘法实际上就转化为求目标函数的最小值。求目标函数最小值的方法很多，最常用的方法是通过求导、令其为 0、解方程组等得到拟合系数。下面以较简单的线性拟合为例，介绍最小二乘法的优化过程。

如图 5-11 所示，若在 2 维平面中，已知 n 个样点$(x_1,y_1), (x_2,y_2), \cdots , (x_n,y_n)$，现在我们使用最小二乘法对这 n 个点进行直线拟合。

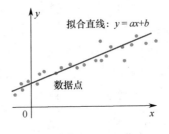

图 5-11　直线拟合

目标就是找一条直线 y=ax+b，求解适当的参数 a 和 b，使得所有数据与直线 y=ax+b 的误差平方和函数（目标函数）最小，即

$$(a_0, b_0) = \arg\min_{a,b} \xi(a,b) = \sum_{i=1}^{n} \| (x_i a + b) - y_i \|^2 \qquad (5\text{-}54)$$

此时的常数 a_0、b_0 就是这 n 个数据点的最佳回归直线方程 $y=a_0x+b_0$ 的系数。

至于求解 $\xi(a,b)$ 极小值的具体方法，就是将目标函数 $\xi(a,b)$ 视为以 a、b 为自变量的二元函数，分别对 a、b 求偏导并使其等于 0，解方程组可得驻点坐标：

$$a_0 = \frac{\sum_{i=1}^{n}(x_i - \overline{x})(y_i - \overline{y})}{\sum_{i=1}^{n}(x_i - \overline{x})^2} \qquad (5\text{-}55)$$

$$b_0 = \overline{y} - a\,\overline{x} \qquad (5\text{-}56)$$

其中，$\overline{x}$ 为所有数据点 x 坐标的均值；$\overline{y}$ 为所有数据点 y 坐标的均值。如果需要进一步证明该驻点 (a_0,b_0) 是 $\xi(a,b)$ 的极小值点，只需计算 $\xi(a,b)$ 在驻点 (a_0,b_0) 的海森（Hessian）矩阵，如海森矩阵为正定矩阵，则 $\xi(a,b)$ 在驻点处取得极小值，证明从略。

5.2.2　梯度下降法

函数优化中最常见的是寻找函数的极值（极大或极小）点。对连续函数而言，理论上可以通过求函数的一阶、二阶导数来定位函数的极值点。对于复杂的函数或离散的函数，函数求导非常困难甚至不可能，这就需要用数值计算的方法来搜寻函数的极值。梯度下降法就是应用最为广泛的一种求极值的数值计算方法。这一节我们从基本的梯度下降法开始，然后引申到广泛应用的随机梯度下降法，最后简要介绍神经网络训练中应用较多的小批量梯度下降法。至于近年来 GAN 等神经网络训练中采用的几种新的梯度下降法，将在第 8 章中介绍。

1. 基本梯度下降算法

在神经网络的训练中，一般都会涉及对目标函数（或损失函数等）的优化（求极值）。以求函数极小值为例，梯度下降（Gradient Descent，GD）法是最为常见的算法。梯度下降法简单地说就是将某个函数值作为起始点，按照函数值下降的方向不停地移动，一直移动到函数的极小值点。那么，什么是函数值下降的方向呢？我们知道，函数某点的梯度方向就是该点函数值增加最快的方向，那么它的反方向（负梯度方向）自然就是函数值下降最快的方向。因此，梯度下降法就是沿着函数的负梯度方向一步一步向前移动，直至到达函数的极小值点。

以一维函数 $f(x)$ 为例，梯度下降法就是寻找 x^*，使得函数值 $f(x^*)$ 最小，x^* 表示函数 $f(x)$ 取得最小值时的 x 值。如果是最大化，可由最小化 $-f(x)$ 来实现。

由微积分知识可知，一个实函数 $y=f(x)$ 的导数 $f'(x)$ 表示 $f(x)$ 在点 x 处的斜率，也常称为梯度，表明函数 $f(x)$ 自变量 x 的微小变化 ε 所引起函数值的变化部分是 ε 的"倍数"，即

$$f(x + \varepsilon) \approx f(x) + \varepsilon f'(x) \tag{5-57}$$

式（5-57）告诉我们，通过给自变量 x 一个微小的增量 ε，函数 y 可以获得一个微小的增量 $\varepsilon f'(x)$。

图 5-12 形象地说明了梯度下降法如何使用梯度使函数值沿着"下坡"方向（负梯度方向）直到最小。x 从初始点 x_0 开始，函数值为 $f(x_0)$，然后朝负梯度方向移动一小步到 x_1，此点的函数值减小到 $f(x_1)$，再沿负梯度方向移动一小步到 x_2，对应的函数值减小到 $f(x_2)$……直至到 x^*，这点的梯度值为 0，达到函数的极小值 $f(x^*)$，梯度下降法目的达到，搜寻到函数的极小值点。

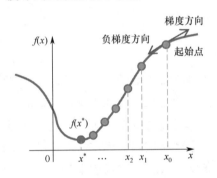

图 5-12 梯度下降示意

这里有几个问题必须注意。

（1）在函数求极值的问题中，某点导数值的正、负分别表示该邻域函数值的上升、下降。但在 $f'(x) = 0$ 处，导数无法提供函数值变动方向的信息，此时对应的点称为驻点（Stationary Point）。驻点可能是一个局部极小（Local Minimum）点，或者是一个局部极大（Local Maximum）点，也可能既非极小点也非极大点，称为鞍点（Saddle Point）。具体属于哪一种情况，可以由该点的二阶导数来判断。局部极小点顾名思义是函数某个邻域中函数值最小的那个点。一个函数可能有多个局部极小点，但使函数取得绝对极小值的那个局部极小点就是全局最小（Global Minimum）点。当然，函数还可能没有全局最小点。局部极大点和全局最大点的

情况与此类似。

（2）梯度下降法的每"一小步"到底是多大？一种简单方法是沿着负梯度方向增加一个固定值 $\varDelta$，即

$$x_{i+1}=x_i+\varDelta \tag{5-58}$$

其中，x_i 为当前的 x 值；x_{i+1} 为下一步的 x 取值。

在神经网络中更多的是使用与梯度值有关的增量，即

$$x_{i+1}=x_i-\eta f'(x_i) \tag{5-59}$$

其中，$f'(x_i)$ 为当前的梯度值；η 为学习率参数，可根据实际情况确定，目的是保证 $\eta f'(x_i)$ 比较小。

（3）对于多维输入函数 $f: R^n \to R$，为了使"最小化"的概念有意义，输出必须是一维的标量。而且多维函数 $f(\boldsymbol{x})$ 的最小化需要涉及偏导数（Partial Derivative）的概念，偏导数实际上就是某一维上的导数，如在 x_j 维上的偏导数 $\partial f(\boldsymbol{x})/\partial x_j$ 衡量点 $\boldsymbol{x}$ 处在只有 x_j 增加时 $f(\boldsymbol{x})$ 如何变化。梯度是对一个多维函数求导的结果：$f(\boldsymbol{x})$ 的梯度是包含所有偏导数的向量，记为 $\nabla_{\boldsymbol{x}} f(\boldsymbol{x})$，它的第 j 个元素是 $f(\boldsymbol{x})$ 关于 x_j 维的偏导数。在多维情况下，我们关注的是梯度中所有元素都为零的点，即驻点。一个多维函数的梯度 $\nabla_{\boldsymbol{x}} f(\boldsymbol{x})$ 方向就是 $f(\boldsymbol{x})$ 上升最快的方向，自然，负梯度 $-\nabla_{\boldsymbol{x}} f(\boldsymbol{x})$ 方向就是 $f(\boldsymbol{x})$ 下降最快的方向。如果我们的取值沿着负梯度方向逐步移动，就可以获得逐步减小的 $f(\boldsymbol{x})$ 值，这就是梯度下降或最速下降（Steepest Descent），它的更新迭代公式如下：

$$\boldsymbol{x}_{i+1}=\boldsymbol{x}_i-\eta \nabla_{\boldsymbol{x}} f(\boldsymbol{x}_i) \tag{5-60}$$

其中，η 为学习率，是一个确定步长大小的正标量。在实际应用中，可以通过不同的方式选择 η，普遍的方式是选择一个小常数。

（4）虽然梯度下降法是在连续空间中导出的，但不断向更小函数值移动一小步的思路也可以推广到离散空间。

这里以线性回归为例来解释梯度下降法的具体过程，并就此引入随机梯度下降法和小批量梯度下降法。设有一组 m 个训练数据及其对应的输出：$(\boldsymbol{x}^i, y^i)$，$i=1, \cdots, m$，需要进行拟合，拟合函数如下：

$$h_{\boldsymbol{\theta}}(\boldsymbol{x})=\theta_0+\theta_1 x_1+\theta_2 x_2 \tag{5-61}$$

其中，$\boldsymbol{x}=(x_0, x_1, x_2)$，$x_0=1$，$\boldsymbol{\theta}=(\theta_0, \theta_1, \theta_2)$ 各点的拟合误差为 $h_{\boldsymbol{\theta}}(\boldsymbol{x}^i)-y^i$，用均方误差作为衡量拟合好坏的损失函数，即

$$J(\boldsymbol{\theta}) = \frac{1}{2m} \sum_{i=1}^{m} [h_{\boldsymbol{\theta}}(\boldsymbol{x}^i) - y^i]^2 \qquad (5\text{-}62)$$

其中，m 表示参加一次训练的样本的总数。拟合训练的目标就是选择适当的 $\boldsymbol{\theta}$ 参数，使损失函数 $J(\boldsymbol{\theta})$ 达到最小。

采用梯度下降法，首先求损失函数的梯度，即求 $J(\boldsymbol{\theta})$ 对 $\boldsymbol{\theta}$ 各分量的偏导，得到 $\boldsymbol{\theta}$ 变化的梯度：

$$\frac{\partial J(\boldsymbol{\theta})}{\partial \theta_j} = \frac{1}{m} \sum_{i=1}^{m} [h_{\boldsymbol{\theta}}(\boldsymbol{x}^i) - y^i] x_j^i \qquad j = 0, 1, 2 \qquad (5\text{-}63)$$

据梯度下降法，负梯度方向指向函数值变小的方向，沿着这个方向函数值将会到达最小值。设前一次训练得到 $\boldsymbol{\theta}^n$，则下一次 $\boldsymbol{\theta}^{n+1}$ 为

$$\theta_j^{n+1} = \theta_j^n - \eta \frac{\partial J(\boldsymbol{\theta}^n)}{\partial \theta_j} = \theta_j^n - \eta \frac{1}{m} \sum_{m}^{i=1} [y^i - h_{\boldsymbol{\theta}}(\boldsymbol{x}^i)] x_j^i \qquad j = 0, 1, 2 \qquad (5\text{-}64)$$

其中，常数 η 为学习率。

不断更新 $J(\boldsymbol{\theta})$，直至其值不再减小，达到最小值（收敛）。学习率 η 的选择也很重要，小了每次变化不大，走向最小值的速度太慢；大了就有可能跳过最小值或出现来回振荡不收敛的现象。一般来说，需要根据经验选取 η，使得损失函数值与迭代次数之间的函数曲线下降最快。

这种基本的梯度下降法又称为批量梯度下降（Batch GD，BGD）法，每次更新参数 $\boldsymbol{\theta}$，都需要遍历一次所有的样本数据（一批），速度肯定很慢。除此以外，BGD 法在步幅较小时容易陷入函数的局部极小值，这也是我们所不希望的。

2. 随机梯度下降法

针对 BGD 法训练速度过慢的缺点，提出了一种随机梯度下降（Stochastic GD，SGD）法，如图 5-13 所示，图中虚线表示的是 SGD 法的轨迹。

SGD 法从样本中随机抽出一个，相当于式（5-63）中的 $m=1$，计算其梯度，将它用于更新 $\boldsymbol{\theta}$ 值。然后再随机抽取一个，再更新一次……这样可以大大提高训练速度。在图 5-13 中，看起来 BGD 法和 SGD 法的步数差不多，但是 BGD 法每步都需要计算所有样本，而 SGD 法只需要计算一个样本。可以预料，SGD 法不如 BGD 法的精确度高，可能会走弯路，但整体趋势是会走向损失函数 $J(\boldsymbol{\theta})$ 最小值的，而且还有可能跳出局部极小值。当然。SGD 法也有可能不能精确地到达最小值。

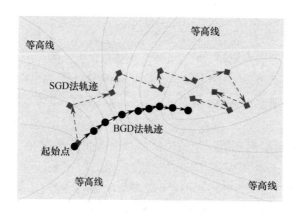

图 5-13　随机梯度下降法示意

3．小批量梯度下降法

小批量梯度下降（Mini-batch GD，MGD）法是批量梯度下降法和随机梯度下降法的折中，也就是在全体 m 个样本中仅采用 n 个样本来迭代，一般 $n<<m$，如取 $n=10$。当然也可以根据样本的数据量来调整 n 的值。对应的梯度公式就是将式（5-63）中的 m 改为 n。MGD 法每次梯度计算使用一小批样本，节省了计算量，可获得比 SGD 法更加稳定的收敛趋势。有些文献中也常把 MGD 法称为 SGD 法。

5.2.3　EM 算法

我们比较熟悉的概率模型估计方法是极大似然（Maximum Likelihood）估计，这是一种"模型已定，参数未知"的反推型统计学方法，根据随机抽取的样本数据及其服从的分布模型（但模型的参数未知）来寻求使该结果出现的可能性最大的模型参数，以此作为概率模型参数的估计值。这意味着默认所有的样本数据相互独立并来自同一个概率分布。但在实际应用中常常会遇到抽取到的样本来自不同的概率分布的情况，尽管概率模型已知，但不知道是从哪个分布抽取的，此时就不能够用极大似然来估计模型参数。在解决这类问题时，期望最大（Expectation Maximization，EM）算法是最常见的一种选择。

EM 算法本质上也是一种极大似然估计，是一种从不完全数据或存在隐含的变量的数据中求解概率模型参数的最大似然估计方法。更一般地讲，EM 算法适用于带有隐变量（Latent Variable）的概率模型的估计。所谓隐变量就是观测不到的变量，如之后提到的样本个体隐含的类别变量 z。

1. EM 算法原理

假设我们有一个样本集 $\{x^{(1)}, x^{(2)}, \cdots, x^{(m)}\}$，包含 m 个独立的样本。但每个样本对应的类别 $z^{(i)}$ 是未知的，即隐变量。故我们需要估计概率模型 $P(x, z)$ 的参数 θ，但是由于里面包含隐变量 z，所以很难用极大似然求解，而如果 z 知道了，那我们就很容易求解了。

EM 算法的本质是想获得一个使似然函数最大化的参数 θ，它与极大似然不同之处在于似然函数式中多了一个未知的变量 z，如式（5-65）所示。我们的目标是找到使 $L(\theta)$ 最大的合适的 θ 和 z，θ 代表模型里的所有参数。

$$L(\theta) = \sum_i \log P(x^{(i)}; \theta) = \sum_i \log \sum_{z^{(i)}} P(x^{(i)}, z^{(i)}; \theta) \tag{5-65}$$

$$= \sum_i \log \sum_{z^{(i)}} Q_i(z^{(i)}) \frac{P(x^{(i)}, z^{(i)}; \theta)}{Q_i(z^{(i)})} \tag{5-66}$$

$$\geqslant \sum_i \sum_{z^{(i)}} Q_i(z^{(i)}) \log \frac{P(x^{(i)}, z^{(i)}; \theta)}{Q_i(z^{(i)})} \tag{5-67}$$

接着需要最大化似然函数，即式（5-65），但是可以看到里面有"和的对数"，求导过程非常复杂。现在做一个变通，使式（5-65）中 $P()$ 项的分子分母同乘以一个函数 $Q_i()$，成为式（5-66），这还是"和的对数"形式，难以求解。下面利用 Jensen 不等式将式（5-66）变为式（5-67）中"对数的和"的形式，这样求导就容易了。

补充一下 Jensen 不等式：如果 x 是实随机变量，$f(x)$ 是严格的凸函数，则有

$$E[f(x)] \geqslant f(E[x]) \tag{5-68}$$

当且仅当 x 是常量时，式（5-68）取等号。当 $f(x)$ 为凹函数时，不等号方向反向：

$$E[f(x)] \leqslant f(E[x]) \tag{5-69}$$

式（5-69）中的 $f(x) = \log x$ 为凹函数。在式（5-66）中 $\sum_{z^{(i)}} Q_i(z^{(i)}) \dfrac{P(x^{(i)}, z^{(i)}; \theta)}{Q_i(z^{(i)})}$ 是

$\dfrac{P(x^{(i)}, z^{(i)}; \theta)}{Q_i(z^{(i)})}$ 的期望，即 $E_{z^{(i)} \sim Q_i} \left[\dfrac{P(x^{(i)}, z^{(i)}; \theta)}{Q_i(z^{(i)})} \right]$，然后就可以得到式（5-67）求和号里第 i 项的不等式了：

$$f\left(E_{z^{(i)} \sim Q_i} \left[\frac{P(x^{(i)}, z^{(i)}; \theta)}{Q_i(z^{(i)})} \right] \right) \geqslant E_{z^{(i)} \sim Q_i} \left[f\left(\frac{P(x^{(i)}, z^{(i)}; \theta)}{Q_i(z^{(i)})} \right) \right] \tag{5-70}$$

式（5-70）表示的是第 i 个样本的情况，对所有的 $i=1 \sim m$ 的不等式求和就得到式（5-67），对式（5-67）求导就容易了。但式（5-66）和式（5-67）之间是不等号，式（5-66）的最大值不是式（5-67）的最大值，而我们想得到的是式（5-66）的最大值。

为此，式（5-66）和式（5-67）可以写成：似然函数 $L(\theta) \geqslant J(z,Q)$，$J(z,Q)$ 是 $L(\theta)$ 的下界。我们可以先固定 θ_t，调整 $Q(z)$ 使下界 $J(z,Q)$（上升至）与 $L(\theta_t)$ 在 θ_t 处相等；然后固定 $Q(z)$，调整 θ_t 到 θ_{t+1}，使下界 $J(z,Q)$ 达到最大值；然后再固定 θ_{t+1}，调整 $Q(z)$……直到收敛到使似然函数 $L(\theta)$ 取最大值的 θ^*。

那么，什么时候下界 $J(z,Q)$ 与 $L(\theta)$ 在 θ 处相等？根据在 Jensen 不等式，当自变量 x 是常数的时候等号成立，即

$$\frac{P(x^{(i)}, z^{(i)}; \theta)}{Q_i(z^{(i)})} = c \tag{5-71}$$

因为 Q 是随机变量 $z^{(i)}$ 的概率密度函数，所以 $\sum_z Q_i(z^{(i)}) = 1$，由式（5-71）可得

$$\sum_z P(x^{(i)}, z^{(i)}; \theta) = c \cdot \sum_z Q_i(z^{(i)}) = c \tag{5-72}$$

将它代入式（5-71）可得

$$Q_i(z^{(i)}) = \frac{P(x^{(i)}, z^{(i)}; \theta)}{\sum_{z^{(i)}} P(x^{(i)}, z^{(i)}; \theta)} = \frac{P(x^{(i)}, z^{(i)}; \theta)}{P(x^{(i)}; \theta)} = P(z^{(i)} \mid x^{(i)}; \theta) \tag{5-73}$$

至此，我们推出了在固定参数 θ 后，使下界拉升的 $Q(z)$ 的计算公式就是后验概率，解决了 $Q(z)$ 如何选择的问题。这一步就是所谓的"E步"，建立 $L(\theta)$ 的下界。接下来是所谓的"M步"，就是在给定 $Q(z)$ 后，调整 θ，极大化 $L(\theta)$ 的下界 $J(z,Q)$。

2．EM 算法流程

首先，初始化分布参数 θ，重复以下求期望的步骤（E步）和求极大的步骤（M步），直到收敛。

E步：根据参数 θ 计算每个样本属于 z_i 的概率 $Q(z_i)$，根据参数初始值或上一次迭代的模型参数来计算隐变量的后验概率（其实就是隐变量的期望），作为隐变量的当前估计值：

$$Q_i(z^{(i)}) = P(z^{(i)} \mid x^{(i)}; \theta) \tag{5-74}$$

M步：根据计算得到的 Q，求出含有 θ 的似然函数的下界并最大化它，得到新的参数 θ，将似然函数最大化以获得新的参数值：

$$\theta = \arg \max_\theta \sum_i \sum_{z^{(i)}} Q_i(z^{(i)}) \log \frac{P(x^{(i)}, z^{(i)}; \theta)}{Q_i(z^{(i)})} \qquad （5\text{-}75）$$

这样不断迭代，重复 E 步和 M 步，直到收敛，就可以得到使似然函数 $L(\theta)$ 最大化的参数 θ 了。需要说明的是，EM 算法在一般情况下是收敛的，但是不保证收敛到全局最优，即有可能进入局部最优。

第**6**章

GAN 基础

2014 年，加拿大 Ian Goodfellow 博士提出了"生成式对抗网络"，简称生成对抗网络（Generative Adversarial Network，GAN），它是一种基于概率和统计理论，用深度学习网络生成新数据（特别是图像数据）的方法，已成为人工智能、深度学习研究领域一个重要的模型和工具。

我们称 Ian Goodfellow 博士提出的 GAN 为基本 GAN。虽然 GAN 技术近年来进步很快，性能改进很大，但它们都是基于基本 GAN 的，因此对基本 GAN 的了解和掌握是非常重要的。基本 GAN 是一种既统一又灵活的生成模型。统一性表现在它的基本结构是"生成模型加判别模型"，目标函数度量生成图像分布和实际图像分布之间的差距，优化训练准则是对抗性的纳什均衡；灵活性表现在网络模型可以由多种神经网络组成，目标函数不限于传统的经验代价函数，可以自定义特殊的目标函数。

本章围绕（基本）GAN 的概念进行阐述，第 1 节从整体上介绍 GAN 的数据生成、网络结构及优势和不足；第 2 节介绍作为 GAN 理论基础的数据分布及其转换；第 3 节较为详细地分析组成 GAN 的生成模型与判别模型；第 4 节简要介绍 GAN 的工作过程，包括纳什均衡、对抗训练和训练流程。

6.1 GAN 概要

6.1.1 GAN 的数据生成

GAN 就其主要功能而言是属于生成模型这一类的（尽管 GAN 内部还包含判别模型），和由取样获得数据或由网络记忆数据不同，它们能够产生（生成）新的数据内容，如图像数据等。我们先看一下 Goodfellow 论文中用 GAN 生成的两类图像的示例，如图 6-1 所示。图 6-1(a)是基于 MNIST 数据集进行训练后生成的样本，图 6-1(b)是基于 TDF 数据集进行训练后生成的样本，两幅图中最右边的一列都是真实数据（数据库里的图像），其他的皆为生成数据（数据库里没有）。和这两列直接相邻的列中的生成数据和真实数据最接近，其他的也比较接近。这些图例向我们展示了利用 GAN 获得的数据是真正生成的，而不仅仅是由网络记忆得到的。

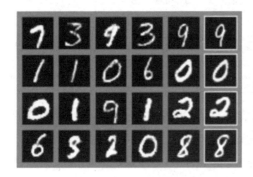
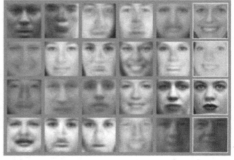

(a) 生成的手写数字图像 　　　　　　　　(b) 生成的人脸图像

图 6-1 基本 GAN 生成的图像示例

1. 生成模型和判别模型

要理解 GAN，首先要了解神经网络中的生成模型（Generative Model）和判别模型（Discriminative Model）。判别模型比较好理解，如常见的分类器就是一种判别模型，它有一个判别界限，通过这个判别界限来区分样本的类型。从概率角度分析，判别模型所做的工作就是获得输入样本 x 属于类别 y 的概率，这是一个条件概率 $P(y|x)$。而生成模型相对比较复杂，它需要通过拟合整个数据的概率分布来生成新的数据。从概率角度分析，生成模型的任务就是要获得样本 x 和类别 y

在整个分布中产生的概率，即联合概率 $P(x,y)$。

以往典型的概率生成模型往往涉及最大似然估计、马尔可夫链、受限玻尔兹曼机（RBM）等方法。这些方法的实现至少存在两点困难：一是对真实数据进行概率建模需要大量先验知识，建模的好坏直接影响生成模型的性能；二是真实世界的数据往往非常复杂，拟合模型所需的计算量往往非常庞大，甚至让人难以承受。

针对上述两点困难，GAN 巧妙地使用对抗训练机制对生成模型和判别模型进行训练，并使用随机梯度下降（SGD）法等算法实现优化。这种新的生成模式能够通过观测给定实际数据的样本，学习其内在统计规律，并且能够基于所学得的概率分布模型来产生新的与观测数据类似的数据。例如，概率生成模型可以用于自然图像的生成。假设给定数万幅训练图像，在训练过程中，生成模型会尽力挖掘、学习图像数据背后更为简单的分布规律，并按照此分布规律生成新的图像。与庞大的真实数据相比，概率生成模型的参数个数要远远小于数据的数量。

目前比较流行的生成模型主要有三类，除了本书介绍的 GAN，还有常见的变分自编码器（Variational Auto-Encoder，VAE）模型和自回归（Auto-Regressive）模型。这三类生成模型都有各自的优缺点，在图像领域中都得到了比较广泛的应用。其中 GAN 模型实际上是一种比较新颖、高效的方法，生成数据的质量一般要高于其他两类模型。

2. GAN 的对抗机制

在大致了解生成模型和判别模型后，再来理解 GAN 就比较容易了。在 GAN 中，其"对抗"机制的核心思想来源于博弈论（Game Theory）中的纳什均衡（Nash Equilibrium）。简单解释一下，纳什均衡是博弈论中的一个重要术语，表示博弈中的一种状态，即对每个参与者来说，只要其他人不改变策略，其就无法改善自己的状况。

GAN 系统包括两个模型：一个生成模型（或生成器、生成网络）、一个判别模型（或判别器、判别网络）。这些不同的称谓在大多数情况下基本没有什么差别，时常出现随意选用的情况。二者构成博弈的双方，生成器的目的是利用给定的样本数据（如图像等）尽量学习真实数据的分布，在学到的分布中抽取一个样本，由此生成一幅看起来和真实图像十分相似的新图像，也就是说，模型自己能够产生一幅图像，而且尽量和想要的训练图像相似。到底生成的图像像不像真实的图像，可以由判别器判断。因此，判别器的目的是尽量正确判别输入数据是来自训练集的真实图像数据还是来自生成器产生的"伪"图像数据。

生成器利用判别器的判别结果误差信息作为反馈,不断改进生成图像的质量;判别器同样利用这个误差信息来不断改进自己的判别能力。这样,生成器和判别器的工作目标就形成了一种对抗机制:生成器努力生成逼真的图像来迫使判别器无法区分生成图像的真伪;判别器则努力提高鉴别能力,不放过任何作伪的"蛛丝马迹"。其实,生成器和判别器之间并不单纯地只有"对抗",背后还有"合作"机制,将判别器判别结果的误差信息送给生成器就是一种"合作"方式。这种既对抗又合作的关系促使生成器和判别器的性能提高到极限,达到纳什均衡状态,作为"配角"的判别器性能提高的最终目的仍然是迫使生成器能力提升。

生成器和判别器的博弈是在训练的过程中迭代进行并完成的。在开始的时候,生成器和判别器都是没有经过训练的。在给二者设定初始参数后,可以开始进行对抗训练:生成器产生一幅图像去"欺骗"判别器,然后判别器判断这幅图像是真是假,生成器再根据判别信息改进生成图像的质量,再交给判别器去判别……如此往复,最终训练过程中,二者各自提高自己的生成能力和判别能力,不断优化,能力越来越强,以至于判别器已经不能够判断输入数据的真伪。我们说,此时生成器和判别器这两个对抗的双方最终达到了稳定的纳什均衡状态。

达到均衡状态,GAN 的训练完成,生成器和判别器的参数通过反复训练后得以确定。一旦训练完成,只要给生成器输入一个随机变量,就可以产生一个相应的输出数据。这时,判别器实际上就没有作用了,判别器只在 GAN 训练期间有用。

3. GAN 的目标函数

生成器并非随意生成一个数据就可以,要求生成数据的概率分布和训练数据的概率分布尽量一致。接下来的问题就是我们如何判断生成器生成数据的概率分布和真实数据的概率分布是否一致,或者一致的程度到底如何。这就引入了 GAN 训练的目标函数——定量计算两个分布的差别大小。

目标函数的自变量直接或间接和神经网络的网络参数(如权重等)有关,可通过训练调整生成网络的参数,或者说优化目标函数。目标函数的优化意味着在此优化的参数条件下,生成器生成的数据的概率分布和真实数据的概率分布已经是最接近的。

那么如何定义一个恰当的目标函数?对于传统的基于统计的生成模型,一般可将数据的似然函数(Likelihood Function)作为优化的目标。但是如前所述,当真实数据的分布无从得知或很难表达时，似然估计的方法就遇到了困难。这时GAN 系统就可利用神经网络的最大优点：理论上，只要满足一定的条件，神经网络这样一个"黑盒"可以实现任何可微函数。于是 GAN 就增加了一个判别器的神经网络，负责实现"度量两个分布差别的函数"，由此来判断生成数据和真实数据的分布到底相差到什么程度。当然，判别器并不能（也不可能）真正比较两类数据的分布函数，而是直接比较真实数据的样本和生成数据的样本，通过各自的样本来比较它们背后的数据分布的差异。这是 GAN 的核心创新之处：用神经网络来实现目标函数优化程度的判断。

判别器判别的结果说明了生成器生成图像分布的误差程度，这种误差信息又反传给生成器，用以改进生成器网络参数，产生更逼真的图像，同时促使判别器也改进自己的网络参数，进而做出更准确的判断，反复训练，生成器生成的图像就越来越接近真实图像。

6.1.2 GAN 的网络结构

在了解 GAN 的数据生成机理后，我们再来看 GAN 的网络结构。GAN 是一种无监督（Unsupervised）或半监督（Semi-supervised）学习的神经网络，包含生成器和判别器，均可由不同形式的神经网络来实现，只要它们可以实现函数功能，就能够将数据从一个空间映射到另一个空间。

1. 基本 GAN 的结构

基本 GAN 的结构如图 6-2 所示。如前所述，任意可微函数都可以用神经网络来表示。由此，我们也用可微函数 G 和 D 来分别表示 GAN 的生成器和判别器。

生成器 G 负责从输入的随机噪声 z 生成图像 x'，将生成器看成一个从网络输入到输出之间的映射函数 G，则 $x'=G(z)$。由于图像 x' 不是真的来自自然场景的图像，所以可称为伪图像（Fake Image）。判别器 D 负责判别输入的图像（x 或 x'）是真图像（Real Image），还是由 G 生成的伪图像。判别器输出的是"输入 x 或 x' 为真图像的概率"，将这个概率和输入数据本身的标签值（如真图像为 1，伪图像为 0）之间的误差反传给生成器，用于更新生成器的网络参数。同样，这个误差也用于判别器的网络参数调整。

值得注意的是，生成器不会"看到"训练集图像，训练集只用来训练判别器，所以生成器是试图生成新的图像，而不是单纯地记忆或模仿训练集图像。另外，虽然图 6-2 中输入到判别器的可能是真实数据 x 或生成数据 x'，但判别器在判断的过程中并不知道输入的是哪一类图像，只能凭自己的"能力"来判断输入图像为真图像的概率，最后再和输入图像的标签比较得到判别误差。

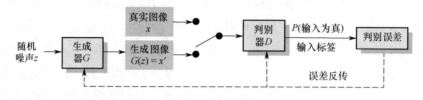

图 6-2　基本 GAN 的结构

从机器理解数据的角度出发，建立的生成模型一般不直接估计或拟合分布，而是从未明确假设的分布中获取采样数据，通过这些采样数据对模型进行修正。这样得到的生成模型对人类来说缺乏可解释性，但是生成的样本是人类可以理解的。以此推测，机器以人类无法显式理解的方式理解了数据内在的分布等特性，并且生成了人类能够理解的新数据。

2. GAN 的本质——最大似然估计

尽管 GAN 不是直接采用最大似然估计算法的生成模型，但它的理论基础仍然是基于最大似然估计的。因此我们简单介绍一下最大似然估计的图像生成机理，这对理解 GAN 运行的内在依据是有益的。

参考图 6-2，假设给定一组样本数据 x，服从概率分布 $P_{data}(x)$，记为 $x \sim P_{data}(x)$；以 z 为输入的生成器输出的 x 的分布为 $P_g(x;\theta)$，$P_g(x;\theta)$ 常称为"似然"（Likelihood）函数，类似概率的意思，其中参数 θ 表示生成器参数对输出分布的影响。现在我们希望通过训练，或者说通过学习得到最佳的参数 θ，使得 $P_g(x;\theta)$ 尽量接近 $P_{data}(x)$，从而得到一个理想的生成器。

如何学习参数 θ？最常用的办法就是最大似然估计了。从 $x \sim P_{data}(x)$ 中采集一组（m 个）样本数据 $\{x^1, x^2, \cdots, x^m\}$，对于每一组参数 θ（数据分布的参数往往不止一个）和真实分布的样本 x^i，我们可以计算每个真实样本 x^i 在分布 $P_g()$ 中的似然 $P_g(x^i;\theta)$，这样我们就可以找到一组最佳的参数 θ^*，使得生成器生成数据的分布最接近 $P_{data}(x)$，所有的 $P_g(x^i;\theta)$ 为此可以建立一个如式（6-1）所示的最大似然估计函数 $L(\theta)$，它等于每个真实样本 x^i 的似然的乘积，即

$$L(\theta) = \prod_{i=1}^{m} P_g(x^i;\theta) \tag{6-1}$$

由于 $\{x^i\}$ 是来自 P_{data} 分布的数据，将它们代入生成器的似然 $P_g(x^i;\theta)$ 中，调整

θ，当式（6-1）的似然函数达到最大值时，$P_g(x;\theta)$ 的分布必然是最接近 $P_{data}(x)$ 分布的。使得 $L(\theta)$ 取得最大值的 θ^* 就是我们想要的值：

$$\theta^* = \arg \max_\theta \prod_{i=1}^m P_g(x^i;\theta) = \arg \max_\theta \log\left[\prod_{i=1}^m P_g(x^i;\theta)\right]$$

$$= \arg \max_\theta \sum_{i=1}^m \log[P_g(x^i;\theta)] \approx \arg \max_\theta E_{x \sim P_{data}}[\log P_g(x^i;\theta)] \qquad (6\text{-}2)$$

注意到样本 $\{x^1, x^2, \cdots, x^m\}$ 来自 $x \sim P_{data}(x)$。式（6-2）为了计算方便，在求 max 的情况下，将概率（似然）连乘问题通过加对数等效转化为对数概率连加问题，再将连加近似转化为数学期望。为了方便以下的证明，将式（6-2）从离散变量得到的近似数学期望再近似看作连续变量情况，这样式（6-2）的数学期望可用积分式表示：

$$\theta^* \approx \arg \max_\theta E_{x \sim P_{data}}[\log P_g(x;\theta)]$$

$$= \arg \max_\theta \left[\int_x P_{data}(x)\log P_g(x;\theta)\mathrm{d}x - \int_x P_{data}(x)\log P_{data}(x)\mathrm{d}x\right]$$

$$= \arg \max_\theta \int_x -P_{data}(x)\log \frac{P_{data}(x)}{P_g(x;\theta)}\mathrm{d}x$$

$$= \arg \min_\theta \{\mathrm{KL}[P_{data}(x) \| P_g(x;\theta)]\} \qquad (6\text{-}3)$$

寻找一个 θ^* 来最大化这个似然，等价于最大化对数化似然。因为此时这 m 个样本数据是从真实分布中抽取的，所以也就约等于真实分布中的所有 x 在 P_g 分布中的对数似然的期望。

求真实分布中所有 x 的期望，等价于求概率积分，所以可以转化成积分运算。因为式（6-3）第 2 行中括号内的第 2 项和 θ 无关，所以加上它之后再求 max 还是等价的。然后提取共有的项 $P_{data}(x)$，根据 7.2.1 节介绍的 KL 散度定义，积分式为负的 KL 散度（KLD）。最大化（max）负的 KLD 等效于最小化（min）正的 KLD。这样就可以将最大似然估计问题转化为最小化 KLD 问题了，而 KLD 描述的是两个概率分布之间的差异，KL 值是非负的，其值越小，两个概率分布越接近。

3．用神经网络实现

经上述分析可知，将寻找最佳网络参数的最大似然估计问题等效转变为最小化 KLD 问题，让生成器以最大概率生成最接近真实的图像，也就是要找一个 θ^* 让 P_g 更接近 P_{data}。那么，如何来找这个 θ^* 呢？如果直接使用最大似然估计会存在问题：无法确定目标数据的概率分布类型，因为似然估计是在确定分布类型的基础上估计分布参数的。即使转化为求最小化 KLD 也是行不通的，因为在实际中我们既不知道目标数据的具体分布，也不知道生成器生成数据的分布，因而也就没有办法计算 P_g 和 P_{data} 的散度，并使其最小化，让 P_g 逼近 P_{data}。如果知道这两者的分布，我们就可以用数学方法来分析求解了。虽然我们没有它们具体的分布信息，但是有服从 P_{data} 分布的样本数据和服从 P_g 分布的生成数据，那么我们就可以让神经网络来完成这两个分布的散度最小化判断，因为样本数据的背后隐藏着 P_{data} 分布，生成数据背后隐藏着 P_g 分布，只是我们无法获知。因此我们在生成器后面增加了一个神经网络——判别器，专门用来度量这两个分布之间的散度，调整网络参数，使此散度朝最小化方向变化，达到 P_g 逼近 P_{data} 的目标。尽管用神经网络巧妙地避开了极大似然估计，但 GAN 的基本理论基础仍然是极大似然估计。

具体的神经网络实现方法如图 6-3 所示，采用一个随机向量 $z \sim P_z(z)$，通过生成器生成图像 x，$x = G(z)$，服从分布 $P_g(x; \theta)$，然后与真实数据分布 P_{data} 比较。不断训练网络，使 P_g 尽可能逼近 P_{data}。由于神经网络包含非线性激活单元，可以拟合任意函数，那么也可以拟合任意分布（包括 P_g）。例如，用正态分布的 z 去训练一个 ANN，可学习到一个复杂的目标分布 P_{data}。

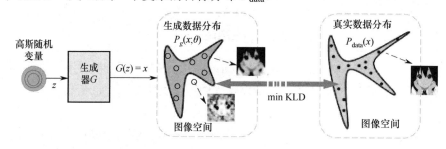

图 6-3　具体的神经网络实现方法

4. 简单的生成器和判别器

GAN 系统结构中的生成器和判别器可以用最简单的多层神经网络实现，如图 6-4 所示，左边 3 层网络是生成器，右边 3 层网络是判别器。

以生成手写阿拉伯数字 0 到 9 的图像为例，所谓的生成器，就是使 n 维的随机噪声 z 通过全连接上采样成为 28×28 大小的图像（MNIST 图像大小）。设随机噪声 z 服从 $P_z(z)$ 分布，那么生成器的输出可以表示为 $x' = G(z)$。生成器的输入节点数为 100，对应输入的 100 维随机变量，输出节点数为 784，对应 28×28 的手写数字图像的像素数。

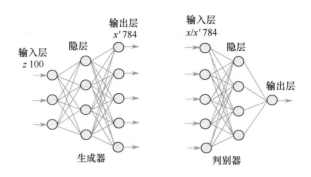

图 6-4　简单神经网络实现 GAN 示例

所谓的判别器，就是一个全连接分类网络，输入为 28×28=784 大小的图像，记为 x。输出为单节点，由于经过 sigmoid 激活函数，所以判别器输出的是一个[0,1]内的标量，代表输入 x/x' 为真实图像的概率。

6.1.3　GAN 的优势和不足

1. GAN 的优势

（1）生成的图像清晰、逼真、多样。GAN 作为一种生成方法，大大拓宽了生成数据样本的范围，增加了设计的自由度，生成的样本易于被人类理解。例如，能够生成边缘十分锐利而清晰的图像，为生成对人类有意义的新数据提供了一种有效的解决方法。GAN 的生成过程可以直接进行新样本的采样和推断，提高了样本的生成效率，增加了生成样本的多样性。

（2）无须显式分布函数。GAN 生成模型在某种意义上避免了传统的概率生成模型（如马尔可夫链、置信网络等）需要假设数据服从某一分布，然后使用极大似然去估计数据分布的问题。这样 GAN 就可避免复杂度特别高的计算过程，直接进行采样和推断，理论上可生成完全逼近真实数据的分布，从而提高了应用效率，扩大了应用范围。GAN 只用到了误差反向传播，而不需要马尔可夫链，在训练时不需要对隐变量进行推断。

（3）包容多种损失函数。GAN 具有非常灵活的设计框架，多种类型的损失函数和约束条件都可以整合到 GAN 模型中，这使得针对不同任务所设计的不同类型的损失函数都可以在 GAN 的框架下进行学习和优化。

（4）包容多种网络实现。GAN 可以用普通的多层神经网络实现，也可以和 CNN、RNN、深度残差网络等深度神经网络结合在一起，逼近任何可微函数，形成参数化模型。在实际应用中，大多使用深度卷积网络和深度残差网络来实现GAN的网络模型。

（5）具体直观的对抗训练机制。当概率密度不可计算的时候，传统的依赖于数据统计特性解释的一些生成模型难以发挥作用。但是 GAN 在这种情况下依然可以使用，这是因为 GAN 引入了一个非常有效的内部对抗的训练机制，使得生成器的参数更新驱动不是直接来自数据样本，不需要做各种近似推理，而是来自判别器的反向传播误差，其优化根据和路径都很明确，可以逼近一些不是很容易计算的目标函数。

（6）有利于无监督、半监督学习。在大部分情况下，数据的分布是不可知的，这时 GAN 就显得格外有用。GAN 的学习过程不需要数据标签，非常适用于无监督和半监督学习任务。虽然半监督学习不是提出 GAN 的目的，但是 GAN 的训练过程可以用来实施半监督学习中用无标签数据对模型进行的预训练过程。具体来说，先利用无标签数据训练 GAN，再基于训练好的 GAN 对数据的理解，利用小部分有标签数据训练判别器，从而用于传统的分类和回归任务。

（7）性能优于传统的生成模型。由于 GAN 使用生成器替代了采样的过程，相比于 PixelCNN、PixelRNN 这类逐像素生成模型，GAN 可以并行生成数据，数据生成速度非常快。和变分自编码器（VAE）之类的生成模型相比，GAN 不需要对先验和后验分布进行假设，通过引入下界来近似似然，克服似然估计优化计算的困难。

2．GAN 的不足

（1）GAN 的可解释性差。工作过程的可解释性差，实际上这也是所有神经网络共同的不足之处，以神经网络为基础的 GAN 生成模型产生的数据分布 $P_g(x)$ 没有显式的表达。

（2）GAN 的收敛和平衡难以评判。GAN 采用对抗学习的准则，理论上还不能判断模型的收敛性和平衡点的存在性。训练过程需要保证两个对抗网络的平衡和同步，否则难以得到很好的训练效果。而在实际过程中，两个对抗网络的同步不易把控，训练过程可能不稳定。Goodfellow 等从理论上证明了当 GAN 模型收敛时，生成数据具有和真实数据相同的分布。但是在实践中，GAN 的收敛性和生成数据的多样性通常难以保证。

（3）GAN 的训练比较困难。GAN 训练中存在的两个最主要的问题是"梯度消失"和"模式崩溃"。

梯度消失（Gradient Vanishing）问题是指如果生成器和判别器的训练不平衡，

判别器的性能训练得越好，对生成数据 $G(z)$ 和真实数据 x 能够做出越完美的分类，那么判别器对应的误差损失将越小，进而反向传播到生成器的误差梯度值越小，好像梯度"消失"了，使得生成器不能获得引导网络参数改进的有效梯度信息。

　　模式崩溃（Model Collapse）问题是指对于任意随机变量 z，生成器仅能拟合真实数据分布 P_{data} 的部分模式，虽然生成数据 $G(z)$ 与真实数据 x 在判别器中难以区分，但是生成器无法生成丰富多样的数据。或者，GAN 生成的样本虽然具有多样性，但这只是生成器自己认为的，对人类来说，它们是差异不大的样本，这也是模式崩溃的一种表现。

6.2　数据分布及其转换

6.2.1　图像数据的高维分布

　　数字图像是由若干像素组成的，像素值随图像的不同而取值不同。因此可以将单个像素值看成一个随机变量，将整幅图像的像素值集合看成一个多维（甚至高维）的随机矢量。所有相同维数的图像矢量就形成了一个高维概率分布空间，其中某一幅图像就是这一空间中的一个"点"（或称"样点"）。下面我们从一维、二维分布开始，逐步推及到高维，说明图像高维分布的含意。

　　如图 6-5 所示，图 6-5(a) 表示只有 1 个像素的灰度图像，形成一维空间，其值用 x 表示。x 轴上的一个点表示一幅图像，若干图像（若干样点）形成一个概率密度为 $p(x)$ 的分布。图 6-5(b) 表示有 2 个像素的灰度图像，形成二维空间，分别用 x_1 和 x_2 表示，x_1x_2 平面上的一个点表示一幅图像，若干样点形成联合概率密度为 $p(x_1,x_2)$ 的分布。

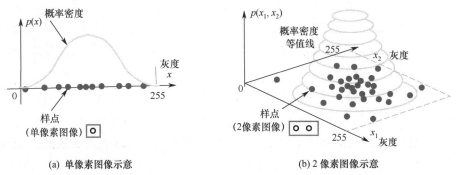

图 6-5　一维、二维图像分布示意

推广到一般的长度为 a 个像素、宽度为 b 个像素（共有 $a×b=n$ 个像素）的灰度图像，形成 n 维空间 $x_1, x_2, \cdots, x_n$，其联合概率密度为 $p(x_1, x_2, \cdots, x_n)$。这 n 维空间中每个样点表示一幅 $a×b$ 灰度图像。该空间的每维表示一个像素，有 n 个像素的图像就形成一个 n 维空间。因此高维空间的任意一点表示一幅可能的图像，至于这幅图像有没有意义则另当别论（绝大部分是人们看不懂的无意义"图像"）。

当 n 并不算大时，如 64×64=4096 维图像空间，如图 6-6 所示。若其中每维有 256 种可能的取值，则共有 256^{4096} 种可能的图像，这已是海量的数据了，尽管实际上只有极小一部分是有意义的图像（人们能够看得懂的图像，而不是沙子、雪花等无意义的图像）。因此，人们有理由认为，有意义的图像往往聚集分布在 4096 维空间的某个或某几个地方，形成高维空间的低维流形（Manifold）。

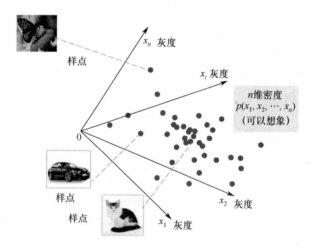

图 6-6　高维图像分布示意

所谓"流形"是对一般几何对象的统称，包括各种维数的曲线、曲面等。近年来兴起的"流形学习"方法，就是将一组高维空间的数据在低维空间中重新（近似）表示，是一类新型的降维方法。当然，这种方法的一个必要的假设是这组数据在一个潜在的流形上。

如果我们在高维图像空间中抽取一幅或几幅图像（已知的样本），它们以极大的概率位于高维空间的某个低维流形上。可以设想，当我们使用相机拍了一张 64×64 的照片，在自然界中采样了一幅图像，就相当于从这个多维分布空间的某个流形中取得了一个样本。生成模型如果能在这些样本的流形（这些样本的邻近）上取未知的一点，即一个新的、实际不存在的样本，则很有可能得到一幅和已知样本类似的有意义的新图像。图像的生成，就可以看作在一个服从多变量分布函数的随机变量中进行的一次采样。这就是利用概率模型来生成新图像的简单说明。

由此可见，图像的生成模型需要解决两个核心问题：问题之一就是对图像分布密度的估计，即获得真实世界中图像数据的分布规律（隐含的或明显的、参数的或非参数的表示）；问题之二就是如何在这样的分布空间内取样，获得新的生成图像。这也是所有基于概率统计的生成模型（包括 GAN）发展需解决的关键问题。在 GAN 中，术语"数据生成分布"（Data Generating Distribution）常指生成数据的潜在概率分布或概率密度函数。GAN 正是通过计算生成数据潜在分布和相应真实数据分布之间的某种相似性来进行学习的。

另外，图像的高维分布和图像的直方图（Histogram）是不同的。以灰度图像为例，直方图函数表示的是这幅图像中所有像素的灰度值的分布，不管尺寸多大的灰度图像，其灰度直方图都是一维函数，自变量是灰度值。也可以说直方图表示的是一幅图像中不同灰度值的像素数占总像素数的比例。

6.2.2　隐变量和隐空间

作为生成模型，我们直接在数据空间对生成图像进行控制和修改是不现实的，因为图像属性位于高维空间的流形中。但是，我们可以通过隐空间到数据空间的映射来间接控制输出图像的特征，GAN 走的就是这一条路。在 GAN 的生成模型中，输入的随机变量为非结构化的 z 隐变量（Latent Variable），它所在的隐空间（Latent Space）的概率分布为 $P_z(z)$，如高斯分布或均匀分布等。尽管这种间接控制同样存在巨大的困难，但神经网络有可能在我们"不知道"的情况下帮助我们完成这个任务。所谓"不知道"是指在一般情况下我们不知道隐变量中的每位数分别控制着输出图像的什么属性。当然，通过其他一些办法，可以变不知为可知（或部分可知），如在条件 GAN（CGAN）中，利用将隐变量分解为一个条件变量 C 和标准输入隐变量的方法就可以增加我们对隐变量的控制。为此，针对 GAN 模型，这里简单介绍一下概率模型中隐变量和隐空间的概念。

1. 隐变量

先举一个简单的例子说明什么是隐变量。有 n 个口袋，里面有 m 种颜色不同的球。现在随机地取球，规则如下：先随机选择一个口袋，再从这个口袋中随机取出一个球，如此反复进行。如果你可以观察整个过程，看到从哪个口袋取出什么颜色的球，并且把每次选择的口袋和取出的球的颜色都记录下来（样本观察值），在若干次以后，就可以通过记录推测出每个口袋里各种颜色的大致比例，并且记录越多，估计就越准确。然而，如果不让你看到从哪个口袋里取球，只让你看到取出的球是什么颜色，这时候，由于你看不见"选口袋"的过程，"口袋"这个变量其实就相当于一个隐变量。要给出同样的估计结论，显然要比前一种情况困难。因此，一般来说，含有隐变量的概率估计问题（如第 5 章介绍过的 EM 问题或 HMM 问题）都比较复杂，解决起来都比较困难，甚至无解。

回到概率模型，我们常见的变量都是"明显"可观测（Observable）的随机变量，能够被观察到或检测到。如果概率模型都是可观测变量，只要给定它们的数据，就可以用极大似然估计等方法确定模型参数。但是，对于含有隐变量的概率模型，隐变量不能被我们直接观察到，但它们对系统的状态和能观察到的输出存在不同程度的影响。因此，对含有隐变量的概率模型，不能简单地使用极大似然估计这一类模型参数估计方法。

2. 隐空间

隐空间或隐含空间是指隐变量 z 的样本空间。隐变量可以理解成控制数据 x 生成的"幕后之手"。在统计机器学习中，隐变量生成模型"生成"数据 x 背后的逻辑是，设法建模联合分布 $P_\theta(z,x)$，再从此分布中采样得到(z, x)数据对。具体操作是，为隐变量选择一个容易采样的分布，如高斯分布或均匀分布等，再通过神经网络建模 $P_\theta(x|z)$采样得到生成数据。

如前所述，我们认为图像等数据是分布在高维空间的低维流形中的，在这个前提下我们讨论隐空间的问题。GAN 通过生成器将隐空间的点映射到数据空间中，那么，隐空间的维数如何选择呢？这是一个值得研究的问题。这里以图像为例，首先，隐空间维数不能太低，太低了能够表现的模式（Mode）的数量不够多，会产生模式丢失问题，即生成的图像种类很少，甚至只有一种。也就是说，隐空间的维数有个下界，高于这个下界才有可能避免模式丢失的问题。理论上，这个下界就是流形的内在维数（Intrinsic Dimension）。其次，隐空间维数也不能太高，虽然高维的隐变量的模式表现能力更强，但占用太多的内存，搜索空间更大，优化中存在更多的鞍点，训练难度增加，速度变慢。

那么，什么叫流形的内在维数呢？避开严密的数学定义简而言之，流形上的点可以用它周围的若干点来逼近。如果对任意点，都可以用 k 个周围的点进行逼近，那么流形的内在维数就是 k。请注意，这与向量空间的维数定义不同，向量空间要求在整个空间内基底是固定的，而流形的基底是局部的，因点而异。至于怎么估算内在维数，不少学者提出了多种数值估算方法，如极大似然估计方法等，这里不再详细论述。

　　利用这些数值估计方法，我们可以在实际中估算数据集的内在维数，这样我们可以避免不必要的存储开销。有实验发现，在随机采样 10000 个样点的情况下，MNIST 数据集的内在维数约为 6.5，动漫数据集的内在维数约为 21，而 CelebA 数据集的内在维数约为 20。

　　在实际应用中，我们对隐空间维数的选择不应低于这些下界。以 MNIST 数据集为例，选择隐空间维数为 10，就能得到不错的效果。GAN 生成的图像具有数字类型、倾斜角度、笔画粗细等变化，它们都是隐空间内在维度的一部分。对比图 6-4 中 MNIST 数据生成网络的输入噪声为 100 维，此后在第 12 章的 MNIST 数据生成网络示例中，输入噪声为 128 维，隐变量的维数已经"绰绰有余"了。

6.2.3　分布函数的转换

　　为了生成和真实训练数据具有相同（或非常相似）分布的数据样本，GAN 的生成模型需要将输入的服从某种分布（一般是比较简单的分布）的随机变量转换为服从目标分布（真实数据分布）的随机变量，再从转换后的分布空间中采样，就可以生成新的和真实数据相似而又不相同的样本。这里生成模型的主要作用就是概率分布转换，或者说，生成模型起转换函数的作用。

　　我们在 1.3 节曾对分布函数的转换有过简单的介绍，根据目标分布函数是否已知可分为两种处理情况：第一种情况是已知目标的分布函数，甚至知道它的表达式，这是一种比较简单的情况，我们可以根据输入分布和目标分布推导出转换函数，利用转换函数就可以实现分布函数的转换；第二种情况是不知道目标的分布函数，只有服从目标分布的一系列真实数据样本，此时就需要根据输入分布和目标分布的样本来转换输入分布的随机变量，使它服从真实数据的分布，尽管我们很可能无从知道它们到底服从什么分布，但我们往往也不需要确切地知道。

　　在第一种情况下，我们可以不必使用 GAN 生成模型或其他生成模型。GAN 针对的是第二种情况，也是一种比较困难的但实用价值很高的情况。这两种情况虽然难度有所不同，但是它们的工作目标确是一致的：生成服从目标分布的新样本。因此，本节从简单的第一种情况入手，介绍分布函数转换的基本原理，这对针对第二种情况的 GAN 生成模型的理解是非常有益的。

　　下面分两步解释，先说明如何将一个任意密度函数转化为均匀分布函数，再说明如何将一个均匀分布函数转换为任意密度函数。可以看出，有了这两步，就可以将一种任意分布转换为另一种任意分布。当然，这里是以连续型随机变量及其分布为例来介绍的，至于离散的情况，大致的原理是一样的，只不过在计算时需要将积分换成求和操作。

1. 任意分布转换为均匀分布

设随机变量 x 的密度函数 $f(x)$ 经过转换函数 $y=T(x)$ 转换为新的密度函数 $g(y)$，设 $g(y)$ 为均匀分布函数，即 $g(y)=1$，$0 \leqslant y \leqslant 1$。如图 6-7(a)所示，转换前后的微概率应该相等，即 $f(x)\mathrm{d}x=g(y)\mathrm{d}y$，也就是 $f(x)\mathrm{d}x=\mathrm{d}y$，两边积分可得

$$y = \int^{x} f(t)\mathrm{d}t = F(x) = T(x) \tag{6-4}$$

从式（6-4）可以看出，转换函数 $T(x)$ 实际上是 x 的概率分布函数（PDF），由此得到结论：用随机变量 x 的概率分布函数 $F(x)$ 作为转换函数，可将密度函数为 $f(x)$ 的随机变量 x 转换为服从均匀密度函数 $g(y)$ 的随机变量 y。

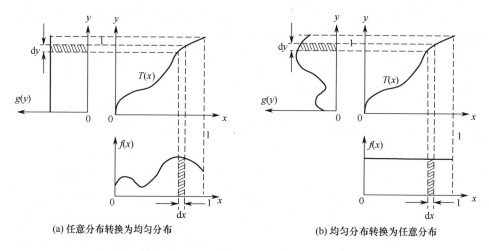

(a) 任意分布转换为均匀分布　　　　　　　(b) 均匀分布转换为任意分布

图 6-7　随机变量的密度转换示意

2. 均匀分布转换为任意分布

设随机变量 x 服从均匀密度函数 $f(x)$，即 $f(x)=1$，$0 \leqslant x \leqslant 1$，经过转换函数 $y=T(x)$ 转换为新随机变量 y，其密度函数为 $g(y)$。如图 6-7(b)所示，转换前后的微概率应该相等，即 $f(x)\mathrm{d}x=g(y)\mathrm{d}y$，也就是 $\mathrm{d}x = g(y)\mathrm{d}y$，两边积分可得

$$x = \int\limits^{y} g(t)\mathrm{d}t = F(y) \tag{6-5}$$

由式（6-5）可得 $x=F(y)$，则 $y=F^{-1}(x)=T(x)$。由此可以得到结论：用随机变量 y 的分布函数 $F(y)$ 的反函数 $F^{-1}(x)$ 作为转换函数，可将均匀分布的 x 转换为服从目标分布 $g(y)$ 的随机变量 y。

通过上面介绍的两个步骤，可以先将任意分布的随机变量转换为均匀分布，再将均匀分布转换为目标分布。这样，输入的随机变量在经两步转换函数转换后，成为服从目标分布的新随机变量，然后在新的随机变量空间内进行采样，得到的样本就是服从目标分布的新数据。当然，我们在分析问题时是分两步走的，在实际操作时我们完全可以将两步综合成一步完成。这是已知目标函数的一种简单的转换情况。而 GAN 的数据生成面对的是目标分布未知、只有来自该分布的样本的情况，处理起来更加复杂，但基本原理和上述的转换函数的方法是基本一致的，我们将在 6.3 节进行分析。

6.3　生成模型与判别模型

基本 GAN 是一种新型的生成模型，其中生成模块的主要作用是对输入的随机变量进行分布转换，但是由于没有明确的目标分布函数作为参考，因此需要增加一个判别模块来测度生成数据分布和目标数据分布之间的差异。由此看来，要理解 GAN，需要比较深入地了解神经网络中的生成模型（Generative Model）和判别模型（Discriminative Model），它们对应神经网络的两类学习方法，即生成方法和判别方法。生成方法学习得到的神经网络为生成模型，判别方法学习得到的神经网络为判别模型。这两个模型都涉及明确或隐含的数据分布，生成模型比较全面地学习数据的统计特征，判别模型则只需找出数据不同特征的分界。

6.3.1　生成模型

1．生成模型的数据生成方式

在神经网络中，生成模型学习到的是给定输入 x 和产生的对应输出 y 的生成关系，即输入和输出数据的联合分布 $P(x,y)$。这种学习是神经网络根据已知的输入样本 x 用统计方法来估计这些样本及其输出 y 的联合分布。有了联合分布 $P(x,y)$，根据贝叶斯定理，$P(y|x)= P(x,y)/ P(x)$，在得知 $P(x)$（训练集数据的概率分

布）的情况下，就可以得到相应的条件分布 $P(y|x)$。因此生成模型不仅可以用于图像的生成，还可以和判别模型一样用于图像的分类。

对于给定的一批训练图像，生成模型可以自动学习到其内部分布，能够"解释"给定的训练图像，同时生成新的类似训练图像的样本，这就是所谓的数据"生成"。与庞大的真实数据相比，概率生成模型的参数的数量要远远小于数据的数量。因此，在训练过程中，生成模型会尽力挖掘数据背后更为简单的统计规律，从而生成类似的数据。

上述生成模型产生数据的方法称为生成方法，因为生成模型表示了给定输入 x 产生输出 y 的生成关系。生成模型在 GAN 出现前已有，除 GAN 生成模型外，还有传统的朴素贝叶斯模型、高斯混合模型（Gaussian Mixture Model，GMM）、隐马尔可夫模型、自回归模型（Auto-Regressive Model）、变分自编码器模型等。这些生成模型都有各自的优缺点，其中 GAN 的生成模型以其新颖的生成方式、逼真的输出数据受到了广泛关注。

2. 显式和隐式密度函数

所有生成模型的理论都建立在极大似然估计的基础上，它们可分为两大类：一类是显式密度模型（Explicit Density Model），需要定义概率密度函数；另一类是隐式密度模型（Implicit Density Model），无须定义明确的概率密度函数。主要的生成模型如表 6-1 所示。

表 6-1　主要的生成模型

理论基础	密度函数	特点	实例
极大似然估计	显式密度	易处理密度	Fully Visible Belief Nets、NADE、MADE、pixelRNN、非线性 ICA
		近似密度	VAE
			马尔可夫链、Boltzmann Machine
	隐式密度	马尔可夫链	GSN（Generative Stochastic Network）
		直接	GAN

3. 当前主要的生成模型

这里重点介绍和 GAN 几乎同期提出的生成模型，包括在 2014 年出现的变分自编码器（VAE）、在 2016 年出现的两种逐像素的自回归神经网络 pixelRNN 和 pixelCNN。

1）自回归模型：pixelRNN 与 pixelCNN

像素循环神经网络（pixel Recurrent NN，pixelRNN）和像素卷积神经网络（pixelCNN）都属于自回归生成模型，它们的基本工作过程示意如图 6-8 所示。

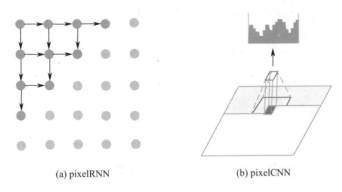

(a) pixelRNN　　　　　　　(b) pixelCNN

图 6-8　pixelRNN 和 pixelCNN 基本工作过程示意

自回归模型通过对图像数据的概率分布 $P_{\text{data}}(x)$ 进行显式建模，并利用极大似然估计优化模型。具体如下：

$$P_{\text{data}}(\boldsymbol{x}) = \prod_{i=1}^{n} P(x_i \mid x_1, x_2, \cdots, x_{i-1}) \tag{6-6}$$

其中，$\boldsymbol{x}$ 表示一幅图像的所有 n 个像素；x_i 表示图像的第 i 个像素。式（6-6）很好理解，在给定样本图像的像素 $x_1, x_2, \cdots, x_{i-1}$ 的条件下，所有 $P(x_i|x_1, x_2, \cdots, x_{i-1})$ 的条件概率乘起来就是图像数据的分布，相当于将预测一幅图像上所有像素的联合分布转换为对条件分布的预测。

如果使用 RNN 对上述似然关系建模，就是 pixelRNN。如图 6-8(a)所示，从图像的左上角像素开始，使用 RNN 方法，从上到下、从左到右（依赖已经生成的像素）逐个生成当前的新像素，直至遍历整幅图像。

如果使用 CNN，则是 pixelCNN。如图 6-8(b)所示，还是从左上角开始逐像素生成新的图像，当前像素依赖自己邻域内先前生成的像素，使用 CNN 方法训练极大化式（6-6）的似然函数来生成，直至遍历整幅图像。显然，不论是 pixelCNN 还是 pixelRNN，由于其像素值是一个个生成的，速度会很慢。

2）VAE

pixelCNN 和 pixelRNN 生成模型定义了一个易于处理的密度函数，可以直接优化训练数据的似然。对于 VAE 生成模型，我们定义的是一个不易处理的密度函数，通过附加的隐变量 z 对密度函数进行建模。关于 VAE 的原理我们在第 4 章中已有介绍，这里仅作为和 GAN 模型的对比而予以简单说明。

在 VAE 中，真实样本图像 x 通过编码网络计算出均值和方差，加上随机噪声，形成隐变量空间，假设隐变量服从正态分布。然后通过采样得到隐变量 z 并由解码器（生成模型）重构出相似的图像。VAE 和 GAN 均学习了隐变量 z 到真实数据分布的映射。它们的不同之处在于：GAN 的思路比较直接，使用一个判别器去度量分布转换模块（生成器）的生成分布与真实数据分布的距离；VAE 则没有那么直观，VAE 通过约束隐变量 z 服从标准正态分布及重构数据实现分布转换映射 $x=G(z)$。

3）GAN 与 VAE 的结合

GAN 相比于 VAE 可以生成更加清晰的图像，但容易出现模式崩溃等问题。VAE 由于鼓励重构所有样本，所以不会出现模式崩溃问题。一个典型结合二者的系统是 VAE GAN，其具体结构如图 6-9 所示。

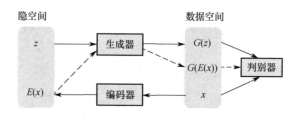

图 6-9　VAE GAN 具体结构

在图 6-9 中，生成器和判别器相当于系统的 GAN 部分，编码器和生成器相当于系统的 VAE 部分，这里生成器同时充当了 VAE 的解码器的角色。图中虚线箭头部分相当于 VAE 的数据流动方向。判别器负责鉴别来自训练集的真实图像 x、来自 VAE 的生成图像 $G(E(x))$ 及来自 GAN 的生成图像 $G(z)$。

4. 生成模型对比

针对图像生成模型，总体来说就是要让生成图像的像素的联合分布和训练集中图像的像素的联合分布相近。具体来说，图像生成模型可以根据模型对像素分布的预测情况进一步分为当下最流行的三种图像生成模型：自回归模型（pixelRNN 和 pixelCNN）、VAE、GAN。

自回归模型通过对概率分布显式建模来生成数据。VAE 和 GAN 均是假设隐变量 z 服从某种分布，并学习一个映射 $x=G(z)$，实现隐变量分布与真实数据分布 $P_{data}(x)$ 的转换。其中，GAN 使用判别器来度量映射 $x=G(z)$ 的优劣，而 VAE 通过隐

变量 z 与标准正态分布的 KL 散度和重构误差实现度量。

6.3.2　判别模型

判别模型的作用是对输入数据 x 进行判断，例如，判别输入的手写阿拉伯数字图像是 0、1……还是 9；GAN 的判别模型判断输入的是真实的图像还是模型生成的图像。判别模型还有其他一些判别用途，但类型判别是最为常用的一类。

判别模型一般可以通过学习得到决策函数 $y=f(x)$ 或者条件概率 $P(y|x)$ 以寻找不同类别之间的最优划分，反映的是不同类别的数据之间的差异，或者属于不同类别的概率。这里 x 表示输入数据，y 表示 x 所属的类别。一旦判别模型训练成功，在使用中只需将测试数据输入该模型，相应的输出就表示输入数据所属的类别信息或概率。

1．决策函数判别方法

决策函数判别是一种确定性的判别方法，可通过训练图像集（有标签）中图像的特征来确定特征空间中不同类别的分界线，即知道不同类别的不同之处。此后在输入新的待判决图像时，该模型根据其特征落在哪个类别的范围内，判定它的所属类别。

例如，对于决策函数 $y=f(x)$，输入一个 x，它就输出一个 y，将这个 y 与一个阈值比较，根据比较结果判定 x 属于哪个类别。如在二分类（c_1 和 c_2）问题中，如果 y 大于阈值（界线），x 就属于 c_1 类；如果小于阈值，x 就属于 c_2 类，这样就得到了 x 对应的类别。

典型的决策函数判别方法有 SVM、决策树、感知机、k-近邻（k-NN）等算法。

2．条件概率判别方法

条件概率判别是一种基于统计特性的判别方法，通过训练图像（特征）获得条件分布，即样本 x 属于类别 y 的概率分布 $P(y|x)$。对此后输入的待判别图像（特征），判别模型只需计算它属于各类别的条件概率，概率最大的那个类别就是该图像所属的类别，即使条件概率获得最大值时的类别 y^*：

$$y^* = \arg \max_y P(y|x) \tag{6-7}$$

典型的条件概率判别方法包括逻辑斯谛回归（Logistic Regression）模型、最大熵模型、提升（Boosting）方法等。

相对基于条件概率的分类方法而言，决策函数判别方法较为简单，它只需寻找不同类别的数据之间的差异，不需要知道这些数据的概率分布。但决策函数判别方法往往难以应对复杂的类别划分，因此 GAN 中的判别器多采用基于条件概率的判别模型。

3. 两种判别方法之间的联系

上述两种判别模型都可以实现针对给定的输入 x 判断相应的输出 y 的功能。

实际上，通过条件分布 $P(y|x)$ 进行判别，是隐含着表达成决策函数 $y=f(x)$ 的形式的。例如，对于 c_1 和 c_2 的二分类问题，在我们求得两个类别的条件概率 $P(c_1|x)$ 和 $P(c_2|x)$ 后，判别函数就可以表示为 $y=f(x)=P(c_1|x)/P(c_2|x)$，如果 y 大于 1，说明 $P(c_1|x)>P(c_2|x)$，那么 x 就属于 c_1 类，如果 y 小于 1，那么 x 就属于 c_2 类。

再看决策函数判别方法，实际上，决策函数 $y=f(x)$ 也隐含着对条件概率 $P(y|x)$ 的使用。一般来说，决策函数 $y=f(x)$ 是通过学习算法使预测结果和训练数据之间的误差平方最小化的。虽然它没有显式地运用贝叶斯或其他形式的概率计算，但它实际上先假设所有模型有相等的先验概率，再隐含地利用极大似然原理。

4. 其他判别方法

还有一类更直接的分类方法，它不用事先设计分类器，而只需确定分类原则，根据已知的训练样本直接对待测试的样本进行分类。如前面介绍过的 k-NN 分类法，它不需要在进行具体的预测之前求出概率模型 $P(y|x)$ 或者决策函数 $y=f(x)$，而是在真正预测的时候，将 x 与训练数据的各类数据进行比较，按照某种相似性规则来决定它和哪一类训练数据比较相似，就判断它属于对应类。

6.3.3 生成模型和判别模型的关系

生成模型和判别模型之间既有差别，也有联系，各有其用。判别模型只关注不同数据之间的差异，比较简单，也比较容易学习；生成模型比较全面地关注数据的统计特性，获得的信息量要比判别模型更丰富，不但可以用于新数据的生成，而且可用于数据的判别，当然，其学习和计算过程也比较复杂。

相比较而言，生成模型更具优势，即使没有标签，也有可能理解和解释输入数据的基本结构。这是非常有用的，因为对大量数据进行标记是非常不容易的，而未标记的数据相对是非常丰富的。在以往的神经网络中，判别模型和生成模型基本上是单独使用的，而在 GAN 中，则将两者联合竞争使用。

1．生成模型和判别模型的联系

从模型的用途上看，生成模型可用于生成新的数据，也可用于判别输入数据的类型。由生成模型可以得到判别模型，但由判别模型无法得到生成模型。

从结果角度进行比较，生成模型的处理过程会告诉我们关于数据的更多的统计信息，如联合分布 $P(x,y)$ 等，更接近数理统计学方法；判别模型则通过一系列处理得到结果，这个结果可能是用概率表示的，也可能不是。例如，决策树中的"if…then…"表示"如果……就……"，即为一种分支判断方式；在朴素贝叶斯中，模型生成了一个联合分布 $P(c,x)$，我们往往没有意识到或没用到，只用到条件概率 $P(c|x)$ 这个最终的判别依据，这里 x 表示样本，c 表示对应的类别。

2．生成模型和判别模型的优缺点

在有监督学习中，两种方法各有优缺点，适合于不同条件下的学习问题。

1）生成模型的优点

相比较而言，生成模型获得的信息要比判别模型丰富，有更强的解释力，研究单类问题比判别模型灵活性强，模型可以通过增量学习得到，能用于数据不完整的情况。

生成模型给出的是联合分布 $P(c,x)$，不仅能够由联合分布计算条件分布 $P(c|x)$（反之则不行），还可以给出其他信息，如可以使用 $P(x)=\sum_i P(x|c_i)P(c_i)$ 来计算边缘分布 $P(x)$。如果一个输入样本的边缘分布 $P(x)$ 很小，那么可以认为学习出的这个模型可能不太适合对这个样本进行分类，分类效果可能不好。

生成模型能够应对存在隐变量的情况，如混合高斯模型就是含有隐变量的生成方法。当样本数量较多时，生成模型收敛速度较快，能更快地收敛于真实模型。

2）生成模型的不足

生成模型的主要不足之处是学习和计算过程比较复杂。联合分布能提供更多的信息，但也需要更多的样本和更多计算，尤其为了更准确地估计类别条件分布，需要增加样本的数量，而且类别条件概率的许多信息是我们在进行分类时用不到的，因而如果我们只需要做分类任务，就浪费了计算资源。另外，生成模型虽然可用于判别，但实践中在多数情况下判别模型效果更好。

3）判别模型的优点

判别模型分类边界灵活，相比概率方法更方便，能清晰地分辨出类间的特征差异。由于判别模型直接学习决策函数 $c=f(x)$ 或条件分布 $P(c|x)$，比生成模型节省计算资源，需要的样本数量也少，比较容易学习，而且准确率往往较生成模型高。

由于直接学习 $P(c|x)$，不需要求解类别条件概率，所以允许我们对输入数据进行一些提炼处理，如降维、排序等，从而能够简化学习问题。

4）判别模型的不足

判别模型不能反映训练数据本身的统计特性。

3. 联合概率和条件概率举例

这一部分算作补充材料。为了更好地理解判别模型和生成模型，需要对随机变量的联合概率和条件概率有所了解。下面是一个离散数据分类方面的联合分布和条件分布的示例。

假设输入的特征数据为 x，它的分类标签为 c。已知特征数据 x 取值为 1、2 和 3，标签数据 c 的取值为 0 类和 1 类，现有形式为 (x,c)（特征,标签）的数据对样本：(1,0)，(1,1)，(2,0)，(2,1)，(3,0)，(3,1)。

生成模型学习到的联合分布 $P(x,c)$ 是

	$c=0$	$c=1$
$x=1$	1/6	1/6
$x=2$	0/6	1/6
$x=3$	1/6	2/6

由此可以得到联合分布：$P(x=1,c=0)=P(x=1,c=1)=P(x=2,c=1)=P(x=3,c=0)=1/6$，$P(x=3,c=1)=2/6$，$P(x=2,c=0)=0/6$。

判别模型学习到的条件分布 $P(c|x)$ 是

	$c=0$	$c=1$
$x=1$	1/2	1/2
$x=2$	0/2	2/2
$x=3$	1/3	2/3

由此可以得到条件分布：$P(c=0|x=1)=P(c=1|x=1)=1/2$，$P(c=0|x=2)=0/2$，$P(c=1|x=2)=2/2$，$P(c=0|x=3)=1/3$，$P(c=1|x=3)=2/3$。

实际上，条件分布 $P(c|x)$ 可以从上面的联合分布 $P(x,c)$ 中得到。

6.4 GAN 的工作过程

GAN 的工作过程可以分为两部分：前一部分是训练过程，后一部分是测试过

程。其中测试过程比较简单，在 GAN 训练完成后，输入不同的随机变量给生成器，就可获得新生成的（和目标数据分布相近的）数据（如图像），并且这一过程不需要用到判别器。因此 GAN 工作过程的重点是它的训练过程。训练过程主要涉及纳什均衡、对抗训练和训练流程三方面的问题，下面分别予以介绍。

6.4.1　纳什均衡

1. 博弈论与纳什均衡

"博弈论"亦名"对策论""赛局理论"，是运筹学中的一个重要分支。博弈论考虑竞争游戏中个体的预测行为和实际行为，并研究它们的优化策略。博弈论研究两种博弈方式，即"零和博弈"和"非零和博弈"。

零和博弈是一种非合作博弈方式，所有博弈方的利益之和为零或一个常数，即一方有所得，其他方必有所失。如分蛋糕问题，有人多则必然有人少，要达到平衡点（或者说最公平的方案），就得让切蛋糕的人最后选，这样至少在两个人分蛋糕的时候他会尽量让蛋糕分得平均。

非零和博弈是一种合作博弈方式，博弈中各方的利益或损失的总和不为零。

"纳什均衡"是由美国数学家、诺贝尔经济学奖获得者纳什（John Forbes Nash Jr）在 1950 年提出的博弈论中的一个概念："一个纳什平衡点是当其余参与者的策略保持不变时，能够令参与者的混合策略最大化其收益的一个 n 元组。"纳什均衡的概念广泛运用在经济学、计算机科学、人工智能、会计学、政策和军事理论等方面。

假设有 n 个局中人参与博弈，在给定其他人策略的条件下，每个局中人选择自己的最优策略（个人最优策略可能依赖也可能不依赖他人的战略），从而使自己的利益最大化。所有局中人的最优策略构成一个策略组合，纳什均衡就是指这样一种战略组合。即在给定别人策略的情况下，没有人有足够理由打破这种均衡。本质上，纳什均衡是一种非合作博弈状态下的平衡。

2. GAN 中的纳什均衡

在 GAN 系统中，判别器的职责是尽量正确判别输入数据是来自训练集的真实图像数据还是来自生成器产生的"伪图像"数据；生成器的职责则是尽量学习真实图像的分布，由此生成一个看起来非常真实的图像，也就是产生一幅很像真实样本的图像。在经过网络的初始化设置后，二者一起进行对抗训练：生成器生成一幅图像去"欺骗"判别器，然后判别器判断此图像是真是假，将判别结果的误差反传给生成器和判别器，各自改进网络参数，提高自己的生成能力和判别能力。如此反复，不断优化，二者的能力越来越强，最终达到稳态，或者说达到纳什均衡状态：生成器生成的图像达到以假乱真的程度，判别器已经无法分辨，训练结束。用训练好的生成模型通过输入不同的噪声就可以生成不同的新图像，而且与真实图像非常类似。

其实，图 6-3 也可以看作一个最简单的 GAN 模型纳什均衡状态的示意图。生成器 G（神经网络）将一个高斯分布或均匀分布的随机变量 z 进行概率分布变换后采样，得到一个生成数据 $x=G(z)$，x 的概率分布为 $P_g(x)$，和真实的数据分布 $P_{data}(x)$ 达到"纳什均衡"。其中 $x=G(z)$ 是一个高维变量，如图像。

6.4.2　对抗训练

我们已经多次说明，GAN 生成模型的训练目的就是要使得生成数据的概率分布和真实数据的分布尽量接近，然而在实际应用中是很难获得真实数据的分布的，我们能够得到的只是来自真实数据分布的采样，在此基础上进行训练和优化。不同于传统生成模型采用数据的似然性作为优化的目标，GAN 使用了另一种优化目标，引入了一个判别器进行对抗训练，优化过程就是寻找生成器和判别器之间的一个纳什均衡。

1. 对抗训练示例

这里以 Goodfellow 最初的 GAN 论文中的一插图为例，说明训练中 GAN 的生成网络是如何一步步从均匀分布中学习到正态分布的，如图 6-10 所示。图中点状线代表真实的数据分布 $P_{data}(x)$，服从正态分布；实线代表生成器 G 输出的模拟分布 $P_g(G(z))$，其随着训练的进行不断改变；虚线代表判别器 D 的判别输出 $D(x)$，也随输入变化；底部的一组箭头表示输入的均匀分布的随机变量 z 的变换情况。

在训练开始时，如图 6-10(a) 所示，判别器是无法很好地区分真实样本和生成样本的。接下来我们固定生成器，优化判别器，优化结果如图 6-10(b) 所示，这时判别器已经可以较好地区分生成数据和真实数据了。然后固定判别器，改进生成器，生成的图像分布与真实图像分布更加接近，试图让判别器无法区分生成图像与真实图像，见图 6-10(c)。在一轮生成器、判别器优化完成后，进行第二轮优化，如此不断进行，直到最终收敛，生成图像分布和真实图像分布重合，而判别器再也鉴别不出是真实数据还是由生成模型所产生的数据，见图 6-10(d)。

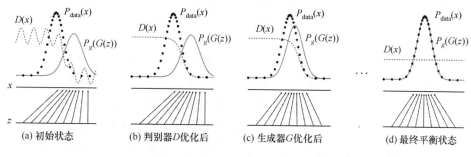

图 6-10　GAN 训练中数据分布的变化

2. 全局最优解和收敛性

GAN 对抗训练过程的本质就是利用神经网络求解复杂的或未知的数据分布问题，我们能够观察到的表象仅是对目标函数进行优化的过程，但目标函数的优化过程可以反映网络内在"运作"的程度。和不少最优化问题一样，GAN 的优化中也有一些理论问题和实际问题还未解决，其中最主要的就是全局最优解和收敛性的保证。

首先，GAN 的目标函数是存在全局最优解的，这个全局最优解可以通过一些简单的分析得到。在理想的条件下，如果固定生成器，那么判别器的最优解就是一个贝叶斯分类器。将这个最优解形式代入生成器，可以得到关于生成器的优化函数。通过简单的计算可以证明，当产生的数据分布与真实数据分布完全一致时，这个优化函数达到全局最小值。但实际上往往不能满足这些条件，因而，无法保证一定能确定和实现全局最优解的存在和获取。

其次，GAN 的对抗竞争是可以收敛的。如果生成器和判别器的学习能力足够强，两个模型是可以收敛的。但在实际中，有很多因素可能引起 GAN 的优化训练出现不稳定现象，怎样在训练中平衡两个模型、在什么情况下对抗竞争能够实现收敛等问题还在研究当中。

3. GAN 训练中的问题

下面简单说明一下 GAN 训练中存在的理论问题和实践问题及一些稳定训练的小技巧。由于 GAN 训练在 GAN 技术中是非常重要的一部分，第 8 章将具体分析这方面的问题。

1）理论问题

经典 GAN 的生成器有两种损失函数，分别是

$$E_{x \sim p_g}[\log(1 - D(x))] \tag{6-8}$$

$$E_{x \sim p_g}[-\log(D(x))] \tag{6-9}$$

使用式（6-8）作为损失函数：在判别器达到最优的时候，等价于最小化生成分布与真实分布之间的 JS 散度，由于随机生成分布很难与真实分布有"不可忽略的重叠"及 JS 散度存在突变特性，使得生成器面临"梯度消失"的问题。

使用式（6-9）作为损失函数：在最优判别器下，等价于既要最小化生成分布与真实分布的 KL 散度，又要最大化它们的 JS 散度，相互矛盾，导致梯度不稳定，而且 KL 散度的不对称性使得生成器宁可丧失多样性也不愿丧失准确性，容易导致模式崩溃问题。

2）实践问题

在 GAN 的训练实践中存在两个问题：其一，GAN 提出者 Ian Goodfellow 在理论中虽然证明了 GAN 是可以达到纳什均衡的，可在实际的实现中，我们是在参数空间内优化的，而非函数空间，这导致理论上的保证在实践中是不成立的；其二，GAN 的优化目标是一个极小极大问题，即 $\min_G \max_D V(D, G)$，也就是说，在优化生成器的时候，最小化的是 $\max_D V(D, G)$，我们采用的是迭代优化的方法，要保证 $V(G, D)$ 最大化，就需要迭代非常多次，这就导致训练时间很长。

如果我们先迭代一次判别器，然后迭代一次生成器，再不断循环迭代。这样原本的极小极大问题就容易变成极大极小问题，但二者是不一样的，即

$$\min_G \max_D V(D, G) \neq \max_D \min_G V(D, G) \tag{6-10}$$

如果变化为极小极大问题，那么迭代就是这样的：生成器先生成一些样本，然后判别器给出错误的判别结果并惩罚生成器，于是生成器调整生成的概率分布。可是这样往往导致生成器变"懒"，只生成一些简单的、重复的样本，即缺乏多样性，出现模式崩溃问题。

3）稳定训练的小技巧

如上所述，GAN 在理论上和实践上都存在一些问题，导致训练过程十分不稳定，并且存在模式崩溃的问题。人们为稳定 GAN 训练提出了很多方法，以下 3 个小技巧可以用来稳定 GAN 的训练。

特征匹配（Feature Matching）：方法很简单，使用判别器某层的特征替换原始 GAN 损失函数中的输出，即最小化生成图像和真实图像分别通过判别器得到的特征之间的距离。

标签平滑（Label Smoothing）：GAN 训练中的标签非 0 即 1，这使得判别器预

测出的置信度（Confidence）倾向于更高的值。使用标签平滑可以解决该问题。具体来说，就是把标签 1 替换为 0.8～1.0 的随机数。

谱归一化（Spectral Normalization）：后来改进的 GAN，如 WGAN 和 Improve WGAN（后面的章节会介绍），通过施加 Lipschitz 条件来约束优化过程，谱归一化则对判别器的每层都施加 Lipschitz 约束，但是谱归一化相比于 Improve WGAN，计算效率要高一些。

6.4.3　训练流程

GAN 的判别器和生成器在训练优化过程中的结构与信号流向可以参考图 6-2。

1. 基本训练过程

GAN 的基本训练过程如图 6-11 所示。在噪声数据分布 z 中随机采样并输入生成器 G，生成一组伪数据，记为 $G(z)$；在真实数据分布中随机采样，记作 x；将前两步其中一步得到的数据作为判别器 D 的输入，因此判别器的输入为两类数据：真数据或伪数据。判别器的输出值为该输入属于真实数据的概率值，其值在 0～1，真数据趋于 1，伪数据趋于 0。

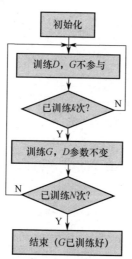

图 6-11　GAN 的基本训练过程

然后根据得到的概率值计算损失函数；根据判别器和生成器的损失函数，利用反向传播算法更新模型的参数。先更新判别器的参数，然后通过再采样得到的噪声数据更新生成器的参数。

在 D 固定的情况下，通过训练 G 使得 $P_g(x) \approx P_{data}(x)$，即在 G 生成的图像与真实图像非常接近的情况下获得 G^*。

GAN 训练的具体步骤如下。

初始化：D 的参数 θ_d，G 的参数 θ_g

训练 D（k 次），$\max\limits_{D} V(D, G)$

（1）从服从 $P_z(z)$ 分布的噪声集合中取出一小批（m 个）样本 $\{z^1, z^2, \cdots, z^m\}$；

（2）从服从 $P_{data}(x)$ 分布的真实数据集合中取出一小批（m 个）样本 $\{x^1, x^2, \cdots, x^m\}$；

（3）获得生成数据（m 个）样本 $\{\dot{x}^1, \dot{x}^2, \cdots, \dot{x}^m\}$，$\dot{x}^i = G(z^i)$；

（4）最大化下式，更新 D 的参数 θ_d：

$$\tilde{V} = \frac{1}{m}\sum_{i=1}^{m}\log D(x^i) + \frac{1}{m}\sum_{i=1}^{m}\log(1 - D(\dot{x}^i))$$

$$\theta_d \leftarrow \theta_d - \eta \nabla_{\theta_d}\tilde{V}(\theta_d)$$

训练 G（1 次），$\min\limits_{G}\{\max\limits_{D} V(D, G)\}$

（1）从服从 $P_z(z)$ 分布的噪声集合中另取出一小批（m 个）样本 $\{z^1, z^2, \cdots, z^m\}$；

（2）最小化下式，更新 G 的参数 θ_g，

$$\tilde{V} = \frac{1}{m}\sum_{i=1}^{m}\log D(x^i) + \frac{1}{m}\sum_{i=1}^{m}\log(1 - D(G(z^i)))$$

$$\theta_g \leftarrow \theta_g + \eta \nabla_{\theta_g}\tilde{V}(\theta_g)$$

训练步骤中的 ∇ 表示求梯度运算。k 步 D 训练、1 步 G 训练为一轮（Porch）训练，整个 GAN 训练需要若干轮（常常需要成千上万轮）。

2. 训练过程的说明

GAN 中的生成器与判别器是相互独立的两个模型，训练采用的原则是单独、交替、迭代训练。先单独训练判别器若干次，再单独训练生成器一次，此为一轮交替，总共迭代训练若干论，最终完成任务。

在完成判别器和生成器各自的初始化后，GAN 训练正式开始，具体过程如下。

1）训练判别器（k 次）

在此期间，生成器不参与。

（1）给生成器一组随机数组输入，输出一组假的样本集。因为现在生成器处于初始状态，导致生成的样本不太好，将很容易被判别器判别为假样本（概率值远小于 1）。

（2）现在有了这组假样本集，而真样本集一直都有，我们再人为地给真、假样本集贴上标签。一般默认真样本集的样本类标签为 1，对假样本集的样本类标签为 0。因为我们希望判别器对真样本集的输出尽可能为 1，对假样本集则尽可能

为 0。重申一下，判别器输出 0～1 的数，表示输入样本为真的概率。

（3）现在有了真样本集及其"标签"（都是 1）、假样本集及其"标签"（都是 0）。这样一来，判别器就可以根据样本的"标签"知道数据来源，通过标签值和输出概率值之差为判别器的 BP 环路提供误差信息，最大化目标函数，促使判别器的优化。

2）训练生成器（1 次）

在此期间，判别器参与，但它的参数不变。

（1）对于生成器，我们的目的是生成尽可能逼真的样本，这也是 GAN 的根本目的。

（2）生成器的生成样本的真实程度只能通过判别器获取，所以在训练生成器时，需要联合判别器才能达到训练目的。

（3）生成器的训练其实是将生成器和判别器串联起来进行的，因为如果只使用生成器，无法得到误差信息，也就无法训练，但在此期间需要固定判别器的参数。

（4）另取一组噪声数据 z，输入生成器后生成了假样本，把这些假样本的标签都设置为 1，即认为这些假样本在生成器训练的时候是真样本。

（5）现在有了生成的样本集（只有假样本集，没有真样本集），有了给定的标签（全为 1），就可以开始对生成器进行训练了：将此时的生成样本输入判别器，尽管给出的标签为 1，但一般判别器肯定会给出小于 1 的判别结果，这样通过判别器来产生误差，样本越假误差越大。将此误差反传给生成器，使生成器调整自己的模型参数，逐渐提高假样本逼近真样本的程度。

（6）在训练这个串接网络时，一个很重要的操作是固定判别器的参数，不让判别器的参数更新，只让判别器将误差传给生成器，更新生成器的参数。

在生成器训练完成后，就可以用新的生成器对先前的噪声 z 生成新的假样本了，不出意外，这次生成的假样本会更真实。有了新的假样本集，就又可以重复上述过程了。整个过程就是单独、交替、迭代训练。可以定义一个迭代次数，迭代到一定次数后停止即可。在一般情况下，随着迭代次数的增加，生成的假样本会越来越真实。

有一点补充说明，上面提到，输入判别器的数据都是加了标签的数据，好像基本 GAN 是"有监督学习"网络了。但是，这里的标签和一般分类器中的标签的含义是不同的。一般有监督分类器的标签和输入图像的内容有关，如这幅图像标签为"猫"类，那幅图像标签为"狗"类……而这里的标签仅仅标明图像的来源（是来自训练图像数据集还是来自生成图像数据集），本质上算不上真正的"标签"，它和图像内容的类别无关，因此基本 GAN 仍然属于无监督学习网络。

第7章
GAN 的目标函数

在信号处理（包括图像处理）中，我们可以用神经网络解决许多问题，如新图像的生成、图像的高分辨率重建、文本到图像的转换等，而这些都会涉及目标函数。目标函数并不是直接解决问题的函数，也就是说，从目标函数本身并不能得到一个新的图像，也不能直接提高一幅图像的分辨率。这些直接的工作是由神经网络本身来完成的，而神经网络要完成这些任务必须经过训练，网络训练得好，网络所承担的任务就完成得好。在网络训练中，网络从初始状态逐步改进到最佳状态，那么用什么来衡量网络训练状态的"好"与"坏"呢？目标函数就是用来衡量网络训练状态的，目标函数的优化实质上反映的是神经网络的训练优化过程，在一般情况下，目标函数达到极大值（或极小值）就说明神经网络达到了最好的状态。

基于统计信号处理问题的神经网络，在网络结构确定后，网络训练问题常常可归结为目标函数的优化问题。GAN 自然也不例外，在目标函数达到最优时（如取得极大值或极小值），网络的状态往往也进入最好的状态，这种状态下的神经网络能够处理我们要求解决的问题。

在一般情况下，当谈到 GAN 的训练优化时，常会涉及两个概念，即目标函数（Objective Function）和损失函数（Loss Function），而且经常不加区别。这里简单说明一下：损失函数一般针对单个样本测量其惩罚值，常和预测值与真实值之间的差异有关，如用于线性回归的平方损失函数 $L(f(x_i|\theta),y_i)=(f(x_i|\theta)-y_i)^2$ 等。

在应用中，常把针对总体的平均损失函数称为代价函数（Cost Function），如用于分类器的均方误差（Mean Squared Error，MSE）代价函数 $MSE(\theta) = \frac{1}{N}\sum_{i=1}^{N}(f(x_i \mid \theta) - y_i)^2$ 等。至于目标函数，通常指在机器学习训练过程中优化的任何函数。例如，基于训练集数据生成极大似然估计（Maximum Likelihood Estimate，MLE）的概率就是一种十分常用的目标函数。总之，在机器学习训练中，平均损失函数（常简称损失函数）有可能是目标函数的一部分，也可能是目标函数的全部，即损失函数有时就是一种目标函数，从而会出现某个函数既是损失函数又是目标函数的情况。本书在这方面也没有严格区分。

随着 GAN 技术的出现和发展，出现了多种不同的目标函数。我们主要介绍的是基本 GAN 的目标函数。弄清楚基本的目标函数的原理，有助于理解基本目标函数的变形及其他类型的目标函数。为此，本章的第 1 节介绍有关数据信息度量和熵值的概念；第 2 节介绍度量数据分布差异的散度概念，包括 KL 散度、JS 散度、f 散度；第 3 节落实到 GAN 目标函数及其优化的问题上。

7.1　数据的信息熵

GAN 系统的实现基础是计算机和 ANN，GAN 的理论基础主要是概率论与数理统计、函数优化和 ANN 算法等。其中最基础的是随机数据的概率分布、统计特性和信息熵等方面的知识，这里只进行一些简单的介绍。

7.1.1　随机变量

在日常生活中，发生的事件或出现的现象可分为确定发生/出现的和随机发生/出现的两类。对随机事件中数量进行描述的变量就是通常所说的随机变量，如某批电子元器件的寿命长短就是一个随机变量，不同个体的寿命长短并不相同；某地区年降雨量的多少也是一个随机变量，随着年份的不同而有所不同。可见，随机变量是对随机事件结果的数量化，它的每个取值都对应某一随机事件。虽然随机变量的每次实验或测量是随机的，但多次实验或观测所得的结果具有一定的内在统计规律性。

1．随机变量的概率分布

随机变量往往是和随机事件发生的概率相关联的，对随机变量的分析可以通过其概率分布或概率密度来进行。至于随机事件的概率，简单地说，就是该随机事件发生的不确定性的程度，或者说发生可能性的大小。例如，某事件的发生有15%的可能性，则称该事件发生的概率为 0.15；如果有 90%的可能性，则称其概率为 0.9。因此，我们用 0～1 的数来表示随机事件发生的概率（可能性），数字越大可能性也越大；概率等于 1 表示该随机事件必然发生；概率等于 0，则表示该事件一定不会发生。

和确定性变量类似，随机变量大致可分为离散型随机变量和连续型随机变量两大类。为了适应现代计算机运算的要求，在大多数的情况下，都需要将连续型随机变量转化为等效的离散型随机变量来处理。

在一般情况下，随机变量常用大写字母表示，如 X、Y、Z 等，可以是连续型的，也可以是离散型的。而随机变量的具体取值，常用小写字母表示，如 x、y、z 等。

连续型或离散型随机变量 X 的概率累积分布函数（Cumulative Distribution Function，CDF），常简称概率分布函数或分布函数，定义为 x 的函数 $F(x)$：

$$F(x) = P(X \leqslant x), \quad -\infty < x < \infty \tag{7-1}$$

其中，$P(X \leqslant x)$ 表示随机变量 X 的取值小于等于 x 的概率；$F(x)$ 的值域为 0～1，为右连续、单调、非减函数。简记 $X \sim F(x)$，其中符号"$\sim$"表示服从某种分布，这里表示随机变量 X 服从 $F(x)$ 分布。

连续型随机变量的概率密度函数（Probability Density Function，PDF）定义为 $f(x)$，是累积分布函数的微分：

$$f(x) = F'(x), \quad f(x) \geqslant 0 \ ; \quad \int_{-\infty}^{+\infty} f(x)\mathrm{d}x = 1 \tag{7-2}$$

离散型随机变量的概率分布律函数，或称概率质量函数（Probability Mass Function，PMF）定义为 p_i：

$$p_i = P(X = x_i), \ i = 1, 2, \cdots ; \quad \sum_{i=1}^{\infty} p_i = 1 \tag{7-3}$$

其中，$P(X = x_i)$ 表示随机变量 X 的取值等于 x_i 的概率；X 所有取值的概率之和等于 1。

连续型随机变量的概率分布函数和概率密度函数之间的关系为

$$F(x) = P(X \leqslant x) = \int_{-\infty}^{x} f(t)\mathrm{d}t \tag{7-4}$$

离散型随机变量 X 的概率分布函数和概率分布律函数之间的关系为

$$F(x) = P(X \leqslant x) = \sum_{x_i \leqslant x} p_i \tag{7-5}$$

以上给出的是一维随机变量的概率函数的定义，可以按照同样的思路推广到多维（甚至高维）随机变量的情况中。多维随机变量也称为随机矢量或随机向量。

2．随机变量的统计特征

如上所述，随机变量的"分布函数"是指连续型随机变量或离散型随机变量的概率累积分布函数或概率分布函数。在不太严格或不会引起误解的情况下，连续型随机变量的概率密度函数和离散型随机变量的分布律函数也常称为"分布"。

随机变量的分布函数全面地反映了随机变量的统计规律，利用分布函数可以很方便地计算各种事件的概率。但在实际应用中，常常并不需要全面了解或根本无法了解随机变量的分布情况，只需知道一些能反映随机变量特征的指标就能解决问题，这些指标便是随机变量的数字特征。随机变量的统计特征有多种，下面简单介绍最常用的 4 种。

1）数学期望

若离散型随机变量 X 取值 $x_1, x_2, \cdots, x_n$ 的概率依次为 $p_1, p_2, \cdots, p_n$，则随机变量 X 的数学期望（Expectation）可用 $E(X)$ 表示，定义如下：

$$E(X) = \sum_{i=1}^{n} x_i p_i \tag{7-6}$$

由式（7-6）可知，数学期望实际上是随机变量以概率为权的加权平均值，因此也常称为均值。

对于连续型随机变量 X，若其概率密度函数为 $p(x)$，相应的数学期望的定义如下：

$$E(X) = \int_{-\infty}^{\infty} x p(x) \mathrm{d}x \tag{7-7}$$

2）函数的数学期望

随机变量的函数值也是随机变量，因此也有数学期望。设 $Y = g(X)$ 是随机变量 X 的函数，则离散型和连续型随机变量 Y 的数学期望分别为

$$E(Y) = E(g(X)) = \sum_{i=1}^{n} g(x_i) p_i \tag{7-8}$$

$$E(Y) = E(g(X)) = \int_{-\infty}^{\infty} g(x)p(x)\mathrm{d}x \qquad (7\text{-}9)$$

3）方差和标准差

随机变量的数学期望只能反映它的平均取值，并不能反映随机变量取值的离散程度，即与其数学期望之间的差值。在实际问题中，常常需要知道随机变量取值的离散程度。反映这一数字特征的量就是方差（Variance），记为 $D(X)$。离散型和连续型随机变量的方差都可以用式（7-10）表示，只不过在求数学期望时有离散和连续之分。

$$D(X) = E(X - E(X))^2 \qquad (7\text{-}10)$$

由式（7-10）可以看出，随机变量的方差总是非负的，即 $D(X) \geqslant 0$。另外，从 $D(X)$ 的定义可以看出，它与随机变量 X 的量纲并不一致。在实际应用中，为了保持 $D(X)$ 和 X 的量纲一致，常常使用 X 的均方差或标准差（Standard Deviation），即方差的算术平方根，常记为 σ_X，即

$$\sigma_X = \sqrt{D(X)} \qquad (7\text{-}11)$$

4）协方差与相关系数

上述数学期望和方差都是针对单个随机变量而言的，这里介绍的协方差（Covariance）和相关系数则是针对两个随机变量之间的关系而言的。设 (X,Y) 为二维随机变量，则 X 与 Y 的协方差定义为 $\mathrm{Cov}(X,Y)$：

$$\mathrm{Cov}(X,Y) = E[(X - E(X))(Y - E(Y))] \qquad (7\text{-}12)$$

若 $D(X)>0$、$D(Y)>0$ 且 $\mathrm{Cov}(X,Y)$ 存在，则可定义随机变量 X 与 Y 的相关系数为 $\rho(X,Y)$ 或 $\rho_{X,Y}$，即

$$\rho(X,Y) = \frac{\mathrm{Cov}(X,Y)}{\sqrt{D(X)\cdot D(Y)}} = \frac{E[(X-E(X))(Y-E(Y))]}{\sqrt{D(X)\cdot D(Y)}} \qquad (7\text{-}13)$$

7.1.2 信息量和信息熵

现在人们常说"大数据给我们带来了海量的信息"，那么什么是信息呢？信息又如何度量呢？信息论奠基人香农（Shannon）认为"信息是用来消除随机不确定性的东西"。在对信息的定量分析中，信息量（Information Quantity）和信息熵（Information Entropy）就是衡量信息消除不确定性的程度的度量。

1．信息量

假设有离散型随机变量 X，其概率分布律函数为 $p_i=P(X=x_i)$，那么，单个事件 $x_i \in X$ 的信息量（又称香农信息量，单位为比特）定义为

$$I(x_i) = -\log_2 p_i \qquad (7\text{-}14)$$

可见，对离散型随机变量而言，事件 x_i 的信息量和其概率 p_i 有关，p_i 越大，其不确定性越小，信息量 $I(x_i)$ 也越小，说明该事件越有可能发生，事件一旦发生，它带给我们的信息量并不大，差不多在预料之中；相反，p_i 越小，其不确定性就越大，信息量 $I(x_i)$ 也越大，说明该事件越没有可能发生，事件一旦发生，它带给我们的信息量就很大，基本在预料之外。连续型随机变量 X 的信息量和其概率密度函数 $p(x)$ 有关，可以参照离散情况来定义，但是它的物理意义和离散情况有所不同。

2．信息熵

信息量度量的是一个具体事件发生所带来的信息，而熵（Entropy）则考虑该随机变量的所有可能取值，即所有可能发生的事件所带来的信息量的期望（平均）。

根据香农信息熵公式，对于任意离散型随机变量 $x \in X$，其分布律函数为 $P(X=x)=P(x)$，即 $X \sim P(x)$。那么对随机变量 X 所有取值信息量的总体"平均"（数学期望）定义为 X 的信息熵 $H(X)$：

$$H(X) = -E_{X \sim P(x)}[\log_2 P(x)] = -\sum_{x \in X} P(x)\log_2 P(x)$$

对于连续型随机变量，信息熵和概率密度函数 $p(x)$ 有关：

$$H(X) = -E_{x \sim p(x)}[\log_2 p(x)] = -\int p(x)\log_2 p(x)\mathrm{d}x \qquad (7\text{-}15)$$

信息熵的单位为比特/符号，这里所谓的"符号"就是随机变量 X。由于随机变量的概率总是小于 1 的，所以 X 的信息熵 $H(X) \geqslant 0$。信息熵 $H(X)$ 其实就是信息量 $I(x_i)$ 的数学期望，表示随机变量 x_i 的无序混乱程度，x_i 越混乱，随机性越强，$H(X)$ 越大。此外，为了保证 0 概率时熵值的有效性，这里约定当 $p(x) \to 0$ 时，有 $p(x)\log p(x) \to 0$。

举例说明，假设 X 服从 $\{0,1\}$ 分布，即只有两种可能取值，其概率分别为 $P(X=0)=p$ 和 $P(X=1)=1-p$，那么有

$$H(X) = -p\log_2 p - (1-p)\log_2(1-p) \qquad (7\text{-}16)$$

式（7-16）为 $\{0,1\}$ 分布的信息熵，与概率 p 的大小有关。

对于{0,1}分布的随机变量，现在再来看不同的概率 p 对熵值的影响。什么 p 值会使其熵值达到最大？$H(X)$ 对 p 求导并令其等于 0，此时的 p 值就是使 $H(X)$ 获得最大值的概率：

$$\frac{\partial H}{\partial p} = -\left(\log_2 p + p\frac{1}{p}\right) - \left[-\log_2(1-p) - (p-1)\frac{1}{p-1}\right] = 0$$

得到 $p=1-p$，即 $p=0.5$。可见当 X 的两种取值的概率相等时，X 的信息熵最大，也就是 x_i 的无序程度最大，我们也最无法预料哪种情况发生。二值概率分布的情况可以推广到多值分布，其也是在等值分布的情况下熵值达到最大。

上述信息熵是数据服从单个分布的熵值，如果是两个分布，度量两个分布熵值之间关系的有相对熵、交叉熵等，其中相对熵又称为 KL 散度，在 GAN 的目标函数中起着关键作用，后面会单独介绍。

7.1.3　交叉熵

交叉熵（Cross Entropy）是表示同一个随机变量的两个单独分布之间的相似关系的一种度量函数。

1. 交叉熵定义

假设离散型随机变量 X 有两个单独的分布 $P(x)$ 和 $Q(x)$，则它们的交叉熵 $CE(P,Q)$ 定义如下：

$$CE(P,Q) = -E_{X \sim P(x)}[\log_2 Q(x)] = -\sum_{x \in X} P(x)\log_2 Q(x) \qquad (7\text{-}17)$$

如果连续型随机变量 X 有两个单独的密度函数 $p(x)$ 和 $q(x)$，则它们的交叉熵 $CE(p,q)$ 定义如下：

$$CE(p,q) = -E_{x \sim p(x)}[\log_2 q(x)] = -\int_x p(x)\log_2 q(x)\mathrm{d}x \qquad (7\text{-}18)$$

在分类器中，常常将交叉熵定义为分类器的损失函数。下面一例从分类器的角度直观地体现交叉熵作为损失函数的意义。

设分类器网络对于某一训练样本 $\{x_i\}$ 的预测输出的概率为 $\hat{y}(x_i)$（相当于交叉熵定义中的 Q），其标签概率（真实概率）为 $y(x_i)$（相当于交叉熵定义中的 P）交叉熵公式计算的结果表示 $\hat{y}$ 与正确答案 y 之间的错误程度，交叉熵的值越小，表示 $\hat{y}$ 越准确，与 y 越接近。

设包含 4 类训练数据的真实类别的概率分布律为 $y(x_i)$：{1/4，1/4，1/4，1/4}，某个 4 分类器对训练数据预测出的类别概率分布律为 $\hat{y}(x_i)$：{1/4，1/2，1/8，1/8}。

根据式（7-17），y 和 $\hat{y}$ 的交叉熵（4 分类器的损失函数）计算如下：

$$\mathrm{CE}(y, \hat{y}) = -\sum_{x_i \in X} y(x_i)\log_2 \hat{y}(x_i) = -\frac{1}{4}\log_2\frac{1}{4} - \frac{1}{4}\log_2\frac{1}{2} - \frac{1}{4}\log_2\frac{1}{8} - \frac{1}{4}\log_2\frac{1}{8} = \frac{9}{4}$$

假设另一个 4 分类器预测的概率分布 $\hat{y}$ 和 y 的分布一致，可以计算出在这种情况下两者的交叉熵等于 8/4，小于 9/4。因而可以断定后一个分类器的损失函数值小于前一个分类器，其分类性能要优于前者。

从这个例子可以看出，如果我们用交叉熵作为这个 4 分类器的目标函数，分类器根据损失函数值的大小来调整网络参数，如初始的损失=9/4，优化调整网络参数后损失=8/4，损失达到最小，网络进入最优状态。在此例中，8/4 是 y 分布的信息熵，交叉熵不可能小于此值。

2．二分类问题的交叉熵

基本 GAN 的判别器 D 是一个二分类模型，因此我们特别关注二分类问题的交叉熵。输入数据为 x，其类型可能为真（real），也可能为伪（fake）。分类器输出 $D(x)$ 是对输入 x 的判别结果，相当于 x 为真的概率，其值在 0～1，$D(x)$ 越接近 1 表示输入 x 越有可能为真，越接近 0 表示输入 x 越有可能为伪。

x 的对应标签为 y，其值为 0 或 1，可以看作 2 值概率，$y=0$ 表示输入的 x 为伪，$y=1$ 表示输入的 x 为真。经判别器分类输出，$D(x)=P(x=\text{real})$，则 $1-D(x)=P(x=\text{fake})$。

对于二分类数据，$y=y(x=\text{real})$ 表示真实的标签概率，$1-y=y(x=\text{fake})$ 表示非真实的标签概率，则某一样本 x_i 的交叉熵为

$$\mathrm{CE}_D(y_i, D(x_i)) = -\sum_{x_i=\text{real,fake}} y_i\log D(x_i)$$

$$= -y_i(x_i=\text{real})\log D(x_i=\text{real}) - y_i(x_i=\text{fake})\log D(x_i=\text{fake})$$

$$= -y_i\log D(x_i) - (1-y_i)\log(1-D(x_i)) \tag{7-19}$$

当有一批（N 个）样本对 $\{(x_1,y_1),(x_2,y_2),\cdots,(x_N,y_N)\}$ 时，所有样本的平均交叉熵 CEH_D 为

$$\mathrm{CEH}_D = -\frac{1}{N}\sum_{i=1}^{N} y_i\log(D(x_i)) - \frac{1}{N}\sum_{i=1}^{N}(1-y_i)\log(1-D(x_i)) \tag{7-20}$$

根据数学期望的定义，当 (x_i,y_i) 采样足够多（多到能够代表样本分布）时，有

$$\mathrm{CEH}_D = -E_{x\sim P_{\text{real}}(x)}[\log D(x)] - E_{x\sim P_{\text{fake}}(x)}[\log(1-D(x))] \tag{7-21}$$

7.2 数据分布的差异：散度

理论上，GAN 的目标就是生成和真实数据具有相同或相似分布的数据。如果真实数据的分布可以明确表述，那么生成同类数据就比较容易（成为在已知分布域中抽样的问题）。但是真实数据（尤其是高维数据）的分布往往非常复杂或无从知晓，在这种情况下，如何衡量两个数据概率分布或概率密度的相似程度就成为 GAN 优化的首要问题。常用的衡量方法就是利用各种散度（Divergence）或距离，如 KL 散度、JS 散度、f 散度。"散度"是比较专业化的用词，实际上就是度量两个不同分布之间的"距离"。

7.2.1 KL 散度

KL 散度（Kullback-Leibler Divergence，KLD）衡量一个随机变量的两个独立概率分布的相似程度，KL 散度越小，表示两个概率分布越接近。KL 散度又常称为相对熵（Relative Entropy）。

以离散型随机变量 X 为例，已知 $P(X=x)=p(x)$ 和 $Q(X=x)=q(x)$ 是 X 的两个不同的概率分布函数，则 P 对 Q 的 KL 散度定义为

$$KL(P\|Q) = \sum_i P(x_i)\log_2 \frac{P(x_i)}{Q(x_i)} \tag{7-22}$$

根据数学期望的定义，KL 散度又可以表示为两个对数函数的数学期望之差，即

$$KL(P\|Q) = E_{x\sim P(x)}\big(\log_2 P(x) - \log_2 Q(x)\big) \tag{7-23}$$

可以看出，KL 散度其实是随机变量 X 的两种概率分布 P 和 Q 比值的对数函数的期望，式（7-23）对于连续型随机变量也是适用的，只不过 P 和 Q 需要用相应的概率密度函数 p 和 q 表示。

可以证明，KL 散度总是大于等于 0 的，即 $KL(P\|Q)\geqslant 0$。因此常把 KL 散度看作不同分布之间距离的度量，尽管它并不严格符合距离定义的对称性要求，因为 KL 散度是非对称的，即 $KL(P\|Q)\neq KL(Q\|P)$。$KL(Q\|P)$ 为 $KL(P\|Q)$ 的反 KL 散度（Reverse KLD）。

同样是度量 X 的两个分布 P 和 Q 的差异，前文所讲的交叉熵和 KL 散度之间有什么关系呢？我们从 KL 散度的定义出发，进行如下简单的推导。

$$KL(P \| Q) = \sum_i P(x_i) \log_2 \frac{P(x_i)}{Q(x_i)} = \sum_i P(x_i) [\log_2 P(x_i) - \log_2 Q(x_i)]$$

$$= \sum_i P(x_i) \log_2 P(x_i) - \sum_i P(x_i) \log_2 Q(x_i) = -H(P) + \text{CEH}(P,Q) \qquad (7\text{-}24)$$

可以看到，交叉熵 $\text{CEH}(P,Q)$ 与 KL 散度（相对熵）之间仅相差一个 P 分布的信息熵 $H(P)$。当 P 分布一定时，就可以把 $H(P)$ 看作一个常数，此时交叉熵与 KL 散度在作用上是等价的（仅差一个常数），都反映了分布 P 和 Q 的相似程度。当 $P=Q$ 时，KL 散度取得最小值 0，交叉熵在 $P=Q$ 时取得最小值 $H(P)$。因此，在 P 分布一定（GAN 系统就是这样）的情况下，最小化 KL 散度和最小化交叉熵是等效的。

7.2.2　JS 散度

KL 散度可以度量两个分布 P 和 Q 之间的差异，但 KL 散度是不对称的，在实际使用中会带来一些不便。其实交叉熵也是如此。为了解决这种不对称的问题，人们又利用 KL 散度定义了另一种散度，即 JS 散度（Jensen-Shannon Divergence，JSD）。它可看作 KL 散度的对称版本，也表示 P 和 Q 两个分布之间的差异，定义如下：

$$JS(P(x) \| Q(x)) = \frac{1}{2} KL\left(P(x) \Big\| \frac{P(x)+Q(x)}{2}\right) + \frac{1}{2} KL\left(Q(x) \Big\| \frac{P(x)+Q(x)}{2}\right) \qquad (7\text{-}25)$$

从式（7-25）可以看出，JS 散度是对称的，将 P 和 Q 对调，等式右边不变。JS 散度的值域为 0~1，当 P 和 Q 完全相同时 JS 散度为 0，完全不同时则为 1。此外，在 7.3 节将会看到，GAN 的目标函数既可以用 KL 散度表示，也可以用 JS 散度表示，其本质是一样的。

7.2.3　f 散度

在概率统计中，f 散度（f-divergence）是一个函数，这个函数用来衡量两个概率密度 p 和 q 的区别，即衡量两个分布之间相似的程度。

$p()$ 和 $q()$ 是同一个概率空间中的两个概率密度函数，它们之间的 f 散度可定义如下：

$$D_f(p(x) \| q(x)) = \int q(x) f\left(\frac{p(x)}{q(x)}\right) dx \qquad (7\text{-}26)$$

其中，函数 $f()$ 满足两个条件：函数 $f()$ 是一个凸函数，$f(1)=0$。因此，f 散度不是唯一的，随着函数 $f(\ )$ 的不同而不同，相当于一种通用散度。如果 $f(x)=x\log x$，那就是 KL 散度。如果 $f(x)=-\log x$，则是反 KL 散度。f 散度中的 $f(\ )$ 可以有很多形式，具体如表 7-1 所示。

表 7-1 常见的 f 散度

度量	表达式	$f(u)$
总变差	$\frac{1}{2}\int\|p_{\text{data}}(x)-p_g(x)\|\,\mathrm{d}x$	$\frac{1}{2}\|u-1\|$
KL 散度	$\int p_{\text{data}}(x)\log\frac{p_{\text{data}}(x)}{p_g(x)}\mathrm{d}x$	$u\log u$
反 KL 散度	$\int p_g(x)\log\frac{p_g(x)}{p_{\text{data}}(x)}\mathrm{d}x$	$-\log u$
Pearson χ^2	$\int\dfrac{\left[p_g(x)-p_{\text{data}}(x)\right]^2}{p_{\text{data}}(x)}\mathrm{d}x$	$(u-1)^2$
Neyman χ^2	$\int\dfrac{\left[p_g(x)-p_{\text{data}}(x)\right]^2}{p_g(x)}\mathrm{d}x$	$\dfrac{(u-1)^2}{u}$
Hellinge 距离	$\int\left[\sqrt{p_{\text{data}}(x)}-\sqrt{p_g(x)}\right]^2\mathrm{d}x$	$\left(\sqrt{u}-1\right)^2$
JS 散度	$\frac{1}{2}\int p_{\text{data}}(x)\log\dfrac{2p_{\text{data}}(x)}{p_{\text{data}}(x)+p_g(x)}+p_g(x)\log\dfrac{2p_g(x)}{p_{\text{data}}(x)+p_g(x)}\mathrm{d}x$	$-(u+1)\log\dfrac{1+u}{2}$ $+u\log u$
a 散度	$\dfrac{1}{\alpha(\alpha-1)}\int p_{\text{data}}(x)\left[\left(\dfrac{p_g(x)}{p_{\text{data}}(x)}\right)^{\alpha}-1\right]-\alpha\left[p_g(x)-p_{\text{data}}(x)\right]\mathrm{d}x$	$\dfrac{1}{\alpha(\alpha-1)}[u^{\alpha}-1$ $-\alpha(u-1)]$

以 f 散度为目标函数的 GAN，即 fGAN 是一个具有一定"通用"意义的模型，它定义了一个框架，基于这个框架可以衍生出其他 GAN 模型。

最后关注一下 f 散度的非负性证明：因为 f( ) 是凸函数，根据 Jensen 不等式，$E(f(x)) \geqslant f(E(x))$，所以有

$$D_{\mathrm{f}}(p(x)\parallel q(x))=\int q(x)f\left(\frac{p(x)}{q(x)}\right)\mathrm{d}x \geqslant f\left(\int q(x)\frac{p(x)}{q(x)}\mathrm{d}x\right)=f(1)=0 \qquad (7\text{-}27)$$

这就是为什么 $f(\ )$ 函数需要满足两个条件。与 KL 散度类似，f 散度也不具备对称性，即 $D_{\mathrm{f}}(p\|q)$ 和 $D_{\mathrm{f}}(q\|p)$ 不一定相等。

7.3　GAN 目标函数及其优化

7.3.1　目标函数

1．目标函数的定义

目标函数是 ANN 训练中的一个重要函数，网络训练的效果常常用目标函数来衡量。为了更好地理解目标函数，我们依次介绍损失函数、期望损失和经验损失、结构风险，最后引入目标函数。

1）损失函数

在 ANN 中，网络模型可看作一种函数映射，将输入数据映射为输出数据。如在 GAN 中，生成器将输入的低维随机数据映射为输出的高维图像，判别器将高维的输入图像映射为低维的概率值（或其他值）。那么，如何判定这些模型功能的好坏呢？对于有监督方式（其他方式也类似），我们自然希望模型的输出准确率较高，即预测值和标准值之间的差距较小。

假设某神经网络相当于一个映射函数 $f(x)$，我们给定一个 x，网络会输出一个值 $f(x)$，这个输出的 $f(x)$ 与我们希望的标准值 y（如标签值）可能相同，也可能不同。我们用一个函数来度量这两者之间的差别程度，称此函数为损失函数。例如，我们可以定义标准输出 y 和模型输出 $f(x)$ 之间的平方误差 $L(y,f(x))=(y-f(x))^2$ 为一个损失函数。一般来说，模型的预测值和标准值相差越大，损失函数值也越大，表示预测越不准确，即所谓"损失"也越大。

2）期望损失（期望风险）和经验损失（经验风险）

损失函数是针对一次输入的预测结果的衡量，一次衡量具有一定的偶然性。为此，我们希望对整批数据的预测结果进行"平均"，这就是统计学中"期望"的概念，即"期望损失"（Expected Loss），或称期望风险（Expected Risk）、代价函数（Cost Function）。相对于损失函数描述的是单个训练数据的误差，期望损失描述的则是整个训练集所有损失的平均值，可用来度量平均意义下的模型预测能力。期望损失越小的模型，其整体预测差错越小，预测能力越强，属于性能良好的模型。期望损失 $R_{\exp}(\ )$ 在连续情况和离散情况下可分别定义如下：

$$R_{\exp}(f) = E_{p(x,y)}(L(y,f(x))) = \int_{x \times y} p(x,y)L(y,f(x))\mathrm{d}x\mathrm{d}y \qquad （7-28）$$

$$R_{\exp}(f) = E_{P(x,y)}L(y, f(x)) = \sum_{x,y} P(x, y)L(y, f(x)) \tag{7-29}$$

其中，$L(y, f(x))$ 是损失函数，$P(x, y)$ 是离散情况下模型输入、输出的联合分布，$p(x, y)$ 是连续情况下的联合密度函数。但是这个联合分布（或密度）是未知的，而且在实际应用中往往无法得到。

但在实际的网络训练中，我们有大量的训练数据。根据统计数据样本期望的性质，我们可以用具体训练数据的平均损失来近似代替期望损失，或称经验损失（Empirical Loss）、经验风险（Empirical Risk），即

$$R_{\text{emp}}(f) = \frac{1}{N}\sum_{i=1}^{N} L(y_i, f(x_i)) \tag{7-30}$$

其中，N 表示训练集中样本的数量。

这样一来，我们希望模型的损失达到最小，即相当于期望损失达到最小，由于期望损失在实际训练中难以获得，转而采用近似的经验损失，模型的经验损失最小就成为我们衡量训练网络误差性能的一个指标，网络的训练就是朝着经验损失最小化的方向进行的。

3）结构风险

在实际训练中，训练数据的经验损失函数最小化并不一定能保证对后续测试数据继续有效。因为它对训练数据拟合得太好，往往会过分迁就训练数据中的非重要特征，导致它在训练后真正测试中的效果可能并不好，这种情况称为过拟合。为了避免过拟合缺陷，在经验损失的基础上引入了结构风险（Structural Risk）函数，即

$$R_{\text{con}}(f) = \frac{1}{N}\sum_{i=1}^{N} L(y_i, f(x_i)) + \lambda J(f) \tag{7-31}$$

结构风险函数实际上是在经验损失的后面加了一项与网络模型的复杂度有关的正则化项 $J(f)$，λ 用于均衡经验损失和模型复杂度对结构风险的影响程度。函数 $J(f)$ 专门用来度量模型结构的复杂度，可以用 L_1 范数、L_2 范数来表示，模型 $f()$ 越复杂，复杂度 $J(f)$ 就越大。这样，我们在训练时的目标就是要在一定程度上控制网络的复杂度，防止出现过拟合问题，让结构风险函数最小化。

简单总结一下，在定义了模型的损失函数后，我们就可以定义平均意义上模型的期望损失和经验损失；考虑到需要避免过拟合，在期望损失或经验损失的基础上增加正则化项形成结构风险函数，也称为目标函数。如果不考虑正则化项，

仅期望损失（或经验损失）也可称为目标函数。

2. 常见的损失函数

损失函数是针对单个样本数据而言的，表示的是模型输出的预测值与样本真实值之间的差距。损失函数的种类繁多，一般可以依据实际待处理的问题而定，这里仅介绍包括 GAN 在内的神经网络应用中常见的几种损失函数。

（1）0-1 损失函数（0-1 Loss Function），定义如下：

$$L(y_i, f(x_i)) = \begin{cases} 1, & y_i \neq f(x_i) \\ 0, & y_i = f(x_i) \end{cases} \tag{7-32}$$

当预测值 $f(x_i)$ 与真实值 y_i 相等时，损失为 0；当预测值与真实值不相等时，损失为 1。

（2）平方损失函数（Quadratic Loss Function），定义如下：

$$L(y_i, f(x_i)) = [y_i - f(x_i)]^2 \tag{7-33}$$

平方损失表示预测值 $f(x_i)$ 与真实值 y_i 之差的平方，又称 L_2 损失函数，常用于回归等问题。

（3）绝对损失函数（Absolute Loss Function），定义如下：

$$L(y_i, f(x_i)) = |y_i - f(x_i)| \tag{7-34}$$

绝对损失与平方损失类似，表示预测值与真实值之差的绝对值，又称 L_1 损失函数，常用于回归等问题。

（4）对数损失函数（Logarithmic Loss Function），或称对数似然损失函数（Log-likelihood Loss Function），常用于分类等任务，定义如下：

$$L(y_i, P(y_i \mid x_i)) = -\log P(y_i \mid x_i) \tag{7-35}$$

对于样本 x_i，其真实值为 y_i，$P(y_i|x_i)$ 表示预测正确的概率。为了便于在多项概率相乘（如最大似然估计）的情况下使用，取其对数，变概率之间的相乘为对数概率的相加。由于是损失函数，所以预测正确的概率越高，其损失值应该越小，因此在对数前面加个负号。

（5）交叉熵损失函数（Cross-entropy Loss Function），常用于回归、分类等任务，如二分类交叉熵损失函数定义如下：

$$L(y_i, f(x_i)) = -y_i \log f(x_i) - (1 - y_i) \log(1 - f(x_i)) \tag{7-36}$$

（6）相对熵损失函数（Relative Entropy Loss Function），即 KL 散度，常用于度量目标分布和实际分布之间的差异。JS 散度、f 散度等也可用于此类度量。

3．基本 GAN 的目标函数

在基本 GAN 中，有两个相对独立的神经网络，即生成器和判别器，每个网络可以有自己的损失函数或期望损失。两个网络采用了交叉熵损失函数及对应的期望损失函数，并且将它们统一到一个公式中，成为优化的目标函数，以便于训练操作。

参照第 6 章的图 6-2，输入到生成器的随机噪声 z 服从 $P_z(z)$ 分布，生成器的输出数据为 $G(z)=x$，生成数据服从分布 $P_g(x)$。

输入判别器的可能是生成数据 $G(z)=x$，或称伪图像，其标签值为 0，生成数据 x 服从 $P_g(x)$ 分布；也可能是训练集中的真实数据，或称真图像，其标签值为 1，真实数据 x 服从 $P_{data}(x)$ 分布。判别器的输出是 x 的函数 $D(x)$，通常表示 x 为真实数据的概率。严格来说，生成数据和真实数据的符号应该是有区别的，如将生成数据标为 x'，但为了表示判别器并不知道输入的是哪一种数据，因而在不至于引起混乱的情况下，不对这两类数据的符号加以区别。

判别器的输出为 $D(x)$，$D(x)=P\{x=x_{real}\}$。$D(x)$ 值在 0~1，0 表示输入的肯定是伪图像，1 表示输入的肯定是真图像。$[1-D(G(z))]$ 表示输入是伪图像的概率，其值也在 0~1，但 1 表示肯定是伪图像，0 表示肯定是真图像。

1）判别器的损失函数

作为二分类判别器的 GAN 判别器常用交叉熵作为损失函数，并且 GAN 的损失函数都借助判别器的输出函数 $D(x)$ 表示。

对于判别器的某个输入数据 x_i，它的标签（或目标分布）值为 y_i，模型输出的概率值为 $D(x_i)$（输出分布），则这两个分布的交叉熵为

$$\mathrm{CE}_D(x_i) = -y_i\log(D(x_i)) - (1-y_i)\log(1-D(G(z_i))) \tag{7-37}$$

当输入的 x_i 是从训练集中取出的真图像时，$y_i=1$，$1-y_i=0$，我们只需考虑式（7-37）右边的第一项，$D(x_i)$ 为判别器的输出，表示输入 x_i 为真实图像的概率。我们的目的是让判别器输出的 $D(x_i)$ 尽量靠近 1，使得作为损失函数的 $\mathrm{CE}_D(x_i)$ 尽可能小。

当输入 x_i 为生成器输出的一幅伪图像 $G(z_i)$ 时，$y_i=0$，$1-y_i=1$，我们只需计算式（7-37）的第二部分。我们的目的是让判别器的输出 $D(G(z_i))$ 尽可能趋于 0，这样才能表示判别器是有鉴别能力的。此时 $1-D(G(z_i))$ 尽可能趋于 1，仍然希望损失函数 $\mathrm{CE}_D(x_i)$ 尽可能小。

从上面的分析可知，无论输入的 x_i 是真图像还是伪图像，我们都希望其交叉熵 $\mathrm{CE}_D(x_i)$ 的值越小越好，损失函数值越小表明判别器的判断越准确。

相对于判别器来说，这个损失函数其实就是输入为 x_i 时的交叉熵损失函数。对于一批数据的判别，我们需要求取它们的期望损失，即

$$\mathrm{CEH}_D(x) = -E_{x \sim P_{\mathrm{real}}} y \log(D(x)) - E_{z \sim P_z} (1-y) \log(1-D(G(z))) \qquad (7\text{-}38)$$

对于二分类的判别器而言，真实数据的标签 $y=1$，生成数据的标签 $y=0$，即 $1-y=1$。因此，判别器的期望损失可表示为

$$\mathrm{CEH}_D(x) = -E_{x \sim P_{\mathrm{real}}} \log(D(x)) - E_{z \sim P_z} \log(1-D(G(z))) \qquad (7\text{-}39)$$

对判别器而言，希望期望损失越小越好。在计算期望损失 $\mathrm{CEH}_D(x)$ 后，将误差梯度反传至判别器的输入端，对模型参数进行更新优化。这里反传的梯度可以使用常规的梯度或其他改进的梯度。在更新完判别器的参数后，再更新生成器的参数。

2）生成器的损失函数

对生成器来说，训练的目的是让 $G(z)$ 产生的数据尽可能和集中的数据分布一致，最好具有同样的数据分布。那么我们仍然采用判别器输出的 $D(x)$ 来建立生成器的损失函数：

$$\mathrm{CEH}_G(x_i) = -y_i \log(D(x_i)) - (1-y_i) \log(1-D(G(z_i))) \qquad (7\text{-}40)$$

因为在训练的过程中，判别器不更新，只作为一个判别模块使用，判别器的输入只有生成数据，即伪图像，因此此式（7-40）中的 $y_i \log(D(x_i))$ 是常数，和损失函数无关，可以去除，故生成器的损失函数可简化为

$$\mathrm{CEH}_G(x_i) = -(1-y_i) \log(1-D(G(z_i))) = -\log(1-D(G(z_i))) \qquad (7\text{-}41)$$

类似于判别器，生成器的期望损失为

$$\mathrm{CEH}_G(x) = -E_{z \sim P_z} \log(1-D(G(z))) \qquad (7\text{-}42)$$

优化生成器，就是要使生成器的期望损失最小。在判别器不更新的情况下，将由生成器产生的生成数据 $G(z)$ 送给判别器，并尽量使判别器输出概率值 $D(G(z))$ 趋于 1，即让判别器误认为输入的是真实数据。同时，由于 $D(G(z))$ 趋于 1，则 $1-D(G(z))$ 趋于 0，期望损失达到最大。对生成器而言，希望期望损失越大越好。在训练生成器期间，虽然判别器不更新，但仍然参与判别，将得到的误差梯度反传至生成器的输入端，对模型参数进行更新优化。

3）GAN 的目标函数

根据上述对判别器和生成器的损失函数的分析，可以看出，判别器的损失函数和生成器的损失函数并不矛盾，可以统一为一个损失函数，或称 GAN 的目标函数，它是 D 和 G 的函数 $V(D,G)$，可表示为

$$V(D,G) = -\text{CEH}_D(x) = E_{x \sim P_{\text{data}}(x)} \log D(x) + E_{z \sim P_z(z)} \log(1 - D(G(z))) \tag{7-43}$$

$$= E_{x \sim P_{\text{data}}(x)} \log D(x) + E_{x \sim P_g(x)} \log(1 - D(x)) \tag{7-44}$$

其中，E 表示数学期望。从式（7-43）到式（7-44）是需要证明的，我们稍后进行。

式（7-43）右边的第一项 $E_{x \sim P_{\text{data}}(x)} \log D(x)$ 与真实数据有关，表示真实数据 x 的损失函数 $\log(D(x))$ 的数学期望，其中 x 服从概率分布 $P_{\text{data}}(x)$。式（7-43）右边的第二项 $E_{z \sim P_z(z)} \log(1 - D(G(z)))$ 与生成数据有关，其中 z 服从 $P_z(z)$ 分布。

4）目标函数的优化

由上述对判别器和生成器的期望损失函数的分析可知：在训练判别器时，生成器不动，希望目标函数 $V(D,G)$ 的值越大越好，注意，$V(D,G)$ 等于负的 $\text{CEH}_D(x)$，有个负号；在训练生成器时，判别器不动，$V(D,G)$ 的第一项为常数，对优化没有影响，希望目标函数 $V(D,G)$ 的值越小越好，注意也有个负号。这样，对 GAN 系统的优化训练，就是最小化最大的目标函数，即

$$\min_G \max_D V(D,G) = E_{x \sim P_{\text{data}}(x)} \log D(x) + E_{z \sim P_z(z)} \log(1 - D(G(z))) \tag{7-45}$$

在 GAN 系统的训练过程中，生成器和判别器是分别、反复训练的。在训练完成后，我们只需使用生成器，输入不同的 z，即可生成不同的、与训练图像具有接近分布的新图像，基本上不再需要判别器的参与。

5）目标函数的统一

现有的 GAN 目标函数实际上已经将两个目标函数统一到一个表达式中了，或者说一个表达式可以作为两个训练的目标函数，这里我们再对此稍加解释。

我们知道，在 GAN 中，生成器和判别器是两个独立的神经网络，当然可以各自有其独立的目标函数，如判别器使用 $E_{x \sim P_{\text{data}}(x)} \log D(x)$，生成器使用 $E_{z \sim P_z(z)} \log(D(G(z)))$，但这样会给网络训练带来较多的麻烦。如果简单地将两个网络的目标函数统一在一个公式中，如

$$V(D,G) = E_{x \sim P_{\text{data}}(x)} \log D(x) + E_{z \sim P_z(z)} \log(D(G(z))) \tag{7-46}$$

让我们看看会发生什么情况：在训练判别器时，与生成器基本无关，认为生成器已经生成了假样本 $G(z)$。对于真实数据 x 的输入，与式（7-46）的第二项无关，希望得到的结果 $D(x)$ 越大越好，即希望式（7-46）的第一项越大越好；对于生成数据 $G(z)$ 的输入，和式（7-46）的第一项无关，则第二项的 $D(G(z))$ 越小越好。同样是优化生成器，同时要求第一项越大越好和第二项越小越好，这样就矛盾了，导致无法训练。所以把第二项的 $D(G(z))$ 改成 $1-D(G(z))$，也是越大越好，两者合起来形成式（7-43）的目标函数，在优化判别器时就可以单纯希望目标函数越大

越好。

在训练生成器时，与判别器基本无关，所以可把式（7-46）右边的第一项直接去掉，只剩和生成数据有关的第二项，所以这时希望 $D(G(z))$ 越大越好，但为了和判别器优化统一，等效为希望 $1-D(G(z))$ 越小越好。

将这两个优化模型合并起来，就得到了目标函数，其中既包含判别器的优化，也包含生成器的优化。这样，目标函数就体现出生成器与判别器是对抗的关系，生成器不断训练是为了以假乱真，判别器不断训练是为了区分二者。最终，生成器能够模拟出与真实数据非常相似的输出，而判别器已"无力"判断输入数据的真假。

6）实际的目标函数

式（7-43）的目标函数是理论化的，即所谓的期望损失是难以用于实际应用的。在实际应用中往往采用经验损失，即当数据量 N 大到一定程度时，可以使用均值来替代期望，即

$$V(D,G) = \frac{1}{N}\sum_{i=1}^{N}\log_2 D(x_i) + \frac{1}{N}\sum_{i=1}^{N}\log_2 (1-D(G(z_i)))\tag{7-47}$$

4. 目标函数优化简述

求目标函数的最优解，即求在 $V(D,G)$ 取得极小的极大值时的 D^* 和 G^* 的参数：

$$G^* = \arg\min_G[\max_D V(D,G)]\tag{7-48}$$

在训练开始后，先固定生成器，训练判别器：如果判别器能够正确判断，将真实数据尽量判为 1，将生成数据尽量判为 0，会使目标函数 $V(D,G)$ 的值尽量增大；反之，如果判别器出现错判，则会使 $V(D,G)$ 的值迅速减小。因此，调整判别器的参数，希望 $V(D,G)$ 值越大越好，达到极大值。经推导，当 $D(x)=D^*(x)$ 时 $V(D,G)$ 获得极大值，即

$$D^*(x) = \arg\max_D V(D,G) = \frac{P_{\text{data}}(x)}{P_{\text{data}}(x)+P_g(x)}\tag{7-49}$$

然后固定判别器，训练生成器。将 D^* 带入目标函数 $V(D,G)$ 后用 $C_g(x)$ 表示：

$$C_g(x) = \max_D V(D,G) = V(D^*,G)$$

$$= \text{KL}\left(P_{\text{data}}(x)\|\frac{P_{\text{data}}(x)+P_g(x)}{2}\right) + \text{KL}\left(P_g(x)\|\frac{P_{\text{data}}(x)+P_g(x)}{2}\right) - \log 4\tag{7-50}$$

其中，KL()为 KL 散度，表示同一变量 x 的两个概率分布的差异程度。

回看式（7-43），当 $D(x)$ 固定时，$V(D,G)$ 只和最右边的那一项有关。通过调整 $G(x)$，使 $D(G(x))$ 的输出更大才能更好地"骗过"判别器，等效于希望 $1-D(G(x))$ 或 $V(D^*,G)$ 或 $C_g(x)$ 的值越小越好，让判别器分不清真假数据。在式（7-50）中，KL 散度值总是大于 0 的，只有在两个分布相同时，KL 散度值到达最小值 0，可以证明，当 $P_{\text{data}}(x)=P_g(x)$ 时，$C_g(x)$ 取得极小值：

$$\max_G C_g(x) = \min_G[C_g(D^*,G)] = \min_G[\max_D V(D,G)] = -\log 4 \qquad (7\text{-}51)$$

这也是目标函数 $V(D,G)$ 所能取得的最好结果。此时由于 $P_{\text{data}}(x)=P_g(x)$，由式（7-49）可得 $D^*(x)=1/2$，表明判别器的输出为 0.5，分不清输入数据的真假。

进一步的理论研究可以证明，GAN 的目标函数是存在全局最优解的，最优化迭代是可以收敛的。简单的计算表明，当产生的数据分布与真实数据分布完全一致时，优化函数的最优解是 $V(D,G)$ 曲面上的一个鞍点（Saddle Point）。

为了不让烦琐的推导打断我们连贯的思维，这一小节对目标函数的优化进行了简述，下面两小节将分别详细分析判别器和生成器的优化过程。

7.3.2 判别器优化

在给定生成器的情况下，我们考虑最优化判别器。与一般基于 sigmoid 函数的二分类模型训练一样，训练判别器也是最小化交叉熵的过程，其损失函数就是上述基本 GAN 的目标函数，即式（7-43），和交叉熵差一个负号。最优化判别器就是最小化期望损失函数，也就是最大化目标函数。

1. 目标函数的推演

考虑在给定生成器的情况下目标函数 $V(D,G)$ 的含义：

$$V(D,G) = E_{x \sim P_{\text{data}}(x)}(\log D(x)) + E_{z \sim P_z(z)}(\log(1 - D(G(z))))$$

$$= \int_x P_{\text{data}}(x)\log D(x)\mathrm{d}x + \int_z P_z(z)\log(1 - D(G(z)))\mathrm{d}z$$

$$= \int_x P_{\text{data}}(x)\log D(x)\mathrm{d}x + \int_x P_g(x)\log(1 - D(x))\mathrm{d}x$$

$$= \int_x P_{\text{data}}(x)\log D(x) + P_g(x)\log(1 - D(x))\mathrm{d}x \qquad (7\text{-}52)$$

式中，从 $\int_z P_z(z)\log(1 - D(G(z)))\mathrm{d}z$ 演化到 $\int_x P_g(x)\log(1 - D(x))\mathrm{d}x$ 的简单证明（从数学

的角度不够严格）如下。

由于 $x=G(z)$，随机变量 x 是 z 的函数值，又因为 $z \sim P_z(z)$，$x \sim P_g(x)$，所以 x 和 z 的"微区间的概率"相等，即 $P_z(z)\mathrm{d}z = P_g(x)\mathrm{d}x$，又因为 $D(G(z))=D(x)$，故有

$$\int_z P_z(z)\log(1-D(G(z)))\mathrm{d}z = \int_z \log(1-D(x))P_z(z)\mathrm{d}z$$

$$= \int_x \log(1-D(x))P_g(x)\mathrm{d}x = \int_x P_g(x)\log(1-D(x))\mathrm{d}x \qquad （7-53）$$

整理后的 $V(D,G)$ 为

$$V(D,G) = \int_x P_{\text{data}}(x)\log D(x) + P_g(x)\log(1-D(x))\mathrm{d}x \qquad （7-54）$$

式（7-54）为连续情况下的结果，等效于更一般情况（包括连续和离散）的表达式，即

$$V(D,G) = E_{x \sim P_{\text{data}}}\log D(x) + E_{x \sim P_g}\log(1-D(x)) \qquad （7-55）$$

有些文献直接采用式（7-55）作为 GAN 的目标函数，其实是需要经过推导的。

2. 目标函数的最大化

要使 $\max_D V(D,G)$，本应令 $V(D,G)$ 对 D 求偏导，即对整个积分式求偏导，令其为 0，解得 D^*。现交换积分和求偏导的顺序，将求偏导移至积分号内。

$$\frac{\partial V(D,G)}{\partial D(x)} = \frac{\partial}{\partial D(x)}\left(\int_x P_{\text{data}}(x)\log D(x) + P_g(x)\log(1-D(x))\mathrm{d}x\right)$$

$$= \int_x \frac{\partial}{\partial D(x)}(P_{\text{data}}(x)\log D(x) + P_g(x)\log(1-D(x)))\mathrm{d}x \qquad （7-56）$$

要使整个积分式对任何 x 的值都为 0，必须使积分号内的偏导值=0，即

$$\frac{\partial}{\partial D(x)}(P_{\text{data}}(x)\log D(x) + P_g(x)\log(1-D(x))) = \frac{P_{\text{data}}(x)}{D(x)} - \frac{P_g(x)}{1-D(x)} = 0 \qquad （7-57）$$

解得

$$D^*(x) = \frac{P_{\text{data}}(x)}{P_{\text{data}}(x) + P_g(x)} \qquad （7-58）$$

在给定 G 时，D^* 使 $V(D,G)$ 取得最大值，将其带入目标函数，得到 $V(D,G)$ 的最大：

$$\max_D V(D,G) = E_{x \sim P_{\text{data}}(x)}(\log D^*(x)) + E_{x \sim P_{\text{data}}(x)}(\log(1 - D^*(x)))$$

$$= E_{x \sim P_{\text{data}}(x)}\left(\log \frac{P_{\text{data}}(x)}{P_{\text{data}}(x) + P_g(x)}\right) + E_{x \sim P_G(x)}\left(\log \frac{P_g(x)}{P_{\text{data}}(x) + P_g(x)}\right)$$

$$= \int_x P_{\text{data}}(x)\log \frac{\frac{1}{2}P_{\text{data}}(x)}{\frac{1}{2}(P_{\text{data}}(x) + P_g(x))}dx + \int_x P_g(x)\log \frac{\frac{1}{2}P_g(x)}{\frac{1}{2}(P_{\text{data}}(x) + P_g(x))}dx$$

$$= -\log 4 + \text{KL}\left(P_{\text{data}}(x) \| \frac{P_{\text{data}}(x) + P_g(x)}{2}\right) + \text{KL}\left(P_g(x) \| \frac{P_{\text{data}}(x) + P_g(x)}{2}\right)$$

$$(7\text{-}59)$$

结果和式（7-50）相同。式（7-59）不仅可以用 KL 散度表示，根据 JS 散度的定义，还可以用 JS 散度表示，如式（7-60）所示，这样能更加凸显生成数据和目标数据分布的差异程度。

$$V(D^*,G) = -2\log 2 + \text{KL}\left(P_{\text{data}}(x) \| \frac{P_{\text{data}}(x) + P_g(x)}{2}\right) + \text{KL}\left(P_g(x) \| \frac{P_{\text{data}}(x) + P_g(x)}{2}\right)$$

$$= -\log 4 + 2\text{JS}(P_{\text{data}}(x) \| P_g(x))$$

$$(7\text{-}60)$$

7.3.3 生成器优化

假设我们已经知道 $D^*(x)$ 使 $V(D,G)$ 最大，即 $V(D^*,G) = C_g(x)$ 就是生成器优化的目标函数。

接下来，求生成器的最优解。式（7-50）的结果只是 G 的函数，最优 G 为

$$G^*(x) = \arg\min_G C(G) = \arg\min_G V(D^*,G)$$

$$= \arg\min_G [-\log 4 + 2\text{JS}(P_{\text{data}}(x) \| P_g(x))]$$

$$(7\text{-}61)$$

可见优化 $G^*(x)$ 等于最小化 2 倍的 P_g 和 P_{data} 的 JS 散度 $2\text{JS}(P_{\text{data}}(x) \| P_g(x))$ 再减去一个常数 $-\log 4$。由于 JS 散度是大于等于 0 的，最小为 0，所以有

$$\min_G C(G) = 0 + 0 - \log 4 = -\log 4$$

$$(7\text{-}62)$$

所以当且仅当生成器产生的数据和真实数据的分布相同时，即当 $P_g(x) = P_{\text{data}}(x)$ 时，$\text{JS}(P_{\text{data}}(x) \| P_g(x)) = 0$，$C(G)$ 取得极小值 $-\log 4$，也就是最优解。

可以证明，当生成器和判别器二者的能力训练得足够强时，模型会逐渐收敛，达到纳什均衡状态。此时，$P_{\text{data}}(x) = P_g(x)$，不论是对于 $P_{\text{data}}(x)$ 还是对于 $P_g(x)$ 中的样本，判别器的预测概率均为 1/2，即生成样本与真实样本达到了难以区分的状态。

GAN目标函数的两步优化运算的收敛性示意如图 7-1 所示。在实际训练时，生成器和判别器采取交替训练的方法，即先训练判别器，然后训练生成器，不断往复。值得注意的是，对于生成器，其最小化的是 $\max_D V(D,G)$，即最小化 $V(D^*,G)$ 的最大值。为了保证 $V(D,G)$ 取得最大值，我们通常会训练迭代 k 次判别器，然后再迭代 1 次生成器。

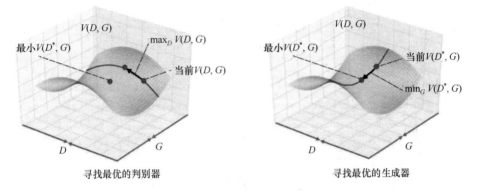

图 7-1　GAN 目标函数的两步优化运算的收敛性示意

第**8**章
GAN 的训练

GAN 的重点在生成器，根本任务是生成和目标数据具有同样分布的样本。GAN 之所以比其他生成模型更具优势，是因为它利用了判别器逐步增强的判断能力，将判断结果反馈给生成器以作为改进网络参数的依据，两者都尽力提高各自的判别能力和生成能力，进行博弈，最终达到均衡状态，同时也将生成器的能力推向极致。

理想的训练过程是这样的：生成器和判别器一开始处于初始状态，其生成能力和判别能力都很差，上述的对抗竞争的过程是要靠对网络的训练来完成的。在训练完成后，生成数据的隐式概率分布完全等同于数据集的真实概率分布，判别器无法对任意样点做出区分，只能给出概率 0.5，生成器这时就成为一个性能优良的生成器。因此，GAN 的成功训练是保证生成器性能符合要求的关键环节。

这就是 GAN 的工作机理，理论上是正确且比较完美的，但在实际的训练过程中却存在一些不容忽视的问题。在训练的过程中主要有哪些问题？这些问题的表现如何？为什么会产生这样的问题？如何在训练中避免这些问题？这非常像医生治病，观察有什么症状，判断是什么病，确定如何治疗等。本章关注的就是这些问题。实际上，如果不解决这些问题，GAN 的发展将很有限。目前的状况是，GAN 训练中的问题正在解决中，远未到根本解决的程度。现在很多从事 GAN 研究的人员，都在进行理论分析、编程实验，试图解决这些问题。在这些问题的解决过程中，已经出现了不少好的"苗头"，成百上千种改进 GAN 的方案被提出，其中有相当一部分改进是针对实际训练中出现的问题进行的。

总之，本章涉及的是 GAN 训练中的问题。第 1 节介绍 GAN 训练中常见的问题，包括收敛不稳定、梯度消失和模式崩溃问题；第 2 节介绍从网络模型、目标函数和优化算法等方面来提升 GAN 训练的稳定性的方法；第 3 节介绍 GAN 训练中的常用技巧。

8.1　GAN 训练中常见的问题

理论已经证明，GAN 目标函数的优化确实可以收敛，但是该优化过程是在函数空间中完成的。而在实践中，优化操作是在由神经网络的权重等构成的参数空间中进行的，理论上的"保证"在实践中并不存在。另外，有实践表明，当参数的个数有限时，GAN 的平衡状态很可能并不存在。

和其他神经网络训练所追求的目标一样，GAN 训练也追求稳定和快速，即希望随着训练的推进，网络状态稳定且快速地收敛到目标函数的最优点。在 GAN 训练中，我们主要关注的是 3 个方面的问题。一是收敛不稳定问题，模型参数来回振荡，难以收敛，甚至永不收敛；二是梯度消失问题，判别器训练得太成功，散度的梯度消失，生成器停止学习，得不到改进；三是模式崩溃问题，生成器只生成有限甚至单一的样本种类，或者某些样本之间有很大的相似性。注意，这 3 个方面的问题是主要的，但不是全部，在 GAN 训练中还有一些其他问题，以及尚未引起人们重视的问题。此外，这 3 个方面的问题相互之间并不是完全孤立的，存在相互影响。

8.1.1　收敛不稳定问题

GAN 训练的主要问题之一是收敛不稳定，在对基本 GAN 所做的改进措施中，有不少是针对此问题进行的。那么，为什么 GAN 训练会出现收敛不稳定的问题呢？

我们说，在理想的 GAN 训练中，判别器和生成器在训练过程中各自的性能逐步提高，逐步达到纳什均衡，使输出 $D(x)$ 接近 0.5，也就是生成器和判别器同时收敛。然而在实际训练中，并不能保证一定到达均衡点，有时很难使生成器和判别器同时收敛，还有可能永远达不到这样的均衡点。

造成收敛不稳定的原因之一是用于优化的目标函数未必都是凸函数，而大多深度神经网络模型的训练都使用凸优化算法来寻找损失函数的极小值。再者，优化通常是基于负梯度方向的"下山"搜索极小值的过程。GAN要求生成器和判别器双方在博弈的过程中达到势均力敌（均衡），使判别器损失函数的极大值达到极小。但是，实际情况并非完全如此，如生成器在更新的过程中成功"下山"，即损失函数减小，但同样的更新可能会造成博弈的另一方（判别器）"上山"，即损失函数增大。甚至有时候博弈双方虽然最终达到了均衡，但双方在不断地抵消对方的改进，并没有使双方同时达到一个优化点。

此外，有研究人员对基本 GAN 中生成器损失函数 $-E_{x \sim P_g}[\log(D(x))]$ 进行了分析，最终得到该函数的最小化等价于 $KL(P_g \| P_r) - 2JS(P_r \| P_g)$ 的最小化。这个等价最小化存在矛盾：它同时要最小化生成分布与真实分布的 KL 散度，却又要最大化两者的 JS 散度，一个要"拉近"，另一个却要"推远"，这在直观上相互矛盾，在数值上则会导致收敛不稳定。

8.1.2　梯度消失问题

GAN 训练的梯度消失（Vanishing Gradient）问题实际上是指在训练过程中生成器的误差信息的梯度在后向传播中逐渐消失，使生成器的参数无法继续更新。梯度消失现象的出现往往是由多方面的影响造成的，这里列举 5 个方面的原因：一是判别器在迅速达到最优后，误差信号幅度变化很小，无法为生成器提供有效的梯度信息；二是随着网络深度的增加，用于引导网络参数调整的梯度信息逐步消失；三是网络的激活函数不合适，如 sigmoid 函数本身提供的梯度信息的幅度较弱；四是度量两个分布差异的散度函数不合适；五是采样数据和实际数据分布不一致。前 3 个方面都是因为目前 GAN 的训练优化是基于 BP 算法的，BP 算法的基本运作是将网络输出误差的梯度信息向输入端反向传播，逐级更新网络参数。

1. 判别器的影响

生成器生成样本 $G(z)$ 的损失函数的优化依赖判别器误差信息的反馈。在训练的初始阶段，因为生成器的输出数据分布与真实数据分布相差很大，这时判别器能够很快地通过学习准确区分输入的真实数据和生成的假数据，判别器性能迅速达到最优。当判别器性能最优时，判别器的损失函数很快收敛到 0，从而无法提供可靠的误差梯度信息给生成器，造成生成器的梯度消失，使生成器的参数无法继续更新。

2．网络深度的影响

我们知道，构建层次更多的神经网络可以完成更复杂的任务，在处理复杂任务时，深度网络比浅层网络具有更好的效果。但是，目前优化神经网络的方法大多基于 BP 算法，即根据损失函数计算的误差通过梯度反向（从输出向输入）传播的方式，指导深度网络权重的更新优化。这样做是有一定原因的，深度网络由许多非线性层堆叠而来，每个非线性层都可以视为一个非线性函数 $f(x)$，其非线性来自非线性激活函数，因此整个深度网络可以视为一个复合的非线性多元函数：

$$f(x) = f_n(\cdots f_3(f_2(f_1(x \cdot w_1 + b_1) \cdot w_2 + b_2) \cdots)) \tag{8-1}$$

我们最终的目的是希望这个多元函数可以很好地完成输入到输出的映射。假设对于输入 x，理想的网络输出为 $f(x,w,b)$，而网络实际的最优解输出是 $g(x,w,b)$，它们都和 w、b 的取值有关。那么，优化深度网络就是为了找到合适的权重，使损失函数 $\text{Loss}(x,w,b)=L(g(x,w,b),f(x,w,b))$ 取得极小点，如最简单的损失函数 $\text{Loss}(x,w,b)=\|g(x,w,b)-f(x,w,b)\|^2$。

假设一个简单神经网络的输入为 x，忽略 b 的影响，$w=(w_1,w_2)$，则其二维损失函数 $\text{Loss}(w)$ 的函数值走势如图 8-1 所示，每维坐标轴表示一个权重，我们的优化目标就是寻找损失函数值的最小点，其所对应的权重就是网络最优的权重。

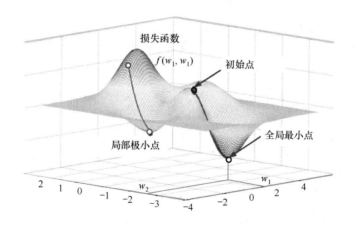

图 8-1　二维损失函数 $\text{Loss}(w)$ 的函数值走势

在我们常见的网络训练（包括 GAN 训练）中，与"梯度消失"问题相近的是"梯度爆炸"问题，这两个问题具有同一根源。梯度爆炸一般出现在深度网络和权重初始值太大的情况下，可将它和梯度消失看作同一类问题。

分析可知，在神经网络训练中，网络深度的增加有可能引起反向传播的梯度信息急剧减少或增多，造成梯度消失或梯度爆炸现象。例如，在一个具有 4 个隐层的全连接网络中，输入层后面依次为隐层 1～隐层 4、输出层。图 8-2 所示为其中相邻两个隐层的详细情况，假设第 i 层（第 i 个隐层）的输出为 f_i，f_{i-1} 表示第 i 层的输入，也就是第 $i-1$ 层的输出，$s(\ )$ 是激活函数，那么，第 $i+1$ 层的输出为

$$f_{i+1}=s(f_i\cdot w_{i+1}+b_{i+1})\tag{8-2}$$

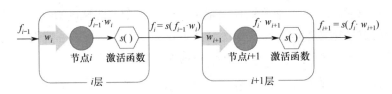

图 8-2　相邻两个隐层的详细情况

忽略偏置项 b，简单记为

$$f_{i+1}=s(f_i\cdot w_{i+1})\tag{8-3}$$

BP 算法基于梯度下降策略，用目标函数负梯度方向的增量对网络参数进行调整，参数的更新为 $w_{i+1}\leftarrow w_i+\Delta w_i$，给定学习率 α，损失函数为 Loss$(\ )$，得到 $\Delta w_i=-\alpha\dfrac{\partial\text{Loss}}{\partial w_i}$。例如，要更新第 2 层的权重信息，根据链式求导法则，设 $\alpha=1$，用于 w_2 的更新梯度信息为

$$\Delta w_2=\frac{\partial\text{Loss}}{\partial w_2}=\frac{\partial\text{Loss}}{\partial f_4}\frac{\partial f_4}{\partial f_3}\frac{\partial f_3}{\partial f_2}\frac{\partial f_2}{\partial w_2}\tag{8-4}$$

容易看出，式（8-4）中 $\dfrac{\partial\text{Loss}}{\partial f_4}$ 和损失函数定义有关，其他 3 项的偏微分如下：

$$\frac{\partial f_2}{\partial w_2}=\frac{\partial s(f_1w_2)}{\partial w_2}=s'(f_1w_2)\cdot f_1$$

$$\frac{\partial f_3}{\partial f_2}=\frac{\partial s(f_2w_3)}{\partial f_2}=s'(f_2w_3)\cdot w_3$$

$$\frac{\partial f_4}{\partial f_3}=\frac{\partial s(f_3w_4)}{\partial f_3}=s'(f_3w_4)\cdot w_4$$

这样，式（8-4）具体为

$$\Delta w_2=\frac{\partial\text{Loss}}{\partial w_4}\cdot s'(f_3w_4)w_4\cdot s'(f_2w_3)w_3\cdot s'(f_1w_2)\cdot f_1\tag{8-5}$$

式（8-5）说明，Δw_2 包含多个激活函数的导数、权数的连乘，常见的激活

函数的导数绝对值都小于 1，权数的绝对值通常也小于 1，那么在层数增多的时候，最终求出的梯度更新的增量迅速减小，以至于"梯度消失"。可以看出，激活函数的导数值的大小很重要，而激活函数导数值的大小取决于选择什么样的激活函数。

如果我们在将权重 w 初始化时取值过大（远大于 1），那么多个权重的倍增有可能抵消激活函数导数的递减，同梯度消失的原因相反，当神经网络很深时，累积相乘的梯度值呈指数级增长，即发生梯度爆炸。由此看来，神经网络训练中的梯度消失和梯度爆炸问题，其重要原因皆为基于 BP 算法的网络层数的增加。

3. 激活函数的影响

在 BP 神经网络中，在更新权重时需要计算前层的偏导信息，因此如果激活函数选择得不合适，如使用 sigmoid 函数，梯度消失就很可能发生。sigmoid 函数及其导数曲线如图 8-3 所示，可以看出，其梯度是不可能超过 0.25 的，这样在经过链式求导后，很容易发生梯度消失。

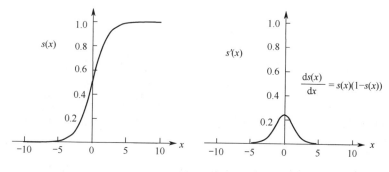

图 8-3　sigmoid 函数及其导数曲线

同理，双曲函数及其导数曲线如图 8-4 所示。可以看出，作为激活函数，双曲函数比 sigmoid 函数要好一些，但它的导数仍然是小于 1 的。

4. 散度函数的影响

我们知道，GAN 的目的是训练一个生成器，使生成数据的分布 P_g 与真实数据的分布 P_{data} 尽可能接近。为了衡量接近程度，GAN 使用 KL 散度或 JS 散度。在正常情况下，为了便于理解，常将 KL 散度或 JS 散度作为两个分布之间的"距离"以衡量它们之间的差别，两个分布的距离越小表明它们越接近，当距离为 0 时，两者完全重合。

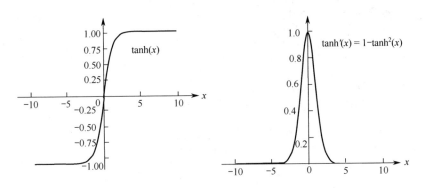

图 8-4 双曲函数及其导数曲线

"正常情况"是指在概率空间中，两个分布密度函数的支撑集有部分重合。但是，对于两个分布 P_{data} 和 P_g，如果它们不重合或重合的部分可以忽略，则可以证明，它们的 JS 散度 $JS(P_{data} \parallel P_g)= \log2$ 是常数，在使用梯度下降法时，产生的梯度会近似为 0。在 GAN 训练中，两个分布不重合或重合可忽略的情况经常出现，导致 GAN 训练中的反传误差为 0，BP 梯度消失，训练无法进行下去。

根据第 7 章的式（7-25），由 KL 散度定义的 JS 散度为

$$JS(P_{data} \parallel P_g) = \frac{1}{2}KL\left(P_{data} \parallel \frac{P_{data}+P_g}{2}\right) + \frac{1}{2}KL\left(P_g \parallel \frac{P_{data}+P_g}{2}\right) \tag{8-6}$$

可见 JS 散度和 KL 散度本质上是一致的，根据第 7 章的式（7-50），将优化的 D^* 带入目标函数 $V(D,G)$ 后得到优化生成器的目标函数 $C_g(x)$，就可以用 JS 散度来表示：

$$C_g(x) = \max_G V(D,G) = V(D^*,G) = 2JS(P_{data} \parallel P_g) - 2\log2 \tag{8-7}$$

在基本 GAN 的训练中，如果判别器训练得很好，应该对生成器的提高有很大作用，但实际常常会出现判别器训练得越好，生成器的梯度消失越严重的现象。提出 W GAN 的 Arjovsky 等人将此问题的根源归结为两点，一是代价函数中衡量分布距离的 KL 散度或 JS 散度不合理，二是生成器随机初始化分布与真实分布都是高维空间的低维流形，互不重叠的概率非常高。由前文可知，当两个分布有所重叠时，它们之间越接近则 JS 散度越小，完全重合时为 0；但当两个分布完全没有重叠或重叠部分可忽略时，JS 散度等于常数 $\log2$，导致梯度为 0，生成器得不到优化所必需的梯度信息。这就使 GAN 训练常会面临梯度不稳、梯度消失、模式崩溃等问题。

5．采样数据的影响

首先，源数据的有限采样数据的分布和源数据的分布是不相同的，两者之间是有"距离"的。来看一个简单的例子。

源数据集合 μ 中的随机变量 x 服从标准正态分布，即 $x\sim N(0,1)$，μ' 为 μ 中采样的 m 个样本，即 $\mu'=\{x_1,x_2,\cdots,x_m\}$，可以证明，$\mu$ 分布和 μ' 分布的 JS 散度 $JSD(\mu\|\mu')=$ log2，是一个不为 0 的常数。也就是说，在采样个数有限的情况下，由样本构成的"采样分布"并不能简单地等同于源数据分布，两者之间还有一定的"距离"。

更进一步，对于两个服从正态分布（或其他分布）的源数据，它们各自的"采样数据分布"之间的距离并不等于两个源分布之间的真实距离。例如，对于两个标准正态分布 μ 和 v 及两个分别从中采样得到的样本集合 μ' 和 v'，有非常大的概率认为

$$JSD(\mu\|v)=0,\ \ JSD(\mu'\|v')=\log2 \tag{8-8}$$

在 GAN 中，我们是通过采样来近似计算分布之间的距离的，在最理想的状态下，两个概率分布 P_{data} 和 P_g 之间的距离等于两个"采样"分布 P'_{data} 和 P'_g 的距离，或者相差很小，即

$$JSD(P_{data}\|P_g)\approx JSD(P'_{data}\|P'_g) \tag{8-9}$$

但考虑到上述简单的正态分布的例子中尚且存在这样的问题，有理由认为在 GAN 中，依靠采样来估计的分布之间的距离无法准确反映两个分布之间的真实距离。如果指导生成器进行学习的距离信息存在偏差，则很可能无法使生成器定义的隐式概率分布逼近目标数据集真正的概率分布。

8.1.3　模式崩溃问题

1．模式崩溃和部分模式崩溃

在 GAN 训练中，生成器发生模式崩溃是最难解决的问题。在发生模式崩溃时，生成器对于不同的输入生成相似的样本，最坏的情况是仅生成一个单独的样本。在实际训练中，完全的模式崩溃并不多，但部分模式崩溃很常见。部分模式崩溃是指生成器使不同的生成图像包含相同的颜色或纹理等特征。在图 8-5 中，连线箭头所指的图像看起来相似，就是出现了部分模式崩溃。

让我们看看模式崩溃是如何发生的。生成器的目标是创建可以最大限度地欺骗判别器的图像。我们考虑一个极端情况，即生成器在没有更新判别器的情况下

进行反复训练。生成的图像将收敛以找到最佳图像 x^*，该图像最容易欺骗生成器，从判别器的角度来看这是最逼真的图像。在这个极端情况下，x^* 将独立于 z，与 z 相关的目标函数 $J()$ 的梯度接近零，有

$$x^* = \arg\max_x D(x) \text{ 和 } \frac{\partial J}{\partial z} \approx 0 \qquad (8\text{-}10)$$

这是最坏的情况。

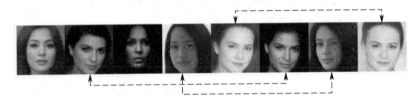

图 8-5　部分模式崩溃时生成的图片

2. 部分模式崩溃示例

在本示例中，我们将"捉摸不定"的模式崩溃稍稍"可视化"了，这种直观的表达有助于我们对模式崩溃的理解。图 8-6 所示为模式正常和模式崩溃现象的比较，图中的每一列显示了在训练次数逐渐增加时生成数据分布的顶视图。用来测试的目标数据分布是一种特殊的"单点"模式，这种单点模式由围成一圈的 8 个单点组成，每个单点是一个二维高斯分布，8 个单点形成了一个二维混合高斯分布，其顶视图如图 8-6 最右侧一列所示。图 8-6 的第一行显示了能够逐步生成所有 8 个单点数据模式的展开GAN（Unrolled GAN）的训练过程，它的生成器迅速扩展并覆盖目标分布，逐步形成和最右侧的目标分布几乎一样的分布。第二行显示了出现模式崩溃的普通 GAN 的训练过程，在判别器检测时，生成器只是从一个单点模式旋转到另一个单点模式，无法形成完整的 8 点模式。

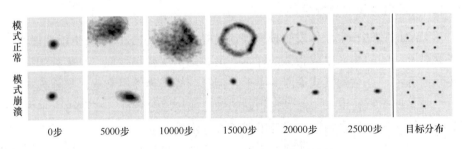

图 8-6　模式正常和模式崩溃现象的比较

在出现模式崩溃的 GAN 中，由于生成器已经对 z 的影响不敏感，因此来自判别器的梯度可能会将排成圈的多个单点从一个模式推到另一个最易到达的模式。在训练中，生成器产生的这种模式的不平衡会降低判别器检测其他模式的能力。为了在短时间内找到对方的"弱点"，两个网络都会处在过拟合状态。

在实践中，我们对模式崩溃的理解仍然有限。虽然如上的直观解释或许能说明一些问题，但仍过于简单。人们正在通过反复研究、验证来寻找解决模式崩溃问题的方法。

当然，模式崩溃并非都是不利的。例如，在使用 GAN 的图像风格迁移中，我们很乐意将一幅图像转换为具有另一种风格的图像，而不是找到所有变体。实际上，有针对性的部分模式崩溃有时会产生更高质量的图像。但模式崩溃在大部分情况下仍然是 GAN 训练要解决的最重要的问题之一。

3. min max 问题

GAN 的训练方式是，先固定生成器，迭代 k 次训练判别器；然后固定判别器，训练生成器。依次交替，使用梯度下降法进行更新。由于 max 和 min 是不断循环进行的，那我们在解决的到底是 min max 问题还是 max min 问题？这两个问题在通常情况下并不一样：

$$\min_{G} \max_{D} V(D,G) \neq \max_{D} \min_{G} V(D,G) \tag{8-11}$$

在 max min 的角度来看，GAN 的训练过程会产生模式崩溃问题，生成器生成的样本有大量的重复，多样性非常差。

现在，我们通过一个示例来简单说明一下 min max 引起模式崩溃问题的原因。如图 8-7(a)所示，真实数据集的概率密度函数 p_{data} 通常是多峰函数，即具有多个

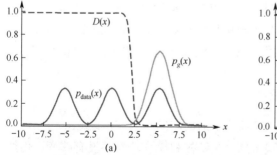
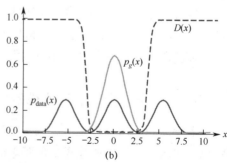

图 8-7　min max 问题引起模式崩溃示意

模式。这里假设真实数据集的概率密度函数 p_{data} 有 3 个差不多的峰值。首先，对于固定的判别器，生成器面临 min 问题，会努力将概率值 p_g 集中"放置"到一个或几个高概率的点上，如放在 $x=5.0$ 附近的一个"峰"上，希望以这种"偷懒"的方式来欺骗判别器。

接着，固定生成器，判别器面对是一个 max 问题，对其进行更新，根据最优判别器的表达式

$$D(x) = \frac{p_{\text{data}}(x)}{p_{\text{data}}(x) + p_g(x)} \tag{8-12}$$

更新后的 $D(x)$ 如图 8-7(a)中虚线所示。可以看出，训练后的判别器会对 $x=5.0$ 及其周围的点"极其不信任"，概率值判为"接近 0"。接下来，在更新生成器时，为了取得最小值，生成器只得"偷懒"而将概率密度分布放置到 $p_{\text{data}}(x)$ 的其他高概率且受判别器信任的点上，如 $x=0$ 附近，如图 8-7(b)所示。再次更新判别器，$D(x)$ 如图 8-7(b)中虚线所示。

这时判别器降低对 p_g 在 $x=0$ 附近的信任程度，但是同时又恢复了对 p_g 在 $x=5.0$ 附近的信任程度，那么接下来在更新生成器时，生成器又会将高概率点放置在 $x=-5.0$ 或者 $x=5.0$ 周围，如此反复。

在实践中，我们发现生成器往往不能涵盖所有模式，通常只包含部分模式。在训练过程中，生成器的概率"放置"不断地从一个模式转换到另一个模式，这样在训练结束后，生成器产生的样本必定有大量的重复。

8.2　提升 GAN 训练的稳定性

目前，提升 GAN 训练的稳定性是 GAN 领域中最为热门的研究问题之一。我们主要关注三个方面：改进网络模型，改进目标函数，改进优化方法。其他的改进还有很多，如将 GAN 和其他生成模型相结合等，我们这里不再论述。

8.2.1　选择恰当的网络模型

选择适当的网络模型是解决 GAN 训练中的问题的有效方法之一，当然，尽管已经出现了多种网络模型，但基本的 GAN 结构和模型功能并没有改变，仍然是"生成器+判别器"结构，生成器的功能和判别器的功能也和基本 GAN 大致相同。

1．采用残差网络

残差网络的基本原理已在第 4 章中进行了介绍，它是继卷积网络之后 GAN 普遍采用的一种方式，这里仅简单说明一下。在神经网络的应用中，如今大家普遍认可的是深度网络。当你需要设计一个深度网络结构时，你不可能知道最优的网络层次结构是多少层，一旦设计了很深的网络，那势必会有很多冗余层，这些冗余层一般不会自动学习成恒等变换 $y=h(x)=x$，会影响网络的预测性能，不会比浅层的网络学习效果好，反而会产生退化问题。

残差网络（ResNet）在很大程度上解决了深度网络令人头疼的退化问题和梯度消失问题。使用残差网络结构 $h(x)=F(x)+x$ 代替原来的没有"短路"连接的 $h(x)=x$，这样在更新冗余层的参数时只需学习 $F(x)=0$，这比学习 $h(x)=x$ 要容易得多。而短路连接的结构也保证了在利用误差反向传播更新参数时，很难有梯度为 0 的现象发生，不会导致梯度消失。

这样，采用残差网络构建学习模型更加符合我们的"直觉"，即越深的神经网络对抽象特征的提取能力越强，网络性能越好，不用再担心随着网络的加深而发生退化现象了。

2．采用多个生成器

为了解决生成的图像多样性不足的问题，一个比较直接的想法就是采用多个生成器，形成多个生成器加一个判别器的结构。MAD GAN（Multi Agent Diverse GAN）就是这种改进的代表，如图 8-8 所示，相比于普通 GAN，它多了几个生成器。每个生成器产生不同的模式，多个生成器结合起来就可以增加图像生成的多样性。当然，简单添加几个彼此孤立的初始值不同的生成器并不能保证增加多样性，因为它们仍有可能归并成相同的状态。为此，MAD GAN 在损失函数中加入一个正则项，使用余弦距离惩罚 n 个生成器生成样本的一致性，促使不同的生成器产生不相似的样本。对于判别器，它不仅要分辨样本来自训练集还是某个生成器，还要驱使各生成器尽量产生不相似的样本。在 MAD GAN 中，并不需要每个生成器的生成样本概率密度函数逼近训练集的概率密度函数，每个生成器分别负责生成不同的样本，只需保证生成器的平均概率密度函数逼近训练集的概率密度函数。

3．增加判别器

为了解决模式崩溃问题，MR GAN（Mode Regularized GAN）添加了一个判别器，如图 8-9 所示。MR GAN 将数据空间中的样本 x 经编码器转换回隐空间，从而解决生成样本的模式崩溃问题。

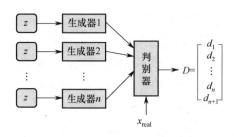

图 8-8　MAD GAN 结构示意

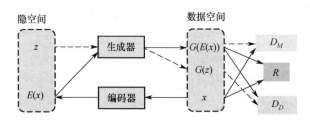

图 8-9　MR GAN 结构示意

MR GAN 中编码器和生成器的组合充当自动编码器，重构损失 R 被添加到对抗性损失中以充当模式正则化器。同时，还训练判别器以区分重构样本，用作另一模式的正则化器。

输入样本 x 通过一个编码器编码为隐变量 $E(x)$，然后隐变量被生成器重构为 $G(E(x))$。在训练时，损失函数有三个：D_M 和 R 用于指导生成"仿真"的样本，D_D 则对由 $E(x)$ 和 z 生成的样本 $G(E(x))$ 和 $G(z)$ 进行判别，显然二者生成的样本都是伪样本，所以这个判别器主要用于判断生成的样本是否具有多样性，即是否出现模式崩溃。

8.2.2　选择恰当的目标函数

针对目标函数或损失函数进行的改进也是解决 GAN 训练问题的有效途径。寻找适当的损失函数是 GAN 中一项热门的研究，现在有多种改进损失函数的方法，下面略陈几例。

1. 基本 GAN

在 Goodfellow 的 GAN 论文里，生成器的目标函数最初用的是 min

$(\log(1-D(G(z))))$，后来改用 $\max(\log D(G(z)))$，效果更好。

2．Unrolled GAN

为了解决前面提到的由于优化 max min 而导致模式"跳来跳去"的问题，Unrolled GAN 采用了修改生成器损失函数的方式。具体来说，Unrolled GAN 在更新生成器时更新 k 次，参考的损失不是某一次的损失，而是判别器后面 k 次迭代的损失。

注意，判别器在后面的 k 次迭代中不更新自己的参数，只计算损失以用于更新生成器。这种方式使得生成器考虑到了后面 k 次判别器的变化情况，避免在不同模型之间切换而导致模式崩溃问题。此处务必和迭代 k 次生成器，然后迭代 1 次判别器区分开。

3．DRA GAN

DRA GAN（Deep Regret Analytic GAN）引入博弈论中的无后悔算法，改造其损失函数以解决模式崩溃问题。

4．EB GAN

基于能量的 GAN（Energy Based GAN，EB GAN）通过加入 VAE 的重构误差来解决模式崩溃问题。

5．W GAN

W GAN 使用 Wasserstein 损失，去掉了判别器最后一层的 sigmoid 和 log，直接优化 Wasserstein 距离，但是 W GAN 需要对判别器做权重限制，比较麻烦，而且不能用动量优化（包括 momentum 和 Adam），通常使用均方根传播（Root Mean Square Propagation，RMSProp）方法来进行优化。

6．LS GAN

最小二乘 GAN（Least Squares GAN，LS GAN）把生成样本和真实样本分别编码为 a、b，优化判别器的目标函数为

$$\min_D L(D) = E_{x \sim p_x}(D(x)-b)^2 + E_{z \sim p_z}(D(G(z))-a)^2 \tag{8-13}$$

优化生成器的目标函数为

$$\min_G L(G) = E_{z \sim p_z}(D(G(z))-c)^2 \tag{8-14}$$

优化器还是使用 RMSProp 梯度下降法，其中 a、b、c 的值要具体设置。

7. Improved W GAN

在 Improved W GAN 中，用一个改进的基于梯度惩罚的"损失"替代 W GAN 中的权重限制，从而产生比 W GAN 更高质量的样本，这个"损失"用 Adam 来优化。

8.2.3 选择恰当的优化算法

GAN 的优化训练大多采用误差反向传播技术，这里一项核心优化方法就是梯度下降法，它保证损失函数值沿着负梯度方向逐步走向最小点。

为了避免基本梯度下降法有时下降路线波动太大、波动太多，而逼近最优点缓慢等的缺陷，人们提出了多种梯度下降法，如随机梯度下降法、动量梯度下降法、Adam 梯度下降法等。其中，自适应动量（Adaptive Momentum，Adam）梯度下降法是一种自适应动量的随机优化方法，经常被用作深度学习中的优化器算法，也是 GAN 系统中最为常见的优化方法。

简单回顾一下，我们在第 5 章中已经简单介绍了基本梯度下降法和随机梯度下降法。梯度下降法主要用于求解目标函数的最小值问题，基本原理是沿着目标函数的负梯度方向一步步逼近函数值最小点（最优点）。在使用梯度下降法训练的神经网络中，网络的权重 W 和偏置 b 的基本迭代形式为

$$W = W - \alpha \partial W$$
$$b = b - \alpha \partial b \qquad (8\text{-}15)$$

其中，α 为学习率；∂W 和 ∂b 分别为损失函数对权重 W 和偏置 b 的偏导，即负梯度方向的增量。

为了更好地理解 Adam 梯度下降法法，我们先介绍 Momentum 梯度下降法和 RMSProp 梯度下降法，在此基础上再介绍结合两者优点的 Adam 梯度下降法。

1. Momentum 梯度下降法

损失函数的梯度可以比作施加给小球的力，受了力就有了加速度，加速度引起速度改变（如速度加快或减慢），通过速度改变位置。由力学定律 $F=ma$，梯度（比作"力"）与加速度成正比，因此可以得到以下动量梯度下降法的迭代过程：

$$W = W - \alpha V_{\partial W} \quad \rightarrow \quad V_{\partial W} = \beta V_{\partial W} + (1-\beta)\partial W$$
$$b = b - \alpha V_{\partial b} \quad \rightarrow \quad V_{\partial b} = \beta V_{\partial b} + (1-\beta)\partial b \qquad (8\text{-}16)$$

其中，α 是动量系数，表明一个方向的速度并不是立刻改变的，而是通过积累一点点改变的。α 值的大小，可以通过训练来确定，在实践中常设为 0.9 左右。在式（8-18）中，W 和 b 并不像普通梯度下降法那样直接减去 $\alpha\partial W$ 和 $\alpha\partial b$，而是计算 2 个指数加权平均值 $V_{\partial W}$ 和 $V_{\partial b}$，也就是式（8-18）中的右边两行公式。使用 $V_{\partial W}$ 和 $V_{\partial b}$ 可以将之前的 ∂W 和 ∂b 联系起来，不再是每一次的梯度都独立计算。其中 β 是可以自行设置的超参数，一般默认为 0.9 或其他值。β 代表了现在的 $V_{\partial W}$ 和 $V_{\partial b}$ 与之前的 $1 / (1 - \beta)$ 个 $V_{\partial W}$ 和 $V_{\partial b}$ 有关，0.9 表示现在的 $V_{\partial W}$ 和 $V_{\partial b}$ 是平均了之前 10 步的 $V_{\partial W}$ 和 $V_{\partial b}$ 的结果。这种算法始终都在增大最优梯度方向上的逼近速度，可以减少许多不必要的振荡。

2. RMSProp 梯度下降法

与动量梯度下降法类似，RMSProp（均方根传播）也是一种通过消除梯度下降过程中的摆动来加速梯度下降的方法。梯度更新公式如下：

$$W = W - \alpha \frac{\partial W}{\sqrt{S_{\partial W}}} \quad \rightarrow \quad S_{\partial W} = \beta S_{\partial W} + (1 - \beta)\partial W^2$$

$$b = b - \alpha \frac{\partial b}{\sqrt{S_{\partial b}}} \quad \rightarrow \quad S_{\partial b} = \beta S_{\partial b} + (1 - \beta)\partial b^2 \qquad (8\text{-}17)$$

在更新权重的时候，使用了除以 $\sqrt{S_{\partial W}}$ 的方法，这里的平方根运算可以使较大的梯度大大缩小，而使较小的梯度稍微变小，这样就可以使较大梯度方向上的波动小下来，那么在整个梯度下降的过程中摆动就会比较小，就能设置较大的学习率，使得学习步长变大，达到加快学习的目的。

3. Adam 梯度下降法

Adam 梯度下降法对 GAN 效率的提高效果很显著。一般原则是能用 Adam 则用，除非像 W GAN 那样，规定不能使用，才考虑其他方法。在 GAN 系统中，一般在生成器中使用 Adam 梯度下降，在判别器中使用随机梯度下降（SGD）。

Adam 梯度下降法基于梯度的一阶估计和二阶估计。可以很明显看出，Adam 梯度下降法是 RMSProp 梯度下降法和 Momentum 梯度下降法的结合，其中多了一步对一阶动量 V 和二阶动量 S 的调节。

相比于缺少修正因子而导致二阶矩估计可能在训练初期具有很高偏置的 RMSProp，Adam 包括了偏置修正，修正一阶矩（动量项）和（非中心的）二阶矩估计。梯度更新迭代过程如下：

$$W = W - \alpha \frac{V_{\partial W}^{\text{corrected}}}{\sqrt{S_{\partial W}^{\text{corrected}}}} \quad \rightarrow \quad V_{\partial W}^{\text{corrected}} = \frac{V_{\partial W}}{1 - \beta_1^t} \quad \rightarrow \quad V_{\partial W} = \beta_1 V_{\partial W} + (1 - \beta_1)\partial W$$

$$\rightarrow \quad S_{\partial W}^{\text{corrected}} = \frac{S_{\partial W}}{1 - \beta_2^t} \quad \rightarrow \quad S_{\partial W} = \beta_2 S_{\partial W} + (1 - \beta_2)\partial W^2$$

$$b = b - \alpha \frac{V_{\partial b}^{\text{corrected}}}{\sqrt{S_{\partial b}^{\text{corrected}}}} \quad \rightarrow \quad V_{\partial b}^{\text{corrected}} = \frac{V_{\partial b}}{1 - \beta_1^t} \quad \rightarrow \quad V_{\partial b} = \beta_1 V_{\partial b} + (1 - \beta_1)\partial b$$

$$\rightarrow \quad S_{\partial b}^{\text{corrected}} = \frac{S_{\partial b}}{1 - \beta_2^t} \quad \rightarrow \quad S_{\partial b} = \beta_2 S_{\partial b} + (1 - \beta_2)\partial b^2 \qquad (8\text{-}18)$$

其中，$V_{\partial W}$、$V_{\partial b}$ 为一阶动量项，$S_{\partial W}$、$S_{\partial b}$ 为二阶动量项；β_1 为 Momentum 的动量值，常取 0.9，β_2 为 RMSProp 的动量值，常取 0.999；t 为迭代次数，除以 $(1-\beta_t)$ 表示越近的越重要，越远的越可以忽视。

8.3　GAN 训练中的常用技巧

如前所述，GAN 训练主要受制于三个方面的问题，即收敛不稳定、梯度消失和模式崩溃。为了解决这些问题，近年来研究人员提出了不少方法。有理论方面的分析，也有技术方面的措施，如 8.2 节所述的选择恰当的网络模型、目标函数和优化算法等。结果表明，这些措施在改进 GAN 训练效果方面取得了喜人的进展，但是离完全解决尚有不小的距离。这里再介绍几种常用的改进技巧，可算作 8.2 节 3 项改进措施的补充。

8.3.1　数据规范化

1. 图像数据归一化

图像数据的归一化对 GAN 而言是很重要的，未经归一化的输入图像是没有办法收敛的。图像数据的归一化算法很简单，设原始像素值 $I(x,y)$ 在 0～255，一种归一化方法是将输入图像的像素值规范化纳入 0～1，如式（8-19）所示，其中 $m=0$；还有一种所谓的中心归一化，将像素值纳入 -1～1，仍然如式（8-19）所示，但其中 $m=127.5$（最大像素值的一半）：

$$I_{\text{norm}}(x,y) = \frac{I(x,y) - m}{255 - m} \qquad (8\text{-}19)$$

归一化后的图像数据才能被送入判别器。同理，生成器生成的图像也要进行归一化处理，在使输出像素值保持在−1～1（和训练图像的像素值范围保持一致）后，才能送入判别器。需要注意的是，因为生成图像的像素值在−1～1，需要再经过和归一化相反的操作，让像素值回到0～255区间才能正常显示。

2．标签的利用

在 GAN 训练中，如果训练数据还有类别标签，应该尽量使用它们，训练判别器在判别真伪的同时对其分类。当然，这需要另一类改进型 GAN，如 C GAN、AC GAN 等，它们不仅可以生成新的图像，还可以利用数据和标签，有监督或者半监督地生成某一类指定的数据，或者对输入图像的类别进行转换。

8.3.2　学习率衰减

1．逐步减小学习率

在 BP 机制的神经网络中，在误差反向传播的权重调整公式中，梯度前面有一个系数，就是所谓的学习率，又称为步长，即式（8-20）中的 η，用于控制权重改变的快慢。

$$w_{n+1} \leftarrow w_n - \eta \frac{\partial L}{\partial w_n} \qquad (8\text{-}20)$$

如果学习率取得比较小，目标函数或损失函数从初始值达到极小值的步数很多，会导致网络训练过程非常缓慢；如果学习率取得过大，在优化训练的前期学习速度会很快，使得模型迅速接近局部或全局最优解，但是在后期会有较大波动，甚至出现目标函数的值围绕最小值徘徊，波动很大，达不到最优值。因此，为了防止学习率过大，要让学习率随着训练轮数的增加而不断减小（如按指数级减小），就是在模型训练初期，使用较大的学习率进行模型优化，随着迭代次数增加，逐步减小梯度下降的步长，保证模型在训练后期不会有太大的波动，从而更加接近最优解。

2．学习率衰减的实现

学习率衰减是非常有用的训练技巧，其类型有很多种，大致可以分为两类：一类是通过人为经验进行设定，如在到达多少轮时，设定具体的学习率为多少，这种方法在模型规模比较小时适用；另一类是自动进行，随着迭代轮数的增加，学习率自动衰减，这类方法的使用比较普遍。

比较常用的有指数型衰减和分数型衰减，具体公式如下：

$$\eta = \eta_0 c^{\lfloor n/n_0 \rfloor} \qquad\qquad (8\text{-}21)$$

$$\eta = \frac{\eta_0}{1 + c^{\lfloor n/n_0 \rfloor}} \qquad\qquad (8\text{-}22)$$

其中，η 为每轮优化时使用的学习率，η_0 为事先设定的初始学习率；c 为衰减系数，常设 c=0.95；n 为实时训练的总轮数，n_0 为初始设置的轮数，用于控制衰减速度；$\lfloor \ \rfloor$ 为数字取整符号，保证每 n_0 轮衰减一次。

如图 8-10 所示，从 O 点出发，最上面的曲线表示学习率 η 过大，训练振荡，无法收敛；接下来的灰色曲线表示学习率 η 过小，损失函数下降太慢；接下来的粗曲线表示学习率 η 大小较恰当，损失函数可以较快地收敛到很低的值；再下面的一细曲线为学习率 η 较大，在初期迅速下降，但很快进入一个损失函数不太低的水平区域。比较好的方法是学习率 η 随着训练的进行而减小，如图 8-10 中最底下的曲线 OAB 所示，OA 段学习率 η 较大，可以很快收敛到（一个较低的水平）A 点，然后减小学习率 η，沿着曲线 AB 可以收敛到更低的水平，达到最佳值。

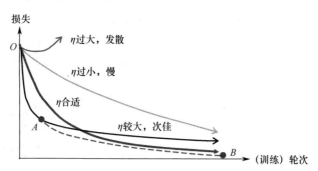

图 8-10　η 的选取和损失下降速度对比

8.3.3　丢弃技术

在网络训练中，经常会碰到过拟合的情况，当迭代次数增多时，网络对训练集数据拟合得很好（在训练集上损失很小），但是对验证集数据的拟合却很差。人们认为，过拟合意味着网络在经过多次的训练后记住了这些训练样本，对其他数据就难以适应了。如何解决这个问题呢？方法之一就是打破网络这种固定的工作方式，从而破坏这种不好的"记忆"。于是在每次迭代中随机地更新网络参数（如权重），通过引入这样的随机性来增加网络的泛化能力，这就是所谓的丢弃（Dropout）技术。

丢弃技术是 Hinton 于 2012 年提出的一种在深度学习网络训练中普遍可用的方法，可以有效防止在神经网络训练中的过拟合问题。在一般网络中，丢弃技术仅用于训练阶段，在测试阶段是关闭不用的。但在 GAN 的训练和测试阶段，一般在生成器中都会使用丢弃技术。

1. 什么是丢弃技术

具体的"丢弃"是如何操作的呢？简言之，所谓"丢弃"就是在网络的每次迭代过程中，用十分简便的方法随机（临时）更改网络的局部结构，如丢弃（或封闭）一些网络节点的输出，或丢弃一些权重连接，迫使随机选择出来的神经元共同工作，削弱神经元节点的联合适应性，增强泛化能力。

起初，丢弃技术被用在网络的全连接层之后，而在目前的神经网络的训练中，常将它使用在网络的各种层之后。例如，图 8-11(a)是一个没有采用丢弃技术的普通的 3 层全连接网络，图 8-11(b)是采用"丢弃技术"的神经网络，其中空白的节点为随机丢弃的节点，即在模型训练时随机地让网络的某些节点不工作，其他过程不变。注意，在采用丢弃技术的网络中，某个神经元是"被保留"还是"被丢弃"都不是固定的，是随着训练的推进而随机确定的。

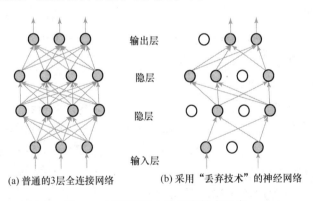

(a) 普通的3层全连接网络　　(b) 采用"丢弃技术"的神经网络

图 8-11　网络训练中的丢弃技术示意

常见的丢弃方法有两种，即普通丢弃（Vanilla Dropout）和倒置丢弃（Inverted Dropout）。普通丢弃方法在训练阶段需要对激活值进行缩放，而在测试阶段保持不变。这是因为模型一旦使用了丢弃技术，在训练时只有 $1/p$ 的隐层单元参与训练，而在测试的时候，所有的隐层单元都要参与进来，这样得到的输出幅度是正常训练（无丢弃）时的 $1/p$，为了避免这种情况，就需要在测试的时候将输出乘以 p，使下一层的输入规模保持不变。而采用倒置丢弃方法，我们可以在训练的时候直接将丢弃后留下的神经元的权重扩大 p 倍，从而使输出的幅度保持不变，而在测试的时候也不用做额外的操作了。现在主流的方法是倒置丢弃，有时提到丢弃就默认是倒置丢弃。

在采用丢弃技术的神经网络的训练迭代中，首先随机丢弃网络中一些隐层的神经元（有时也扩大到输入层和输出层的神经元），保存被丢弃神经元的权重等数据；然后把输入数据通过修改后的网络前向传播，把得到的输出层的误差数据通过修改后的网络反向传播，在没有被丢弃的神经元上使用随机梯度下降法更新对应的权重等参数。恢复被删掉的神经元，此时被删除的神经元保持原样，而没有被删除的神经元已经有所更新，一轮迭代完成。在下一轮迭代中，继续随机丢弃一些神经元，如此重复直至训练结束。由于是随机丢弃，故而相当于每个小批（Mini-Batch）的数据都在训练不同的网络。

2. 丢弃技术解决过拟合问题

对于丢弃这样的操作为何可以防止训练过拟合，提出者也没有给出数学证明，我们可以从以下几个方面来考虑。

（1）取平均的作用：丢弃不同的输出层或隐层神经元就类似于在训练不同的网络，例如，在随机丢弃一半的隐层神经元后，网络结构已经与原网络不同，整个丢弃过程就相当于对很多个不同的神经网络取平均并用来预测，让网络学习一些普遍的共性，而不是某些训练样本的某些个性。这样可以提升模型的稳定性，提升泛化能力，防止过拟合。

（2）减少神经元之间复杂的共适应关系：因为采用了丢弃技术，因此两个神经元不一定每次都在一个丢弃后的网络中出现，这样权重的更新不再依赖有固定关系的隐节点的共同作用。迫使网络学习更加鲁棒的特征，这些特征在其他神经元的随机子集中也存在。

（3）丢弃类似于性别在生物进化中的角色：物种为了生存往往会倾向于适应环境，环境突变会导致物种难以做出及时反应，而性别的出现可以繁衍出适应新环境的变种，有效阻止过拟合，即避免在环境改变时物种可能面临的灭绝风险。

丢弃技术也存在一些不足之处，如明确定义的损失函数在每次迭代时都会下降，而每次丢弃都会随机删除神经元，也就是说，每次训练的网络都是不同的，损失函数不再被明确地定义，在某种程度上很难计算，会使我们失去调试工具。

8.3.4　批量规范化

批量规范化（Batch Normalization，BN）方法目前已经被广泛应用到各类神经网络的训练中，具有加快网络收敛速度、提升训练稳定性的效果。BN 本质上解决的是反向传播过程中的梯度过小或过大问题，通过规范化操作将每层的输出信号 x 规范化为均值为 0、方差为 1 的数据，从而保证网络的稳定性。

我们知道，在网络输出误差的反向传播中，经过每层的梯度会乘以该层的权重，如前所述，数据在前向传播中 $f_2=f_1(w^T \cdot x+b)$，那么误差在反向传播中，梯度为 $\partial f_2/\partial x=(\partial f_2/\partial f_1) \cdot w$，有 w 的存在，所以 w 的大小影响了梯度的消失或爆炸。BN 就是把每层的输出规范为均值和方差一致的数据，消除了 w 带来的放大或缩小的影响，进而解决梯度消失或爆炸的问题。也可以理解为 BN 将网络输出从饱和区拉到了非饱和区。这里的"饱和"是指网络训练到后期，输出几乎没有变化。

BN 应该放在非线性激活层的前面还是后面？在 BN 的原始论文中，BN 是放在非线性激活层前面的。但目前在实践中，倾向于把 BN 放在激活函数后面。BN 可以视作对传给隐层的输入数据的规范化。BN 的作用机制可理解为通过平滑隐层输入的分布，推动随机梯度下降的进行，缓解权重的更新对后续层的负面影响。

BN 对稳定网络训练的作用表现在如下方面：BN 可以降低对初始化数据的过分依赖，允许在训练中取较大的学习率；因为 BN 保持隐层中数值的均值、方差不变，因此可使各层的数据特性更加稳定。

当然，BN 也存在一些问题。例如，BN 每次都在一个批量（Batch）上计算均值、方差，如果批量尺寸太小，则计算的均值、方差不足以代表整个数据分布，但批量尺寸太大又会超过内存容量。再如，BN 和丢弃一起使用时会出现问题，BN 和丢弃单独使用都能减少过拟合并加快训练速度，但如果一起使用的话，并不会产生"1+1>2"的效果，相反可能会得到比单独使用更差的效果。

具体到 GAN 训练中，尽可能使用 BN，除非确实有限制。另外，在一批数据里，尽量保证只有真实数据样本或者伪造数据样本，不要把它们混起来（作为一批数据）进行训练。

8.3.5　激活函数的选择

在深度网络中，激活函数用得最多的是 sigmoid 函数，但在 GAN 中，主要采用以下 3 种函数。

1. ReLU 函数

选择 ReLU 函数作为激活函数的理由很简单，如果激活函数的导数为 1，那么就不存在梯度消失和梯度爆炸的问题了，每层的网络都可以得到相同的更新速度，ReLU 的数学表达式如下：

$$\text{ReLU}(x) = \max(0, x) \tag{8-23}$$

ReLU 函数及其导数如图 8-12 所示。

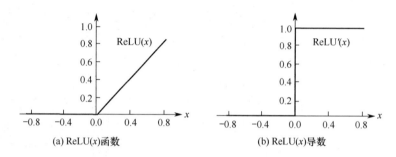

图 8-12　ReLU 函数及其导数

ReLU 除了可以解决梯度消失、爆炸的问题，还具有计算方便、计算速度快等一些优点。当然也存在一些缺点，最主要的问题是，由于负数部分恒为 0，会导致一些神经元无法被激活，而且输出不是以 0 为中心的。不过尽管 ReLU 函数有一些缺点，但其仍然是目前使用最多的激活函数。

2. LReLU 函数

LReLU（Leaky ReLU）函数是为了解决 ReLU 的负数区间导数为 0 的问题而提出的，其数学表达式为

$$\text{LReLU}(x) = \max(kx, x) \tag{8-24}$$

其中，k 是泄漏（Leak）系数，一般选择 0.2 左右，或者通过学习而得。LReLU 消除了负数区间导数为 0 带来的影响，但具有 ReLU 的所有优点，是目前 GAN 中应用较多的一种激活函数。LReLU 函数如图 8-13 所示，其中 $k=0.2$。

3. ELU 函数

ELU（Exponential Linear Unit）函数的目的也是解决 ReLU 负数区间导数为 0 的影响，其数学表达式为

$$\text{ELU}(x)=\begin{cases} x & ,x>0 \\ \alpha(\exp(x)-1) & ,x\leqslant 0 \end{cases} \qquad （8\text{-}25）$$

ELU 函数如图 8-14 所示，在负数部分为指数函数。它的导函数为

$$\text{ELU}'(x)=\begin{cases} 1 & ,x>0 \\ \text{ELU}(x)+\alpha & ,x\leqslant 0 \end{cases} \qquad （8\text{-}26）$$

其中，$\alpha>0$ 是一个可调整的参数，它控制 ELU 负值部分在何时饱和。ELU 有两个优点：一是将前面单元输入的激活值均值控制为 0，二是让激活函数的负值部分也可以起作用，而 ReLU 和 L ReLU 负值部分几乎不携带信息。

ELU 通过在正值区间取输入 x 本身来减轻梯度弥散（$x>0$ 区间内导数处处为 1），ReLU 和 LReLU 都具备这一特性。但是 ReLU 的输出值没有负值，所以输出的均值会大于 0，当激活值的均值非 0 时，就会对下一层造成一个偏置；如果激活值之间不会相互抵消（均值非 0），会导致下一层的激活单元有偏移。如此叠加，单元越多，偏移就会越大。相比于 ReLU，ELU 可以取到负值，这让单元激活均值可以更接近 0，类似于 BN 的效果，但只需更低的计算复杂度。

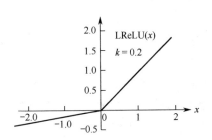

图 8-13　LReLU 函数

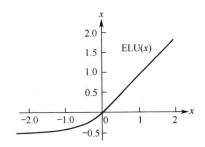

图 8-14　ELU 函数

第**9**章
GAN 的改进

自 2014 年 GAN 问世以来，由于其优越性能，以及多个领域对 GAN 应用的需求不断增加，针对 GAN 的改进一直在全面、快速、深入地进行。到目前为止，仅在 Github 网站（开源软件托管平台）上所设的"GAN 动物园"（The GAN Zoo）专栏，已公布了千余种改进 GAN，并且在不断地更新和增加。

说到 GAN 改进的话题，先从总体上来谈谈 GAN 改进中的"不变"与"变"。

所谓的"不变"，主要是指 GAN 工作的基本网络结构和基本原理不变，简言之，各类改进 GAN 的基本网络结构都包括生成网络（生成器）和判别网络（判别器），基本原理都是基于两者的对抗平衡机制（纳什均衡）。

所谓的"变"，主要是指在 GAN 技术层面的种种改进，如针对不同的应用场合，GAN 的实现目标有所改变：针对 GAN 目标函数或损失函数的改进、针对生成器或判别器实现的神经网络类型的改进、针对 GAN 训练中存在问题的改进等。

实际上，GAN 的一些改进已在前几章中涉及，如第 7 章和第 8 章。本章不再按照改进的技术种类来介绍，而是大致按时间顺序（加之对归类的考虑），介绍几种近年来比较流行、应用比较广泛、效果比较好的改进 GAN。

本章第 1 节简单梳理了 GAN 的改进之路；第 2 节到第 8 节分别介绍了几种改进 GAN。还有两类改进 GAN，即 Cycle GAN 和 Stack GAN，主要用于图像风格的迁移，将在第 10 章介绍，本章不做赘述。

9.1　GAN 的改进之路

　　基本 GAN 在成为优秀的生成模型的同时，也逐渐暴露出一系列的问题。这些问题在前面的章节中也有所涉及，大致可分为两方面：一方面是理论问题，主要是用于优化的目标函数和实际情况不匹配；另一方面是 GAN 训练中存在的问题，最主要的是收敛不稳定、模式崩溃、梯度消失等。

　　由于 GAN 是基于神经网络实现的，所以神经网络本身存在的问题自然也会对 GAN 产生影响。例如，神经网络的"黑盒子"性质，使我们很难准确地知道它们如何及为什么会将一段随机噪声变为一幅图像输出。这一特点，给 GAN 带来"可解释性"差的问题。针对这些问题，有关 GAN 改进的研究论文数量几乎呈现指数型增长趋势，至今未衰。图 9-1 所示是近年来具有代表性的 GAN 改进方法的时间历程。

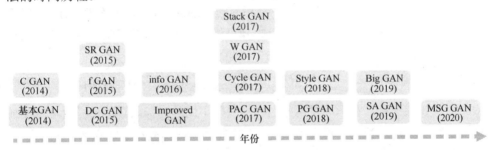

图 9-1　近年来具有代表性的 GAN 改进方法的时间历程

9.2　C GAN 和 info GAN

9.2.1　C GAN

1. 对基本 GAN 增加约束

　　虽说 GAN 不需要预先建模是一大优点，但也过于自由，尤其对于较大的图像，基于基本 GAN 的方式往往难以控制。为了解决这个问题，M. Mirza 和 S. Osindero 于 2014 年提出了条件生成对抗网络（Conditional GAN，C GAN），就是给 GAN 加上约束条件，让生成的样本更符合预期。这个约束条件可以是图像的类别标签，也可以是图像的语义等。C GAN 的网络结构和基本 GAN 大致相同，如图 9-2 所示。不同之处在于 C GAN 对生成器和判别器的输入增加了一个与输入数据相对应的条件。

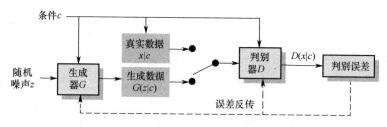

图 9-2　C GAN 的网络结构

以产生 MNIST 手写数字 0~9 的 GAN 为例，GAN 生成的数字是完全随机的，即具体生成 0~9 中的哪一个数字依赖随机输入 $z \sim p_z(z)$。但是在 C GAN 中，我们可以对输入的随机噪声和样本数据加上具体的类别标签 c（0~9 类）作为限制条件。这样，生成器的输出为 $G(z|c)$，代表在随机噪声 z 和类别标签 c 的限制下生成的特定类别图片。判别器的输入 x 加上相应的类别标签 c，输出为 $D(x|c)$，代表输入图片 x 被判定是类别 c 的概率。反映到目标函数中，就是用条件概率替代原有的无条件概率：

$$V(D,G) = E_{x \sim p_{\text{data}}(x)}[\log D(x|c)] + E_{z \sim p_z(z)}[\log(1 - D(G(z|c)))] \tag{9-1}$$

加入条件信息，相当于对不同的类别采用不同的目标函数，这样就可以控制输出的数字类别。类似于基本 GAN，C GAN 的生成器同样是目标函数 $V(D,G)$ 的极小化极大值的解：

$$G^* = \arg\min_G \max_D V(D,G) \tag{9-2}$$

相比于基本 GAN，C GAN 增加的类别标签 c 在通常情况下是一段可以表示不同类别的编码，只需将 x 与 c 拼接或相加在一起，就能形成 $x|c$ 的形式。当然必须保证 $x|c$ 的生成方式在训练和验证时是一致的。

2. 手写数字的 C GAN 生成示例

在 MNIST 上以类别标签为条件训练 C GAN，可以根据标签条件信息，生成对应的数字。

生成器的输入是 100 位服从均匀分布的随机噪声 z，类别标签 c 是"独热"（One Hot）编码，又称一位有效编码。所谓"独热"编码就是一串等长二进制码字，每个码字中只有一位为"1"，其余皆为"0"，不同位置的"1"表示不同的类别。$0\sim 9$ 手写数字的类别码可用 10 位独热编码。如一批随机噪声 z 有 64 个,每个 100 位的随机噪声 z 和 10 位的类别标签 c 串联,形成 64 个 110 位的生成器输入数据。对于每个输入数据,生成器输出一个与输入标签一致的 784 维数据来表示 $0\sim 9$ 中每个数字的灰度图像(784 维数据表示的是 28×28 的手写数字灰度图像)。

手写数字 C GAN 生成示例如图 9-3 所示。判别器的输入是 784 维的真实图像数据或生成图像数据,以及对应的类别标签 c,输出是该类型样本来自训练集真实图像的概率。

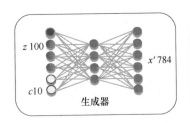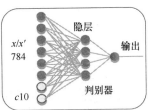

图 9-3　手写数字 C GAN 生成示例

C GAN 对模型增加约束条件,引导数据的生成过程。如果条件 c 是类别标签(c 不仅限为类别标签),则可以看作 C GAN 是把无监督的 GAN 变成有监督模型。这个简单、直接的改进非常有效,生成的图像质量明显优于基本 GAN 生成图像的质量,并对后续的 GAN 改进工作有所启示,如 9.2.2 节介绍的 info GAN。

9.2.2　info GAN

1. 噪声的混杂特性

在基本 GAN 中,生成器输入的随机噪声 z 的维度(或其他顺序)和特征之间没有明显的对应关系,呈现为高度混杂,图 9-4 所示是 GAN 的 $G(z)$ 和 z 之间的无序性,其中 z_1 和 z_2 是多维 z 空间的第 1 维和第 2 维。在手写数字的生成过程中,生成器在使用随机噪声 z 的时候没有加任何限制,因此无法得知什么样的噪声可以用来生成数字 2,什么样的噪声可以用来生成数字 8 等。这种无序性严重影响了 GAN 训练的稳定性和 GAN 的实际应用。

2. 增加隐含码

为了解决上述问题,X. Chen 和 Y. Duan 等人在 2016 年提出了一个新的 GAN 模型——信息最大化生成对抗网络(information Maximizing GAN,info GAN),

在生成器中，除了原先的随机噪声 z，还增加了一个隐含码 c，图 9-5 所示是 info GAN 的网络结构。

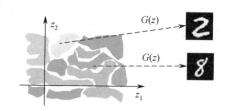

图 9-4　GAN 的 $G(z)$ 和 z 之间的无序性

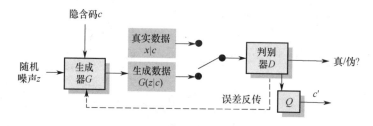

图 9-5　info GAN 的网络结构

隐含码 c 通常由若干个子码组成。例如，在生成 MNIST 手写数字时，使用了三个子码：子码 c_1 为 10 个离散码，对应数字 0～9，概率都是 0.1；子码 c_2 和 c_3 为连续码，服从[-2,2]的均匀分布，分别表示数字的倾斜角度和笔画的粗细（或数字的宽度）。图 9-6 所示为 info GAN 在隐含码的控制下输出的手写数字。图 9-6(a)表示 c_2 控制生成数字的倾斜角度，小的 c_2 值表示数字向左偏，大的 c_2 值表示数字向右偏。图 9-6(b)表示 c_3 控制生成数字的宽度，c_3 的值越大，生成的数字越宽。

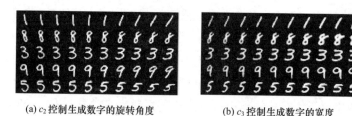

(a) c_2 控制生成数字的旋转角度　　　　(b) c_3 控制生成数字的宽度

图 9-6　info GAN 在隐含码的控制下输出的手写数字

仅靠增加隐含码并不能完全解决问题，因为在 GAN 训练中很容易忽略隐含码 c 的影响，使得 $P_g(x|c) = P_g(x)$，回落到基本 GAN。为了解决这个问题，info GAN 引入了互信息。

3. 互信息

互信息 $I(A;B)$ 定义为 A、B 两个随机变量熵的差值，也就是 A 的先验分布熵 $H(A)$ 和后验分布熵 $H(A|B)$ 的差值，即

$$I(A;B)=H(A)-H(A|B) \qquad (9\text{-}3)$$

互信息是对称的，并且总是非负的，即

$$I(A;B)=I(B;A) \geqslant 0 \qquad (9\text{-}4)$$

可以证明，互信息函数是凸函数。如果 A 和 B 完全相关，互信息的值达到最大，即 $I(A;B)=H(A)$，则可完全消除 A 的不确定性，由 B 可以完全确定 A。为了使生成数据 x 与隐含码关联密切，需要最大化它们的互信息。因此，info GAN 的目标函数就是在基本 GAN 的目标函数 $V_{gan}(D,G)$ 基础上，增加了一个互信息正则化项，即

$$\min_{G}\max_{D} V_{info}(D,G) = V_{gan}(D,G) - \lambda I(c;G(z\,|\,c)) \qquad (9\text{-}5)$$

其中，$\lambda I(c;G(z|c))$ 为互信息正则化项；λ 是一个超参数（实验最优值为 1），控制正则化的强度；$G(z|c)$ 表示生成器的输出，不仅是 z 的函数，还与 c 有关。

简言之，info GAN 是一种无监督的学习方法，仅在基本 GAN 上增加一点可忽略的计算成本，就可以在复杂度较高的数据集上学习可解释的表示，并且易于训练和推广应用。

9.3　DC GAN

基本 GAN 的生成器和判别器采用的是全连接神经网络，这类结构适用于相对简单的图像数据集，如 MNIST（手写数字）、CIFAR-10（自然图像）及 TFD（人脸图像）等。深度 CNN 特别适合用来处理图像数据，特别是较复杂的图像生成任务，Radford 等人于 2015 年提出了一种 GAN 的改进版，称为深度卷积 GAN（Deep Convolutional GAN，DC GAN）。DC GAN 的基本原理、目标函数等都与基本 GAN 相同，其改进主要体现在网络结构等五个方面。

（1）判别器和生成器的结构大致对称，生成器使用分步幅卷积进行上采样，判别器使用整步幅卷积进行下采样。

（2）生成器和判别器各层均使用批量规范化处理，有利于梯度信息的传播。

（3）在生成器中，最后一层使用 tanh 激活函数，其余使用 ReLU 激活函数；在判别器中，最后一层使用 softmax 激活函数，其余使用 L ReLU 激活函数。

（4）生成器和判别器均没有池化层，不进行池化处理。

（5）去掉典型 CNN 中的全连接层，使网络变为全卷积网络。

可见 DC GAN 将 CNN 与 GAN 结合起来，把基本 GAN 中的生成器和判别器换成了两个深度 CNN。但并不是直接替换，而是对 CNN 的结构进行了一些改变，从而提高生成样本的质量和收敛的速度。DC GAN 结构特点如表 9-1 所示。

表 9-1　DC GAN 结构特点

类别	卷积方式	数据处理	激活函数	池化层	全链接层
生成器	分步幅卷积上采样	批量规范化	ReLU //tanh（输出）	不采用	取消
判别器	整步幅卷积下采样		L ReLU//softmax（输出）		

1. 生成器结构

DC GAN 的生成器结构如图 9-7 所示。从图 9-7 可以看出，DC GAN 的生成器的输入是一个 100 维的均匀分布的随机噪声 z，中间有四个上采样卷积层，每经过一个卷积层，特征面长宽扩大一倍，即从 4×4 扩大到 64×64。前三次卷积的通道数减半，从 1024 减到 128，第四次卷积的通道数从 128 减为 3，最终产生一个 64×64×3 的输出图像。

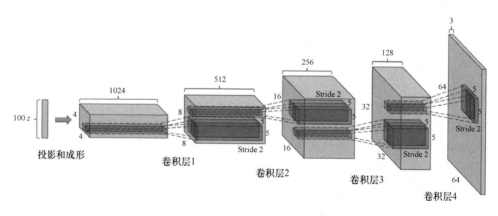

图 9-7　DC GAN 的生成器结构

DC GAN 的判别器基本也是 CNN，与生成器成反向对称结构。输入的是 64×64 图像，卷积后特征面逐层减半，最终输出的是判别结果为真实图像的概率，取值为[0,1]。

2. 分步幅卷积

值得说明的是，DC GAN 中四个卷积层采用的是分步幅卷积，其工作原理如图 9-8 所示。与普通卷积的不同之处在于，分步幅卷积把输入 3×3 矩阵拆开，在每个像素的周围添 0，再与 3×3 卷积核卷积，形成 5×5 大小的输出矩阵。该卷积过程还实现了图像数据的上采样，如将 3×3 的输入数据扩大成 5×5 的数据。

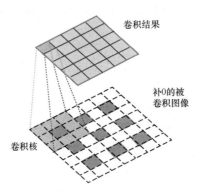

图 9-8　分步幅卷积的工作原理

DC GAN 虽然改善了生成器和判别器的网络结构，但是并没有从根本上解决 GAN 训练稳定性的问题。在训练的时候，仍然是先训练判别器多次，再训练生成器一次，需要小心地平衡生成器、判别器的训练进程。

9.4　W GAN

Arjovsky Martin 等人于 2017 年提出了一种 W GAN（Wasserstein GAN），取得了以下几点进展。

（1）提出以 Wasserstein 散度（距离）代替 JS 散度，使 GAN 训练基本稳定，不再需要平衡生成器和判别器的训练程度。

（2）初步解决了 GAN 的模式崩溃问题，保证了生成样本的多样性。

（3）在训练过程中，可以采用交叉熵、准确率等数值来指示训练的进程，这些数值越小代表 GAN 训练得越好，生成器产生的图像质量越高。

（4）W GAN 不需要精心设计网络架构，使用采样简单的多层全连接网络就可以实现。

相较于基本 GAN，W GAN 的算法实现流程只需进行如下改进。

（1）判别器最后一层去掉 sigmoid 激活函数。

（2）生成器和判别器的损失函数不取对数。

（3）在每次更新判别器的参数后，对它们的绝对值进行截断（不超过一个固定常数）。

（4）不使用比较复杂的基于动量的优化算法，如动量随机梯度下降、自适应动量估计等，而使用常见的随机梯度下降或均方根传递。

9.5　Big GAN

近年来，尽管 GAN 在生成图像方面取得了客观的进展，但是从 ImageNet 等复杂图像数据集中成功生成多种多样的高质量样本仍然是一项困难的工作。针对此难题，Andrew Brock 提出了一种新颖的大规模 GAN（Large Scale GAN，Big GAN）模型，训练了迄今为止规模最大的 GAN，基于此方法生成的图像十分清晰、逼真、多样，人眼已经难以辨别其真伪了。Big GAN 主要在三个方面对基本 GAN 进行了改进：增大数据批量尺寸、采取"截断"和"分层"措施及控制模型的稳定性。

1. 增大数据批量尺寸

实验表明，在 GAN 训练中，当数据批量尺寸增大时，生成的图像质量（如自然度和细节）也会随之改善。当数据批量加大到 8 倍时，表征生成图像性能的起始分（IS）提高近一倍。Big GAN 就采用了这一原理，"Big"表明在训练中采用了"Big Batch"。为了生成高质量的自然图像，Big GAN 使用的数据批量规模达到了 2048 个，而在平常训练时，规模通常为 64 个。而且在卷积运算中的通道数也多达 96 个，网络的参数量剧增至约 16 亿个。

关于增大数据批量尺寸而使生成图像质量改善的原因，学者普遍认为可能是每批次覆盖了更多的模式，为生成器和判别器提供了更多的梯度信息。但是，增大数据批量尺寸会使网络的训练参数大增，模型训练的稳定性下降，因而也不能一味地增加批量尺寸，需要根据具体情况确定。

2. 采取截断和分层措施

1）截断

所谓的"截断"是一种简单的采样技术，可以对生成样本的多样性与保真性进行适当地折中。具体做法是，如果随机数超出阈值范围，则重新采样，使其落在阈值区间里。阈值可以根据生成质量指标 IS 和 Frechet 初始距离（Frechet Inception Distance，FID）决定。IS 可以大致反映图像的生成质量，FID 则更加注重生成的多样性。

2）分层

Big GAN 在隐含空间的处置上采用了分层隐空间（Hierarchical Latent Space）技术，将噪声 z 送到生成器的多个层，而不像基本 GAN 那样，仅将 z 直接输入生成器的初始层。Big GAN 的网络结构如图 9-9 所示。

3. 控制模型稳定性

Big GAN 为了控制模型的稳定性，在训练期间监测网络的一系列权重、梯度和损失等统计数据，以寻找可能预示训练崩溃开始的指标。但在训练时，良好的稳定性只能通过牺牲模型的性能来实现。

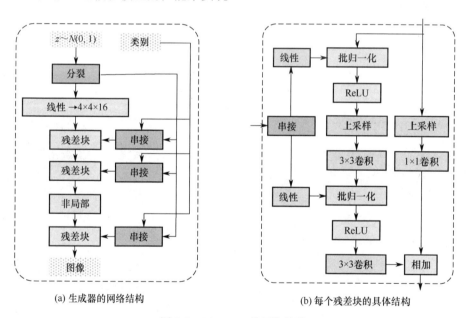

(a) 生成器的网络结构　　　(b) 每个残差块的具体结构

图 9-9　Big GAN 的网络结构

在采用 128×128（ImageNet）图像训练后，Big GAN 取得了优秀的成绩，与以往最好的成绩相比，IS 值（越大越好）从 52.52 提升到 166.3，FID 值（越小越好）从 18.65 下降到 9.6。在采用 256×256 图像训练后，取得了 IS 值和 FID 值分别为 233.0 和 9.3 的成绩，在采用 512×512 图像训练后，取得了 IS 值和 FID 值分别为 241.4 和 10.9 的成绩。图 9-10 所示是 Big GAN 生成的图像示例，图像的背景、纹理和细节都生成得非常逼真。

图 9-10 Big GAN 生成的图像示例

第*10*章
GAN 的图像处理应用

在图像处理领域，GAN 作为一种新型生成模型，主要用于"模仿"真实数据的分布并建模，进而生成新数据。GAN 可用于图像生成、转换、翻译、修复、重建和预测等场景。GAN 可以凭借对抗生成机制，产生大量的数据样本，以弥补机器学习所面临的训练数据不足的问题，因此可以应用在半监督学习、无监督学习任务中。目前，GAN 的应用大致涉及三个领域：图像/图形和视频领域、音频和语音领域、文字和其他序列信号领域。就目前已发布的 GAN 应用看来，GAN 在图像处理方面的应用占了最大比重，图像生成、图像超分辨率重建和图像翻译又是其中的"主业"。

GAN 在图像处理中的应用，一方面，引入了新的处理类型，如图像翻译、风格迁移等，解决了以往无法解决的问题；另一方面，为传统的图像处理带来了新的处理方法，改进了处理效果。

本章第 1 节介绍 GAN 的主要应用——图像生成；第 2 节介绍图像超分辨率重建，其性能大大超过传统方法；第 3 节介绍图像修复，介绍这个"古老"的课题的新进展；第 4 节介绍图像翻译，包括图像至图像的翻译、文本至图像的翻译；第 5 节介绍图像风格迁移，这是一类新的图像处理应用；第 6 节介绍视频预测，它是针对序列数据预测的应用之一。

10.1　图像生成

10.1.1　图像生成的三种方式

GAN 在图像生成中主要采取直接（Direct）方式、分层（Hierarchical）方式和迭代（Iterative）方式，图 10-1 给出了 GAN 图像生成的三种主要方式示意。

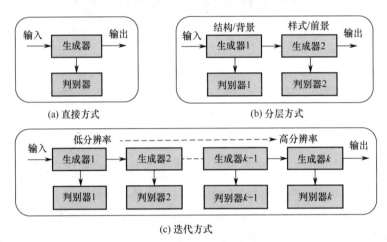

图 10-1　GAN 图像生成的三种主要方式示意

在区分 GAN 的图像生成方式时，可以看它有几个生成器和判别器。直接方式只有一个生成器和一个判别器，而其他两种方式都有多个生成器和判别器（多个 GAN）。分层方式一般分两层，每个 GAN 担任一个不同于其他 GAN 的基本角色。迭代方式包含多个 GAN，每个 GAN 完成相同的任务，但是在不同分辨率的图像上操作。

1. 直接方式

直接方式中的生成器和判别器的结构是直接的，没有分支。许多初代的 GAN 模型属于这一类，如基本 GAN、DC GAN、Improved GAN、info GAN、C GAN、f GAN 等。

DC GAN 是最典型的一种直接方式 GAN，其结构后来被许多模型所使用。DC GAN 采取直接方式的结构简图如图 10-2 所示，其中生成器使用转置卷积（Transposed Convolution）、批归一化（BN）和 ReLU 激活函数，而判别器使用卷积、批归一化和 L ReLU 激活函数，这也是被现在很多 GAN 模型设计所借鉴的。

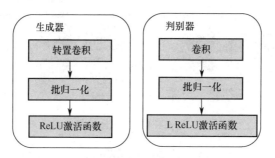

图 10-2　DC GAN 采取直接方式的结构简图

与分层和迭代方式相比，直接方式的设计和实现相对简洁，更容易获得较好的结果。

2. 分层方式

与 GAN 的直接方式不同，典型的分层方式在其模型中使用两个生成器和两个判别器，形成"样式 GAN""结构 GAN"，或"前景 GAN""背景 GAN"等，各自具有不同的用途。在这类分层方式中，将图像分成两部分，如"样式和结构""前景和背景"等，由各自的 GAN 来处理。两个 GAN 之间的关系可以是并联的，也可以是串联的。

例如，结构和样式 GAN（Structure and Style GAN，S^2 GAN）使用两个串联的 GAN，其整体结构如图 10-3 所示。可将图像的生成看作两部分的乘积，一部分是 3D 模式下的结构，另一部分是映射到结构上的纹理，即样式。考虑到图像的生成过程，S^2 GAN 由两部分组成，结构 GAN 和样式 GAN。结构 GAN 的生成器将随机噪声 z_1 作为输入，生成一个表面模板图（Surface Normal Map），而样式 GAN 的生成器以这个表面模板图和另一个随机噪声 z_2 为输入，生成一个正常的 2D 图像。这两个 GAN 先单独训练，然后再联合学习。这样的 S^2 GAN 模型比较容易解释，可生成更贴近实际的图像。

3. 迭代方式

迭代方式不同于直接方式和分层方式，它不使用两个或多个执行不同任务的生成器。GAN 迭代方式的模型使用具有相似甚至相同结构的多个生成器，它们生成从粗到细的图像，每个生成器根据前序生成结果重新生成具有更多细节信息的图像。如果在生成器中使用相同的结构，迭代方式可以在多个生成器之间使用权重共享来减少计算负担，而分层方式通常不能。

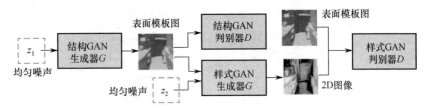

图 10-3　结构和样式 GAN 的整体结构

　　拉普拉斯金字塔 GAN（Laplacian Pyramid GAN，LAP GAN）是一种典型的迭代方式 GAN。它使用拉普拉斯金字塔下采样的方法，从粗到细迭代地生成精细的图像，图 10-4描述了 LAP GAN 的训练过程。LAP GAN 一共使用了 4 个 GAN，各 GAN 的生成器和判别器的主要区别在于尺寸不同。除了从前一级获取下采样的图像，每个 GAN 独立训练，执行基本相同的任务。图 10-4 从左到右，第一个 GAN 的工作过程：64×64 的训练图像 I_0 经 1/2 下采样成为 32×32 的图像 I_1，I_1 一方面作为下一级 GAN 生成器的输入图像，另一方面经上采样后成为 64×64 的图像 l_0，l_0 加上噪声 z_0 输入生成器 G_0，生成 64×64 的差值图像 $\hat{h}_0$。生成的差值图像 $\hat{h}_0$ 和真实差值图像 h_0 输入判别器 D_0 进行真伪判别。注意，输入判别器 D_0 的不是一般的图像，而是真实的差值图像 $h_0=I_0-l_0$ 和生成的差值图像 $\hat{h}_0$。右边三个 GAN 的工作过程和第一个 GAN 基本相同，只是输入图像是上一级 GAN 的下采样图像。输入图像 I_1 为 32×32 图像，I_2 为 16×16 图像，I_3 为 8×8 图像。最后一个 GAN 的结构和基本 GAN 一样，但没有下采样和上采样，也没有差值计算，仅将噪声 z_3 作为输入并输出图像 $\tilde{I}_3$。LAP GAN 优于基本 GAN，并且迭代方式可以生成比直接方式更清晰的图像。

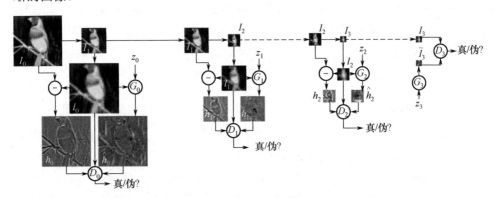

图 10-4　LAP GAN 的训练过程

LAP GAN 的图像生成过程与图 10-4 所示的训练过程中数据流动的方向相反，并且与判别器有关的部分都不需要。首先将 z_3 输入 G_3，得到 $\tilde{I}_3$，对 $\tilde{I}_3$ 上采样得到 l_2；将 l_2 和 z_2 联合输入 G_2，生成差值图像 $\hat{h}_2$，随后 $\hat{h}_2$ 和 l_2 相加获得图像 $\tilde{I}_2$；如此对 G_1、G_0 重复操作，直至 G_0 生成最高分辨率的图像 $\tilde{I}_0$。

10.4.2 节将介绍的 Stack GAN 也可看作一种迭代方式，但只有两个生成器。

10.1.2　几种特殊的图像生成

GAN 的图像生成功能是指 GAN 能够生成与训练集类似而又不完全相同的图像，包括从最初用 GAN 生成手写数字图像、人脸图像，到近年来用 GAN 生成高清自然场景图像。此外，GAN 还可以用在特殊的图像生成中，如图 10-5 所示。图 10-5(a)是使用 GAN 编辑并生成戴着墨镜的人脸；图 10-5(b)是将 GAN 用于"人脸去遮挡"，不仅能够检测和去掉人脸上的遮挡，还能基本保持人脸的原有信息，从而提高人脸的识别准确率；图 10-5(c)是将 GAN 用于视频预测帧的生成，即利用过去的一系列真实帧来预测未来的若干帧。

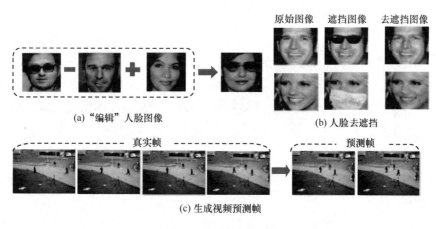

图 10-5　特殊的图像生成

10.2　图像超分辨率重建

图像超分辨率（Super Resolution，SR）重建是指将一幅低分辨率（Low Resolution，LR）的模糊图像处理成一幅高分辨率（High Resolution，HR）的（带有丰富细节的）清晰图像。超分辨率问题实际上是一个病态问题，因为在图像分辨率降低的过程中，丢失的高频细节很难恢复。但GAN在某种程度上可以学习到高分辨率图像的分布，从而能够用于图像的超分辨率重建，获得高质量的超分辨率重建图像。

图 10-6 所示是超分辨率 GAN 的网络结构。在图 10-6(a)中，生成器将模糊的 LR 图像作为输入（不同于其他大多数 GAN 的输入为随机矢量），输出一幅对应的清晰的 HR 图像。判别器则判断所输入的图像究竟是"真 HR 图像"，还是由低分辨率图像转换来的"伪 HR 图像"，这就大大简化了模型的学习过程。

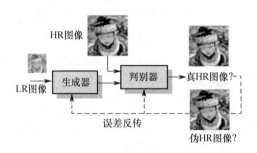

图 10-6　超分辨率 GAN 的网络结构

为了使得整个 GAN 能够取得比较好的结果，要求生成器和判别器都有很强的学习能力。所以在实际应用中，通常用多层神经网络来参数化生成器和判别器。

与以往基于深度学习的图像超分辨率重建相比，使用 GAN 模型能够得到更好的结果，PSNR 不一定最高，但主观感知损失最小，与原始图像最相似，能够提供更丰富的细节。

10.3　图像修复

图像修复（Image Inpainting）是传统图像处理中的一个重要研究分支，也是一个经典的应用领域。采用传统的插值、回归、偏微分方程等方法的图像修复已经取得了较好的结果。随着神经网络的兴起，图像修复又有了新的方式，修复的质量也大幅提高。

在各种图像修复中，人脸图像修复是一种相对比较困难但有广泛应用需求的技术。这里介绍一种基于 GAN 的人脸补全（Face Completion）技术。人脸图像补全 GAN 网络结构如图 10-7 所示，主要由一个生成器、两个判别器和一个解析网络组成。

　　生成器主要由自编码器组成，输入为有遮挡的人脸图像，输出为生成的补全后的人脸图像。生成图像的非遮挡部分使用真实图像的对应像素替代。

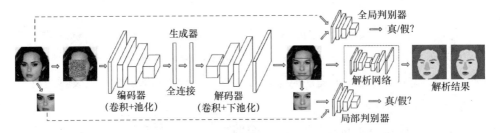

图 10-7　人脸图像补全 GAN 网络结构

　　这里使用了两个判别器：一个局部判别器和一个全局判别器。全局判别器鉴别整幅图像的真伪，局部判别器鉴别遮挡部分的图像的真伪。两个判别器都采用基本 GAN 的损失函数，唯一区别是局部判别器只为遮挡区域提供训练信号的损失梯度信息，而全局判别器在整个图像上反向传播损失梯度信息。

　　解析网络主要用于进一步提升遮挡区域生成图像的真实性。解析网络将脸部分割为 11 个语义部位（嘴、鼻、眼等），确定每个像素所属的部位，预先训练好并固化下来，用于保证新生成的内容更贴近原始图像、更真实，使新、旧像素更加一致。人脸解析的结果如图 10-7 最右边的两幅图像所示，用不同的颜色表示脸部不同的部位。

　　人脸图像补全示例如图 10-8 所示，结果还是比较令人满意的。

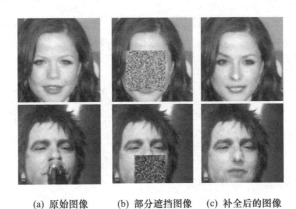

(a) 原始图像　　　(b) 部分遮挡图像　　　(c) 补全后的图像

注：彩插部分有相应彩色图片。

图 10-8　人脸图像补全示例

10.4　图像翻译

所谓图像翻译，指从源域的一幅图像、一段文字或一段语音到目标域的一幅图像的转换。这可以类比语言的机器翻译，将一种语言转换为另一种语言。图像翻译保持源域媒体的内容不变，但媒体的风格（或一些其他属性）会变成目标域的风格（或相应属性）。

对图像翻译任务来说，GAN 生成器的输入显然应该是一张原始图像，输出必然是一幅"翻译"后的图像。但是判别器的作用发生了一些变化，除了要判断输入图像的真伪，还要保证生成图像和输入图像是匹配的。在图像翻译任务中，生成器的输入和输出之间共享了很多信息，如图像着色任务、图像边缘信息。

图像翻译的类型主要有以下几种。

（1）图像至图像的翻译。例如，将结构图像转换成城市和建筑景观图像，将卫星图像转换成谷歌地图，将白天的景观转换成夜晚的景观，将夏季景观转换成冬季景观等。

（2）文本（语义）至图像的翻译。GAN可以将简单物体（如花、鸟）的文字描述转换为现实图像，也可根据语义或草图生成现实图像，如城市景观图像、卧室图像、人脸图像等。

（3）图像风格迁移。将一幅图像转换为具有另一种风格的图像，也可算作图像翻译。如将素描画转换成彩色图像，将照片转换成艺术画，将侧面人脸图像转换为正面人脸图像等，将在 10.5 节介绍。

（4）其他。例如，将门牌或广告数字转换为 MNIST 手写数字，将名人照片转换为动画表情，改变图像中人物的着装样式，用年轻时的人脸图像预测老年时的人脸图像，根据多种视角的 2D 物体图像生成 3D 模型等。

10.4.1　图像至图像的翻译

多种 GAN 的像素到像素模型为图像到图像的翻译问题提供了一系列解决方案。

一种多模式的混合 GAN 模型，即 BicycleGAN 可实现图像到图像的翻译，如

图 10-9 所示，将标注图、灰度图或边缘图等作为 GAN 的输入，GAN 能够输出与输入图像一致的真实图像。

(a) 从标注图到墙体图　　　　　　(b) 从灰度图到彩色图　　　　　　(c) 从边缘图到实体图

(d) 从标注图到街景图　　　　　　(e) 从白昼图到夜晚图　　　　　　(f) 从航拍图到地图

注：彩插部分有相应彩色图片。

图 10-9　图像到图像的翻译

10.4.2　文本至图像的翻译

2017 年，由 Han Zhang 等人提出的堆叠 GAN（Stack GAN）将文本到图像的翻译分为两步完成。第一步为生成草图，GAN 根据由给定文字描述的基本颜色和形状约束绘制对象。第二步为细化草图，GAN 纠正第一步生成的草图中的缺陷，并增加更多细节，产生分辨率更高的图像。与以往模型相比，Stack GAN 能生成具有更高分辨率（如 256×256）的图像，并且具有更逼真的细节和多样性。

与 Stack GAN 相比，Stack GAN v2 有三点改进之处：一是采用树状结构，多个生成器生成不同尺度的图像，每个尺度对应一个判别器，从而生成了多尺度的"伪图像"；二是目标函数除"条件损失"外，还增加了一项"非条件损失"，也就是不使用条件信息，直接使用服从标准正态分布的噪声 z 生成伪图像的损失；三是引入了彩色调节，对生成的伪图像的色彩信息加以限制。与 Stack GAN 比较，Stack GAN v2 提高了生成图像的质量和训练的稳定性。

图 10-10 为 Stack GAN 和 Stack GAN v2 生成图像的比较，从语义到切合语义的图像生成，两者都完成得很好，相比较而言，Stack GAN v2 生成图像的质量要好得多。

文本描述	这是一朵有许多小紫色花瓣的球形结构的鲜花。	这是一朵粉色、白色、黄色相间的鲜花，其花瓣带有条纹。	这朵花的花瓣是暗粉色的，带有白色的边缘和粉色的花蕊。	这朵花是黄白相间的，其花瓣稍有卷曲，而且很光滑。
(256×256) Stack GAN				
(256×256) Stack GAN v2				

注：彩插部分有相应彩色图片。

图 10-10　Stack GAN 和 Stack GAN v2 生成图像的比较

10.5　图像风格迁移

图像风格迁移（Style Transfer）也称为风格转换，是指将一幅图像从一种风格转换为另一种风格，如将一幅油画图像转换为具有照片风格的图像，或者将具有某位画家风格的作品转换为具有另一位画家风格的作品等。

用 GAN 实现图像风格迁移的方法有如下两种。

一种是涉及两个数据域的成对图像风格迁移方法，典型的例子就是像素到像素（pix2pix）方法，这种方法使用成对的数据训练出一个条件 GAN，损失函数包括 GAN 的损失和逐像素差的损失。

另一种是不涉及两个数据域的不成对图像风格迁移方法，一个典型的例子就是循环 GAN（Cycle GAN）。2017年由 Jun-yan Zhu 等人提出的 Cycle GAN 使用两个 GAN，通过一个 GAN 将源域数据转换到目标域之后，再使用另一个 GAN 将目标域数据转换回源域，转换回来的数据和源域数据正好是成对的，构成监督信息。

图像风格迁移示例如图 10-11 所示。

(a) 照片　　　　　　　　　　　　　　　(b) 梵高风格

注：彩插部分有相应彩色图片。

图 10-11　图像风格迁移示例

10.6　视频预测

对视频中未来帧的预测是一个具有挑战性的任务，也是无监督视频表示学习的关键技术之一。视频帧是由先前帧的内部像素流基于视频中形状和运动变化而自然产生的。然而，现有的预测方法致力于对像素值的直接估计，与实际的未来帧有一定的差距，容易形成模糊的预测结果。

GAN 应用于视频预测比较成功的例子是 Xiaodan Liang 等人在 2017 年提出的双重运动 GAN（Dual Motion GAN，DM GAN）。DM GAN 采用双重学习机制，通过训练迫使预测的未来帧和视频中的像素流保持一致。为了更好地进行预测，最初的未来帧预测和双重未来流（Dual Future Flow）预测形成一个闭环，相互之间传递反馈信号。

图 10-12 所示是 DM GAN 视频预测示例，预测帧和真实帧几乎没有区别。

(a) 输入的前帧　　　　　　　(b) 预测帧　　　　　　　(c) 真实帧

图 10-12　DM GAN 视频预测示例

第**11**章
GAN 的 Python 编程

对于 GAN 的学习、研究和小型开发等，大部分人都选择了 Python 语言，主要原因之一是 Python 的优点与 GAN 编程的需求比较吻合，之二是有众多的基于 Python 的专门的深度学习框架，如 TensorFlow、Keras 等。

本章第 1 节和第 2 节分别简单介绍 Python 编程语言和 Python 开发环境；在此基础上，第 3 节介绍深度学习框架；第 4 节介绍 TensorFlow 中的 GAN 编程模块。

11.1 Python 编程语言

Python 是由荷兰研究人员 Guido van Rossum 在 20 世纪八九十年代，在荷兰国家数学和计算机科学研究所设计出来的。Python 本身是由诸多其他语言发展而来的，包括 ABC、Modula-3、C、C++、Algol-68、SmallTalk、Unix shell 和其他脚本语言。在 Google，Python 是在 C++和 Java 之后，使用率排名第三的编程语言。

11.1.1 Python 简介

计算机完成某项任务靠的是计算机程序的运行，计算机程序实际上就是一系列指令，告诉计算机做什么、怎么做及何时做。设计和确定这一系列指令就是通常所说的计算机编程。这些指令并不同于我们平时所用的语言，计算机目前尚不能完全、精确地理解人类语言的指令，因为我们的语言包含了大量模糊和不确定成分。因此，编程的关键就是用计算机可以理解的语言来描述这些指令，这就是编程语言。

1．高级（编程）语言

犹如人类语言种类的繁多，计算机编程语言也有多种，如 Basic、C、C++、Java、Ruby 等，以及本章介绍的 Python。

以上提到的编程语言都是高级语言，设计它们的目的是方便编程人员理解和使用。但严格来说，计算机并不能直接理解和执行这些语言，它们只能理解和执行非常低级的编程语言，如用二进制代码（0 和 1）编写的低级编程语言，或称机器语言。

例如，让计算机做 2 个数求和的操作"3+4=？"，对于高级语言，指令非常简单：a=3，b=4，c=a+b，输出 7。

实际上，计算机在 CPU 中可能要执行以下机器语言指令。

（1）将在内存地址 1001 中存储的二进制数 0011（十进制 3）加载到 CPU 的加法寄存器中；

（2）将在内存地址 1010 中存储的二进制数 0100（十进制 4）加载到 CPU 的加法寄存器中；

（3）在 CPU 中，将加法寄存器中的这 2 个数送到累加器中做求和操作；

（4）将累加器的结果 0111（十进制 7）存储在内存地址为 1011 的内存单元中；

（5）如果需要，将数 0111 转换为"7"，通过 I/O 接口输出。

由此例可以看出，在人容易理解的高级语言和机器容易理解的机器语言之间，需要设置一个"翻译"。也就是说，需要设计一种方法，将高级语言翻译成计算机可以执行的机器语言。现在有两种主流方法可以实现这种翻译工作，分别是编译器（Compiler）和解释器（Interpreter）。

2．编译型语言和解释型语言

高级语言可以分为编译型语言和解释型语言，顾名思义，使用编译器的高级语言通常称为编译型语言，如 C 语言；使用解释器的高级语言通常称为解释型语言，如 Basic 语言、Python。解释器是一条一条地解释、执行源代码；编译器是把整个源代码编译成目标代码，在执行时不再需要编译器，直接在支持目标代码的平台上运行，这样执行效率比较高，如 C 语言代码被编译成二进制代码（.exe 程序）在计算机 Windows 平台上执行。

编译型语言和解释型语言的对比如图 11-1 所示。借助图 11-1 不难理解，编译型语言和解释型语言的区别在于，编译是对高级语言程序进行一次性翻译，这样的好处是，一旦源程序被彻底翻译，它就可以重复运行，并且之后都不再需要编译器和源代码；而如果使用解释器，则高级语言程序每次运行都需要借助源程序和解释器，但其最大的好处是，程序有很好的可移植性。

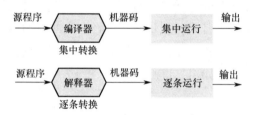

图 11-1　编译型语言和解释型语言的对比

Python 语言属于解释型语言，因此在运行 Python 程序时，需要使用特定的解释器进行解释、执行。解释型的 Python 语言天生具有跨平台的能力，只要为 Python 提供相应平台的解释器即可。

Python 的底层是用 C 语言编写实现的，又称为 CPython。平时我们讨论的 Python，指的其实就是 CPython。随着编程语言的不断发展，Python 的实现方式也发生了变化，除用 C 语言实现外，还有了其他的实现方式。例如，用 Java 语言实现的 Python 称为 JPython，用 .net 实现的 Python 称为 IronPython 等。

11.1.2　Python 的特点

1．Python 的优势

1）简明、易学、易维护

Python 结构简单，语法定义明确，关键字相对较少，易于学习。Python 程序具有很好的可读性，感觉像在读英语，使我们能够专注于要解决的问题而不是语言本身，并且无须考虑如何管理程序、使用内存等繁杂的底层细节。例如，要完成某个功能，如果用 Java 需要 100 行代码，用 Python 可能只需要 20 行代码。

Python 的源代码是免费、开源的。简单地说，我们可以自由地发布这个软件的副本，阅读它的源代码，对它做改动，把它的一部分用于新的自由软件等。众多使用 Python 并希望看到一个更加优秀的 Python 的用户在不断对 Python 进行改进和维护。

2）提供丰富的库支持和平台支持

Python 提供所有主要的商业数据库的接口，帮助我们进行与文档生成、单元测试、线程、数据库、网页浏览器、CGI、FTP、电子邮件、HTML、WAV 文件、密码系统、GUI（图形用户界面）等有关的操作。除标准库外，还有许多其他高质量的库，如 wxPython、Twisted 和 Python 图像库等。

Python 跨平台支持性能良好，如果避开 Python 中依赖系统的特性，那么所有 Python 程序无须修改就可以在很多平台上运行，如 Linux、Windows、Macintosh、Solaris、OS/2 及 Android 平台等。基于其开放源代码的特性，并且 Python 是解释型程序，我们不需要考虑如何编译程序、如何确保正确连接转载等操作，使得使用 Python 更加简单。我们只需要把自己的 Python 程序复制到另一台计算机上就可以工作，这也使得 Python 程序更加易于移植。Python 现在可以移植到当前几乎所有主流平台上运行。

3）支持互动调试和运行

Python 支持互动模式的调试和运行，可以从终端输入执行代码并获得结果，互动地测试和调试代码片段。

4）面向对象

Python 既支持面向过程的编程，也支持面向对象的编程。在"面向过程"的语言中，程序是由过程或可重用代码的函数构建起来的。在"面向对象"的语言中，程序是由数据和功能组合而成的对象构建起来的。与其他主要的语言（如 C++和 Java）相比，Python 以一种非常强大而又简单的方式实现了面向对象的编程。

5）可扩展

Python 的可扩展性体现在它的模块上，Python 具有脚本语言中最丰富和强大的类库，这些类库覆盖了文件 I/O、GUI、网络编程、数据库访问、文本操作等绝大部分应用场景。如果需要一段运行很快的关键代码，或者想要编写一些不愿开放的算法，可以使用 C 或 C++完成那部分程序，然后从自己的 Python 程序中调用。

2．Python 的不足

1）运行速度较慢

与 C 程序、Java 程序等比较，Python 程序的运行速度较慢。如果要求高速的话，可用 C++改写部分关键程序，或者直接改用 C++。

2）架构选择太多

由于 Python 非常实用，吸引的项目众多，因而 Python 的架构选择非常多，没有像 C++那样相对集中的架构。

3）源代码加密困难

与编译型语言的源程序会被编译成目标程序不同，Python 直接运行源程序，因此对源代码加密比较困难。

11.1.3　Python 的应用

Python 的应用领域非常广泛，几乎所有国内外大中型互联网企业都使用 Python 完成各种各样的任务，Python 的主要应用领域如下。

1.互联网领域

1）Web 应用开发

Python 经常被用于 Web 应用开发，尽管目前 PHP、js 依然是 Web 应用开发的主流语言，但 Python 上升势头十足。尤其随着 Python 的 Web 开发框架（如 Django、flask、TurboGears、web2py 等）逐渐成熟，程序员可以更轻松地开发和管理复杂的 Web 应用。

举几个直观的例子：Google 在其网络搜索系统中广泛使用 Python 语言；我们经常访问的集电影、读书、音乐于一体的豆瓣网，也是使用 Python 实现的；YouTube 及网络文件同步工具 Dropbox 等也都是用 Python 开发的。

2）网络爬虫

Python 很早就被用来编写网络爬虫。在技术层面上，Python 提供了很多服务于网络爬虫编写的工具，如 urllib、Selenium 和 BeautifulSoup 等，还提供了一个网络爬虫框架 Scrapy。

2.人工智能领域

在人工智能领域，Python 在机器学习、神经网络、深度学习等方面都是主流的编程语言。可以说，基于大数据分析和深度学习发展起来的人工智能，已经无法离开 Python 的支持了，原因至少有以下几点。

（1）目前世界上优秀的人工智能学习框架，如 Google 的神经网络框架 TensorFlow、Facebook 的神经网络框架 PyTorch 及开源社区的 Keras 神经网络库等，都是用 Python 实现的。

（2）微软的 CNTK（认知工具包）也完全支持 Python，并且该公司开发的 VS Code 已经把 Python 作为第一语言进行支持。

（3）Python 擅长进行科学计算和数据分析，支持各种数学运算，可以绘制更高质量的二维和三维图像。

3. 科学计算领域

自 1997 年起，NASA 就大量使用 Python 进行各种复杂的科学运算。与其他解释型语言相比，Python 在数据分析、可视化方面有相当完善和优秀的库，如 NumPy、SciPy、Matplotlib、pandas 等，可以满足程序员编写科学计算程序的需求。

4. 操作系统领域

在很多操作系统中，Python 是标准的系统组件，大多数 Linux 发行版及 NetBSD、OpenBSD 和 Mac OS X 都集成了 Python，可以在终端上直接运行 Python。

有些 Linux 发行版的安装器使用 Python 语言编写，如 Ubuntu 的 Ubiquity 安装器、Red Hat Linux 和 Fedora 的 Anaconda 安装器等。

另外，Python 标准库中包含多个可用来调用操作系统功能的库。例如，通过 pywin32 这个软件包，我们能访问 Windows 的 COM 服务及其他 Windows API；使用 IronPython，我们能够直接调用 .Net Framework。

在通常情况下，Python 编写的系统管理脚本，无论是在可读性，还是在性能、代码重用度及扩展性方面，都优于普通的 shell 脚本。

5. 游戏领域

很多游戏使用 C++ 编写图形显示等高性能模块，而使用 Python 或 Lua 编写游戏的逻辑。与 Python 相比，Lua 的功能更简单，体积更小；Python 则支持更多的特性和数据类型。除此之外，Python 可以直接调用 Open GL 实现 3D 绘制，这是高性能游戏引擎的技术基础。事实上，有很多由 Python 语言实现的游戏引擎，如 Pygame、Pyglet 及 Cocos 2d 等。

11.2　常见的 Python 集成开发环境

目前 Python 的集成开发环境较多，这里仅介绍其中比较常见的 4 个。它们不仅适合初学者使用，也适合用 Python 进行全面开发的专家级选手。

1. PyCharm

PyCharm是唯一一个专门面向 Python 的全功能集成开发环境，有付费版（专业版）和免费版（社区版），PyCharm不论是在 Windows、Mac OS 系统中，还是在 Linux 系统中，都支持快速安装和使用。2021年，用于 Windows 系统的最新版本为 3.10。

PyCharm打开即用，直接支持 Python程序的编辑、运行和调试。打开一个新的文件就可以开始编写代码。用户也可以在 PyCharm 中直接运行和调试 Python程序，它还支持源码管理和项目组建。

PyCharm集成开发环境拥有众多优势和支持社区。但 PyCharm也有不足之处，例如，其存在加载较慢的问题，对于已有的项目，默认设置可能需要调整。

2. Visual Studio

由 Microsoft 建立的 Visual Studio（VS）是一款全功能集成开发平台，它为 Python 提供了一个插件 PTVS（Python Tools for Visual Studio）。PTVS 仅兼容 Windows 和 Mac OS 系统，它既提供免费版（社区版），也提供付费版（专业版）。VS 支持各种平台的开发，并且附带了自己的扩展插件市场。PTVS 实现了在 VS 中进行 Python编程，并且支持 Python智能感知、调试及其他工具。如果已经因为其他开发需求安装了 VS，那么添加 PTVS 是非常方便的。

不足之处在于，下载和安装 VS 是一项大型任务，而且 VS 不支持 Linux 平台。

3. Spyder

Spyder 是一个用于数据科学工作的开源 Python 集成开发环境。它是附在 Anaconda 软件包管理器发行版中的，因此用户可以根据自己的意愿来设置，特别适合使用 Python 的数据科学家们。Spyder很好地集成了 SciPy、NumPy 和 Matplotlib 等公共 Python 数据科学库。

Spyder 拥有大部分集成开发环境所具备的功能，如具有具备强大的语法高亮功能的代码编辑器，可实现 Python 代码补全，甚至可集成文件浏览器。可以把它看作一套专业工具而不是日常使用的编辑环境。Spyder 比较优秀的一点是，它兼容 Windows、Mac OS 和 Linux 系统，并且是一个完全开源软件。

对于 Spyder，有经验的 Python开发人员可能会觉得它太基本了，以至于不能支持每日的多项工作，不如选择一个更为完整的集成开发环境。

4．Thonny

Thonny 是针对新手的一款 Python 集成开发环境,由爱沙尼亚塔尔图大学的计算机科学学院开发并维护,适用于全部主流平台,网站上附有安装指南。

在默认情况下,Thonny 会和自带捆绑的 Python 版本一起安装。更有经验的用户可能需要调整这个设置以便找到和使用已安装的库。

对于 Python 新手,如果需要安装一款集成开发环境,选择它是非常合适的。当然,更有经验的 Python "老手"可能会觉得 Thonny 太基础了,并不是一个可以"与之共事"的工具。

11.3　深度学习框架

近年来,深度学习的研究和应用热潮持续高涨,各种开源深度学习框架层出不穷,包括 TensorFlow、PyTorch、Keras、Caffe、MXNet、CNTK、Theano、DeepLearning4、Lasagne、Neon 等。Google、Microsoft 等商业巨头都加入了这场深度学习框架大战,当下最主流的框架当属 TensorFlow、PyTorch、Keras、Caffe、MXNet。

使用深度学习框架,可以简化那些复杂、大规模深度学习模型的实现。那么什么是深度学习框架呢?让我们用一个图像分类的例子来解释这个概念。在一幅图像中有不同的动物:猫、骆驼、鹿、大象等。我们的任务是将这些图像归到相应的动物类别中。我们知道,卷积神经网络(CNN)对于这类图像分类任务十分有效,于是我们要做的工作就是实现这个 CNN 模型。如果从头开始编写一个 CNN,需要几天(甚至几周)的时间,效率太低。这时,我们就可以利用深度学习框架来加速网络模型的建立,提高编程效率。

深度学习框架利用预先构建和优化好的组件集合定义模型,形成一种界面、库或工具,为模型的实现提供了一种清晰而简单的方法,使我们在无须深入了解底层算法细节的情况下,能够更容易、更快速地构建深度学习模型。

11.3.1　主流的深度学习框架

下面我们简要介绍目前广泛流行的 5 种开源深度学习框架,其中 TensorFlow 是目前应用最广泛的一种学习框架,也是本书推荐和后续采用的一种框架。

1. TensorFlow

TensorFlow 是一个基于数据流图（Data Flow Diagram）的深度学习框架，Tensor（张量）表示 N 维数组，Flow（流）表示基于数据流图的计算。TensorFlow 于 2015 年 11 月 9 日在 Apache 2.0 开源许可证下发布，并于 2017 年 12 月预发布动态图机制 Eager Execution。这是一个命令式的、由运行定义的接口，一旦在 Python 中被调用，其操作立即执行。这使得入门 TensorFlow 变得更简单，也使研发更直观。

TensorFlow 是完全开源的，并且有出色的社区支持，有详尽的文档和指南。TensorFlow 为大多数复杂的深度学习模型（如 RNN 和 CNN 等）预先编写代码。它还具有许多非常有用的组件，如 Tensorboard，可使用数据流图进行有效的数据可视化。

TensorFlow 支持多种程序语言，如 Python、C 和 R。同时具有灵活的架构，使我们能够在一个或多个 CPU（及 GPU）上部署深度学习模型，适用于很多应用场景：基于文本的应用，如语言检测、文本摘要等；图像识别，如图像字幕、人脸识别、目标检测等；以及声音识别、时间序列分析、视频分析等。

2. Torch 和 PyTorch

Torch 已经诞生 10 余年，主要用于和机器学习算法相关的科学计算。Torch 并没有跟随 Python 的潮流，它的操作语言是一种用标准 C 编写的轻量级的脚本语言 Lua。Torch 的封装少，简单直接，前期学习和开发的难度都比较低，具有比较好的灵活性和速度。PyTorch 是 Facebook 于 2017 年 1 月发布的基于 Torch 的 Python 端开源深度学习框架，被 Facebook 的人工智能实验室和之前的英国 DeepMind 团队广泛使用，支持动态计算图，具有很好的灵活性，在 2018 年 5 月的开发者大会上，Facebook 宣布实现了 PyTorch 1.0 与 Caffe 2 的无缝结合。

3. Keras

Keras 是一个用 Python 编写的开源神经网络库，它能够在 TensorFlow、CNTK，Theano 或 MXNet 上运行，旨在实现深度神经网络的快速实验，专注于用户友好、模块化和可扩展性。其主要作者和维护者是 Google 工程师 François Chollet。

Keras 是一个高层的 API，它的目标是最小化用户操作，使模型真正容易被理解，从而实现快速开发。Keras 会自动处理核心任务并生成输出，支持 CNN 和 RNN，可以在 CPU 和 GPU 上无缝运行。

Keras 中的模型可大致分为两类，一类是序列化模型，模型的各层是按顺序定义的。这意味着当我们训练深度学习模型时，这些层次是按顺序实现的。另一类是 Keras 的函数化模型，用于定义复杂模型，如多输出模型或具有共享层的模型。Keras 有多种架构，用于解决各种各样的问题，包括图像分类和图像识别等问题。

4．Caffe

Caffe（Convolution architecture for feature extraction）是一个面向图像处理领域的、开源的深度学习框架，由 Yangqing Jia 博士等开发。Caffe 对递归网络和语言建模的支持不如 TensorFlow、PyTorch、MXNet 等框架，但它最突出的优势是它的处理速度和从图像中学习的速度。例如，Caffe 可以每天处理超过六千万幅图像，只需单个 NVIDIA K40 GPU，用 1 毫秒完成一幅图像的推理，用 4 毫秒完成一幅图像的学习。利用 Caffe 模型可完成递归计算、视觉分类、语音识别等任务。为了适应深度学习不断发展的需求，Facebook 于 2017 年推出了新版 Caffe 2。

5．MXNet

MXNet 主要继承于深度机器学习社区（Deep Machine Learning Community，DMLC）的 CXXNet（C＋＋Net）和 Minerva 这两个项目，其名字来自 Minerva 的 M 和 CXXNet 的 XNet，是一款开源的、轻量级的、可移植的、灵活的深度学习框架。它借鉴了 PyTorch、Theano 等众多平台的设计思想，并且加入了更多新的功能，采用 C++ 开发，支持的接口语言多达 7 种（包括 Python、R 等）。

MXNet 支持分布式处理，支持多机多 GPU 工作方式，资源利用率高；对深度学习的计算做了专门的优化，GPU 显存和计算效率都比较高。MXNet 的代码量小、灵活高效，专注于核心深度学习领域，容易深度定制。

11.3.2　主流学习框架的比较

上述深度学习框架各具特色，有各自的优缺点，并不能简单地认为某个框架比其他框架好。这里也只是做一个简单的比较，方便大家有个相对全面的了解。

某些框架在处理图像数据时工作得非常好，但无法解析文本数据；某些框架在处理图像和文本数据时性能很好，但是内部工作原理很难理解。下面从应用的角度对几个框架进行简单的比较，如表 11-1 所示。

表 11-1　主流深度学习框架比较

名称	发布时间	基础语言	支持结构和模型	支持平台
TensorFlow	2015年	C++、Python		Linux/ Mac OS X/Windows
Keras	2015年	Python		Linux/ Mac OS X/Windows
MXNet	2015年	C++、Python	支持 CUDA 和 预训练模型	Linux/ Mac OS X/Windows/Android/iOS
PyTorch	2016年	Python、C		Linux/ Mac OS X/Windows/Android/iOS
Caffe	2013年	C++		Linux/ Mac OS X/Windows

以上所有框架都是开源的，支持 CUDA（Compute Unified Device Architecture），并有预训练模型。实验表明，不同的深度学习框架对计算速度和资源利用率的优化存在一定的差异：Keras 为基于其他深度学习框架的高级 API，进行了高度封装，计算速度最慢且资源的利用率最低；在模型复杂、数据集大、参数多的情况下，MXNet 和 PyTorch 对 GPU 上计算速度和资源利用的优化十分出色，并且在速度方面，MXNet 的优化处理更加优秀；相比之下，TensorFlow 略有逊色，但对于 CPU 上的计算加速，TensorFlow 的表现更好。

11.4　TensorFlow 中的 GAN 编程

TensorFlow 在技术层面上具有如下特点。

（1）具有高度的灵活性。TensorFlow 并不仅仅是一个深度学习框架，只要把计算过程表示成一个数据流图，就可以使用 TensorFlow 来进行计算。TensorFlow 不仅允许用户用计算图的方式建立计算网络，还可以使用户很方便地对网络进行操作。用户可以在 TensorFlow 的基础上用 Python 编写自己的上层结构和库，如果 TensorFlow 没有提供所需的 API，用户也可以自己编写底层的 C++代码，通过自定义操作将新编写的功能添加到 TensorFlow 中。

（2）支持多种平台。TensorFlow 可以在 CPU 和 GPU 上运行，可以在台式机、服务器、移动设备上运行。支持 Linux 平台、Windows 平台、Mac 平台，甚至手机 Android 等各种平台。

（3）支持多种语言。TensorFlow 采用非常易用的 Python 构建和执行计算图，同时也支持 C++语言。用户可以直接写 Python 或 C++程序来执行 TensorFlow，也可以采用交互式的 iPython 尝试自己的想法。

（4）具有丰富的算法库。TensorFlow 提供了非常丰富的与深度学习相关的算法库，并且不断增加新的算法库。这些算法库基本能够满足大部分的需求，对于普通的应用，基本上不需要用户自定义基本的算法库。

（5）具有完善的文档。TensorFlow 的官方网站提供了非常详细的介绍文档，内容包括各种 API 的使用介绍及各种基础应用的实例，也包括一部分深度学习的基础理论。

11.4.1　张量和张量流

1. 张量的基本概念

对于什么是张量（Tensor），我们不打算引入严格的数学定义，仅在对标量、矢量、矩阵等概念的基础上，简单介绍 TensorFlow 中有关张量的几个基本概念，其中张量的"阶"就是张量的"维数"。

（1）0 阶张量，就是标量，也就是一个数字。

（2）1 阶张量，就是向量，如行向量、列向量。

（3）2 阶张量，就是矩阵，如 2 行 2 列的矩阵、3 行 3 列的矩阵等。注意，张量的"阶"不同于矩阵的"阶"。

（4）更高阶张量，人们习惯称 3 阶张量为 3 维矩阵，4 阶张量为 4 维矩阵……如果将 3 阶张量看作一个数据立方体，则 4 阶张量就是一行（列）的若干个数据立方体，5 阶张量可看成若干行、若干列的数据立方体。

由此可知，张量比我们熟悉的向量、矩阵的概念更广泛，向量、矩阵可看作张量的特殊情况。我们用一段简单的程序说明 TensorFlow 是如何定义张量的，具体的说明见程序中的注释。

```
import tensorflow as tf              # 在 python 中加载 tensorflow 库
x = tf.Variable([[1.0,2.0]])         # 定义一个行向量 x，浮点型
w = tf.Variable([[3.0],[5.0]])       # 定义一个列向量 w，浮点型
y = tf.matmul(x,w)                   # 计算两个向量的乘积
init_op = tf.global_variables_initializer()    # 把上面所定义的变
量进行初始化，返回 op 操作句柄
with tf.Session() as sess:           # 定义一个会话，通过这个 session 来
执行图计算
    sess.run(init_op)                # 启动运算
    print("Print x after run:",x.eval())
    print("Print w after run:",sess.run(w))
    print("Print y after run:",sess.run(y))
```

代码的运行结果如下：

```
Print x after run: [[1. 2.]]
Print w after run: [[3.]
                    [5.]]
Print y after run: [[13.]]
```

2．图像的张量表示

张量是深度学习框架中最核心的组件，后续的所有运算和优化算法都是基于张量进行的。其中，我们比较关注的是图像的张量表示。在 TensorFlow 中，我们可以将任意一幅 RGB 彩色图像表示成一个 3 阶张量，它的 3 个维度分别是图像的高度、宽度和色彩数据。如图 11-2 所示，一幅 320×256 水果彩色图像，按照 RGB 三基色表示，图像的每个像素有 R、G、B 彩色分量（3 个）。如果按照 R、G、B 来看，可以拆分为 3 幅单色图像。这幅图像可以用张量表示，就是图 11-2 中最右边的 3 阶张量，其形状为[height, weight, channels]=[高=256，宽=320，通道数=3]。这个 3 阶张量相当于一个 3 维数组，共有 256 行数据，每行有 320 个数据，每个数据对应图像的一个像素，包含 3 个数字，分别代表这个像素的 R、G、B 的值。

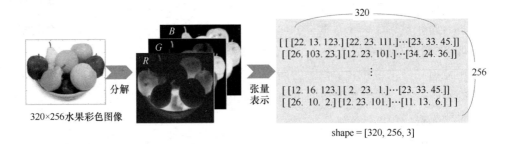

图 11-2　彩色图像的 3 阶张量表示

我们也可以用 4 阶张量表示一个包含多幅图像的数据集，其中的 4 个维度分别是图像在数据集中的编号、图像高度、图像宽度，以及色彩数据。

在数据处理完成后，我们还可以方便地将张量再转换回想要的格式。例如，Python NumPy 包中有 numpy.imread 和 numpy.imsave 两个方法，分别用来将图片转换成张量对象（代码中的 Tensor 对象）及将张量再转换成图片保存起来。

3．张量流

Flow 的中文意思就是"流"或"数据流"，TensorFlow 就是"张量流"或"张量数据流"。数据流指的是数据的序列或者数据的流程，TensorFlow 指的就是

Tensor 的序列或 Tensor 的流程。在机器学习中，数据的处理要经过一系列的流程才能得到最终的处理结果，TensorFlow 表达的就是这层意思。

4. 计算图

有了张量和基于张量的各种操作之后，下一步就是将各种操作整合起来，输出我们需要的结果。但是，随着操作种类和数量的增多，有可能出现各种意想不到的问题，包括多个操作之间应该并行还是顺次执行、如何协同各种不同的底层设备，以及如何避免各种类型的冗余操作等。这些问题有可能拉低整个深度学习网络的运行效率或者引入不必要的 Bug，而计算图（Computation Graph）正是为解决这一问题而提出的。那么什么是计算图？事实上，计算图表示的是全局数据结构：它是一个有向图，包含数据计算流程的所有信息。

TensorFlow 构建的计算图如图 11-3 所示，用不同的占位符（*，+，sin）构成操作节点，以字母 x、a、b 构成变量节点，再以有向线段将这些节点连接起来，组成一个表征运算逻辑关系的清晰明了的"图"型数据结构，这就是最简单的计算图。

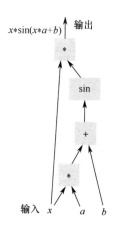

图 11-3　TensorFlow 构建的计算图

随着技术不断演进，加之脚本语言和低级语言各自有不同的特点（脚本语言建模方便但执行缓慢，低级语言则正好相反），业界逐渐形成了这样的一种开发框架：前端用 Python 等脚本语言建模，后端用 C++ 等低级（这里低级是就应用层而言的）语言执行，以此综合两者的优点。可以看到，这种开发框架大大降低了传统框架在做跨设备计算时的代码耦合度，也节省了每次后端变动都需要修改前端的维护开销。其中，在前端和后端之间起到关键耦合作用的就是计算图。

需要注意的是，在通常情况下，开发者不会将计算图直接用于模型构造，因为这样的计算图通常包含了大量的冗余求解目标，也没有提取共享变量，因而通常都会利用依赖性剪枝、符号融合、内存共享等方法对计算图进行优化。

目前，各框架对于计算图的实现机制和侧重点各不相同，例如，Theano 和 MXNet 都以隐式处理的方式在编译中由表达式向计算图过渡，而 Caffe 则比较直接，可以创建一个图形（Graph）对象，然后以类似 Graph.Operator(xxx)的方式显式调用。

由于计算图的引入，开发者得以从宏观上"俯瞰"整个神经网络的内部结构，就好像编译器可以从整个代码的角度决定如何分配寄存器那样，计算图也可以从宏观上决定代码运行时的 GPU 内存分配，以及分布式环境中不同底层设备间的相互协作方式。

11.4.2 Python 的 TensorFlow 库

TensorFlow 可以为我们的模型搭建及数据运算带来极大的便利。作为一个工具，我们应该对它有一个全局的了解。如果对它的整体模块架构有了一定的了解，就能够节约更多的时间去思考自己的网络结构设计。登录 TensorFlow 的官网，就可以查阅 TensorFlow 的相关应用编程接口（Application Programming Interface，API）。

1．Python 的模块、包和库

在 Python 编程中，常常会遇到 Python 模块（Module）、Python 包（Package）和 Python 库（Library）这三个概念，它们既有联系也有区别。

Python 模块是有组织的 Python 代码。将用 Python 写的代码保存为文件，这个文件就是一个模块，如文件 sample.py，其中文件名 sample 就是该模块的名字。

Python 包是一个有层次的文件目录结构，它定义了由 n 个模块或 n 个子包组成的 Python 应用程序执行环境。通俗一点说，包是一个包含_init_.py 文件的目录，在该目录下一定得有这个_init_.py 文件和其他模块或子包。

Python 库是具有相关功能模块的集合。这也是 Python 的一大特色，即具有强大的标准库、第三方库及自定义模块。

2．TensorFlow 和 Python 的关系

大多数 Python 库其实是 Python 的扩展。当用户导入一个库时，得到的是一组

变量、函数和类，它们实际上充当了代码的"工具箱"，满足开发者的现实需求。至于 Python 和 TensorFlow 之间的关系，我们可以把它简单类比成 Javascript 和 HTML。Javascript 是一种用途广泛的编程语言，我们可以用它实现很多应用；而 HTML 是一个框架，可以表示一些抽象计算（如描述网页上呈现的内容）。当用户打开一个网页时，Javascript 的作用是使他看到 HTML 对象，并且在网页迭代时用新的 HTML 对象代替旧的对象。和 HTML 类似，TensorFlow 也是一个用于表示抽象计算的框架。当我们用 Python 操作 TensorFlow 时，代码做的第一件事是组装计算图，第二件事是与计算图进行交互，即 TensorFlow 里的会话（Session）。

11.4.3　TensorFlow 的常用模块

在了解 TensorFlow 几个常用模块的功能后，在实际使用中可以使目标更加清晰。这里针对每个模块只列举几个功能，在实际使用时，还需要查找具体使用的功能在哪个模块中。

1．模块 tf.nn

这是神经网络的功能支持模块，是 TensorFlow 中最常用到的一个模块，几乎所有经典神经网络的操作都被放在这个模块中，它还包含 rnn_cell 的子模块，用于构建 RNN。它包含的常用函数如下。

- ◇ avg_pool( )：平均池化
- ◇ batch_normalization( )：批量标准化
- ◇ bias_add( )：添加偏置
- ◇ conv2d( )：2 维卷积
- ◇ dropout( )：随机丢弃神经网络单元
- ◇ relu( )：ReLU 激活函数
- ◇ sigmoid_cross_entropy_with_logits( )：sigmoid 激活后的交叉熵
- ◇ softmax( )：softmax 激活函数

2．模块 tf.contrib

这个模块最常用到的是它的 slim 子模块，所有易于变动的，或者说实验性质的功能都放在这个模块里，这里几乎涵盖了 TensorFlow 所有的功能。

- ◇ bayesflow：贝叶斯计算
- ◇ distributions：统计分布

　　✧ estimator：自定义标签与预测对错的度量方式

　　✧ gan：生成对抗

　　✧ image：图像操作

　　✧ keras：Keras 相关 API

　　✧ tensorboard：可视化工具

3. 模块 tf.train

这个模块主要是用来支持训练模型的，主要包含模型优化器、tfrecord 数据准备、模型保存、模型读取四个方面的功能。

　　✧ class AdamOptimizer：Adam 优化器

　　✧ class Coordinator：线程管理器

　　✧ class MomentumOptimizer：动量优化器

　　✧ class RMSPropOptimizer：RMSProp 优化器

　　✧ class Saver：保存模型和变量类

　　✧ NewCheckpointReader( )：checkpoint 文件读取

　　✧ batch( )：生成 tensorsbatch

　　✧ create_global_step( )：创建 global step

4. 模块 tf.summary

这个模块比较简单，主要用来配合 tensorboard 展示模型的信息。

　　✧ class FileWriter：Summary 文件生成类

　　✧ histogram( )：展示变量分布信息

　　✧ image( )：展示图像信息

　　✧ scalar( )：展示某个标量的值

　　✧ text( )：展示文本信息

5. 常用函数和方法

TensorFlow 还把那些经常使用的 Tensor 操作功能直接放在了 tf 下面，包括 Maths、Array、Matrix 相关操作，也就是算术操作、张量（矩阵）操作、数据类型转换、矩阵变形/切片/合并/规约/分割/序列比较/索引提取等常用功能。

第*12*章
GAN 图像处理实例

本章对 GAN 在图像处理方面的编程实现进行简单介绍。编程基于计算机平台 CPU，不涉及 GPU，采用的编程语言是 Python，编辑、调试、运行的平台是基于 Python 的 PyCharm 集成环境，在此环境中引入了 TensorFlow 提供的多个库，大大简化了编程的难度。当然，仅靠本章内容是不可能完全掌握基于 Python 的 GAN 编程的，如何安装 PyCharm 集成环境、如何引入 TensorFlow 的模块、如何建立 Python 的 object 及编辑和调试其中的程序等，大部分的操作细节还需要查阅有关的文档和书籍。

本章给出 2 个入门级的 GAN 编程示例，第 1 节为简单的产生 1 维分布数据的 GAN 编程；第 2 节给出一个生成类似 MNIST 手写数字的基本 GAN 编程，两个示例都有具体的程序可以参考。

12.1 1 维 GAN 编程

本节介绍使用 TensorFlow 实现 Goodfellow 的 GAN 示例。源代码来自 Github 代码开源网站。这里，基本 GAN 可以使用约 80 行的 Python 代码实现，实现这个简单的程序，有助于今后编写更复杂、功能更多的 GAN 程序。

12.1.1　1 维 GAN 小程序

这是一个十分简单的 1 维 GAN，包含一个生成器和一个判别器，它们都采用简单的 3 层感知机结构。我们将训练这个神经网络，用来由简单的（1维）均匀分布的随机变量 z 生成服从（1维）正态分布 $N(-1,1)$ 的样本数据。实际上就是完成一个随机变量分布的转换，从均匀分布转换为目标分布，即正态分布。注意，这里我们称 1 维 GAN 为小程序，指的是它的规模较小，请不要和当前计算机应用软件中的专用名词"小程序"混淆。

1．生成器

设生成器的输入 z 为随机噪声，服从标准均匀分布，即 $z\sim\text{uniform}(0,1)$，如图 12-1 底部所示。取 z 中的一组样本 z_i，$i=1,2,\cdots,m$。我们的目标是用生成器将输入的 $z_1,z_2,\cdots,z_m$ 映射为 $x_1',x_2',\cdots,x_m'$，即用输入 z 生成伪数据 x'。同时使它们的分布尽可能和目标数据的分布 $P_{\text{data}}(x)$ 一致。$P_{\text{data}}(x)$ 的分布为正态分布，即 $x\sim N(-1,1)$，生成器生成的样本 $x_i'=G(z_i)$ 的分布为 $P_g(x')$。x' 在 $P_{\text{data}}(x)$ 的均值（-1）附近分布得比较密集，如图 12-1 横轴上的点，不像 z 那样均匀地分布在 0 和 1 之间。图 12-1 中的横轴既表示 x 也表示 x'。单靠生成器本身并不能保证生成数据服从目标函数的分布，还要依靠训练中判别器给出的误差信息的反馈，逐步调整生成器的网络参数，使生成器产生的数据分布非常接近目标分布，即均值为-1、方差为+1的正态分布 $N(-1,1)$。

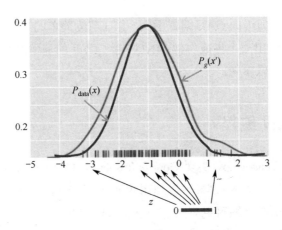

图 12-1　1 维 GAN 的生成数据分布

2．判别器

判别器以 x 或 x' 为输入，然后输出该输入属于目标数据的概率值。令 D_1 和 D_2 为 D 的副本（它们共享参数，那么 $D_1(x)=D_2(x)$），或者说 D_1 和 D_2 组成了判别器 D。

D_1 的输入是从样本数据 $x\sim P_{data}$ 中得到的单个样例，所以在优化判别器时，我们促使 $D_1(x)$ 输出最大化。

D_2 以生成数据 x' 为输入，所以在优化判别器时，我们促使 $D_2(x)$ 输出最小化。

判别器的损失函数为 $\log(D_1(x))+\log(1-D_2(G(z)))$。下面是 Python 代码：

```
batch = tf.Variable(0)
obj_d = tf.reduce_mean(tf.log(D1)+tf.log(1-D2))
opt_d = tf.train.GradientDescentOptimizer(0.01).minimize(1-
obj_d,global_step=batch,var_list=theta_d)
```

我们再次指出，之所以要指定 D 的两个副本 D_1 和 D_2，是因为在 TensorFlow 中，需要 D 的一个副本以 x 为输入，另一个副本以 x' 为输入；计算图的相同部分不能被重用于不同的输入。

在优化生成器时，我们想使 $D_2(x')$ 最大化（成功骗过判别器）。

生成器的损失函数为 $\log(D_2(G(z)))$。下面是 Python 代码：

```
batch=tf.Variable(0)
obj_g=tf.reduce_mean(tf.log(D2))
opt_g=tf.train.GradientDescentOptimizer(0.01).minimize(1-obj_
g,global_step=batch,var_list=theta_g)
```

在优化时，我们不是仅在某一时刻输入一个值对 (x,z)，而是同时计算 M 个不同的值对 (x,z) 的损失梯度，然后用其平均值来更新梯度。从一个小批量样本中估计的随机梯度与整个训练样本的真实梯度非常接近。训练的循环过程是非常简单的：

```
# Algorithm 1, GoodFellow et al. 2014
for i in range(TRAIN_ITERS):
    x= np.random.normal(mu,sigma,M)   # 来自 p_data 的小批量样本
    z= np.random.random(M)            # 来自噪声的小批量样本
    sess.run(opt_d, {x_node: x, z_node: z}) # 更新判别器
    z= np.random.random(M)            # 前噪声样本
    sess.run(opt_g, {z_node: z})          # 更新生成器
```

12.1.2　数据对齐

简单地使用上述方法并不能得到好的结果，因为在每次迭代中，我们独立地从 P_{data} 和 uniform$(0,1)$ 中抽样，这并不能使 z 区域中的邻近点映射到 x 区域中的邻近点上。例如，在某个小批量训练中，我们可能在训练生成器时发生下面的映射：$0.501 \rightarrow -1.1$、$0.502 \rightarrow 0.01$ 和 $0.503 \rightarrow -1.11$。很多映射线相互交叉，这将使转换非常不平稳。更糟糕的是，在接下来的小批量训练中，可能发生不同的映射：$0.5015 \rightarrow 1.1$、$0.5025 \rightarrow -1.1$ 和 $0.504 \rightarrow 1.01$。这表明在生成器的第 2 个小批量训练中，产生了一个与前面的小批量训练完全不同的映射，因此优化过程很难收敛。

为了解决这个问题，采取的一种方法是最小化从 z 到 x 的映射线的总长，因为这将使转换尽可能平顺，而且更容易学习。还可以采取另外一种方法，就是在将 z 转换到 x 的小批量训练中时，保持它们的相互关联性，简言之，在 z 区域中毗邻的若干点在映射到 x 区域后也保持（基本）毗邻。

为此，首先将 z 区域"拉伸"到与 x 区域大小相同。以 -1 为中心点的正态分布的主要概率分布在 $[-5,5]$ 内，所以我们应该将 z 的 $[0,1]$ 区域按比例拉伸为 uniform$[-5,5]$ 范围，在其中抽样 z。这样，生成器就不需要学习如何将 $[0,1]$ 区域拉伸 10 倍。生成器需要学习的内容越少越好。接下来，我们将通过由低到高排序的方式使每个小批量中的 z 与 x 对齐。

这里不采用 np.random.random.sort() 的方法来抽样 z，而采用分段抽样的方式：在抽样范围内产生 M 个等距点，然后随机扰动它们。这样处理得到的样本不仅能保证大小顺序，而且可以增加其在整个训练空间中的代表性。接着匹配之前的分层，即排序的 z 样本对齐排序的 x 样本。

当然，对于高维问题，由于在二维或者更高维空间里对点排序并无意义，所以对齐输入空间 z 与目标空间 x 并不容易，但最小化 z 与 x 流形之间的转换距离仍然有意义。修改后的算法如下：

```
for i in range(TRAIN_ITERS):
    x= np.random.normal(mu,sigma,M).sort()
    z= np.linspace(-5.,5.,M)+np.random.random(M)*.01
                                            # 分层
    sess.run(opt_d, {x_node: x, z_node: z})
    z= np.linspace(-5.,5.,M)+np.random.random(M)*.01
    sess.run(opt_g, {z_node: z})
```

12.1.3　训练中的几个问题

在原始算法中，GAN每次通过梯度下降的优化算法训练判别器 k 步，然后训练生成器一步。但是研究发现，在训练对抗网络之前，先对判别器预训练多步会更有用。在预训练中，使用二次代价函数对判别器进行训练，使其适应 $P_{data}(x)$。这个代价函数相比于对数似然代价函数更容易优化（后者还要处理来自生成器的生成样本）。很显然，$P_{data}(x)$ 就是其自身分布的最优可能性决定边界。

在 GAN 训练中，经常会出现如下问题。

（1）网络规模（层数和神经元数）过大容易导致过拟合。在构建 GAN 时，可以从浅层的小网络开始，如果觉得有必要再增加额外的神经元或者隐层。

（2）最初训练使用的是带 ReLU 激活函数的神经元，但是这种神经元很容易处于饱和状态（也许是由流形对齐问题引起的）。改用 tanh 激活函数，可有效解决饱和问题。

（3）只有选择适当的学习速率，才能得到很好的结果。

如图 12-2 所示，在训练后，$P_g(x)$ 曲线接近 $P_{data}(x)$ 曲线，判别器只能对所有 x "一视同仁"，$D(x){\approx}0.5$，这样就完成了训练过程。生成器已经学会如何生成分布与 $P_{data}(x)$ 酷似的近似样本，以至于判别器已经无法判别输入数据的真伪。

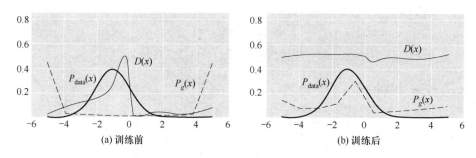

图 12-2　GAN 训练中 $P_g(x)$ 和 $D(x)$ 变化情况

12.2　MNIST 手写数字的生成

本节介绍的是利用 GAN 生成类似 MNIST 数据库中手写阿拉伯数字的灰度图像的 Python 程序，可以作为 GAN 的 Python 编程的一个入门练习。通过对程序的调试和执行，可深入理解用 GAN 生成手写数字图像的过程。

在 Python 集成环境 PyCharm 3.6 普通版（Windows 10，64 位，引入了 TensorFlow 模块）中建立一个项目（Project），其中包含 2 个程序：一个是训练 GAN 模型的程序 mnist_GAN.py，另一个是用训练后的模型生成图像的程序 generating_image.py，下面分别予以介绍。

12.2.1　GAN 模型的训练程序

用于训练 GAN 模型的程序为 mnist_GAN.py，包括对生成器和判别器的迭代训练，具体的程序如下。

```
### 基于 TensorFlow 生成 MNIST 数字图像 ###


import tensorflow as tf
import numpy as np
import os                    # 文件、路径等操作，类似于操作系统
from tensorflow.examples.tutorials.mnist import input_data
from matplotlib import pyplot as plt


### 初始化
BATCH_SIZE = 64          # 批尺寸
UNITS_SIZE = 128         # 噪声尺寸
LEARNING_RATE = 0.001   # 学习率
EPOCH = 200              # 迭代次数
SMOOTH = 0.1             # 平滑度


### 加载 MNIST 数据
mnist = input_data.read_data_sets('MNIST_data/', one_hot = True)
# mnist 是 tensorflow 内部变量
print('训练数据:',mnist.train.images)
print('训练数据集尺寸=', mnist.train.images.shape)  # (55000, 784)
print('训练标签集尺寸=', mnist.train.labels.shape)  # (55000, 10)
print('测试数据集尺寸=',mnist.test.images.shape)    # (10000, 784)
print('验证数据集尺寸=',mnist.validation.images.shape)
# (5000, 784)   加载完毕
# 取一幅图像并打印:
image_1 = mnist.train.images[1,:]   # 获取训练集的第 2 幅图像, 一维
数据 (1, 784)
    image_1 = image_1.reshape(28,28)  # 将图像数据还原成 28*28 的分辨率
```

```
    # print('第 2 幅图像的数据=', mnist.train.images[1])        # 打印第
2 幅图像的数据
    print('第 2 幅图像的标签=', mnist.train.labels[1])        # 打印第
2 幅图像的标签
    print('第 2 幅图像的尺寸=', mnist.train.images[1].shape[0])  # 打印
第 2 幅图像的尺寸
    plt.figure()  # 参数(num=None,figsize=None,dpi=None, facecolor=
None, edgecolor=None,frameon=True)
    plt.imshow(image_1)  # 未安装 pylab 库，需要在后面加一条 plt.show()
绘图指令
    plt.show()


### 生成器模块
def generatorModel(noise_img, units_size, out_size,
alpha=0.01):
    # 生成器模块（输入噪声图像，噪声长度=128，输出维度、激活函数的负部
斜率）
    with tf.variable_scope('generator'):              # 作用域
scope 内共享变量（'变量名'）
        FC = tf.layers.dense(noise_img, units_size)  # 添加全
连接层(输入数据,输出维度)
        reLu = tf.nn.leaky_relu(FC, alpha)          # 激活函数（预
激活值，负部斜率）
        drop = tf.layers.dropout(reLu, rate=0.2)      # 丢弃 20%
的神经元
        logits = tf.layers.dense(drop, out_size)      # 添加全
连接层（输入数据,输出维度）
        outputs = tf.tanh(logits)                # 激活函数输出
        return logits, outputs                  # 生成器返回


### 判别器模块
def discriminatorModel(images, units_size, alpha=0.01,
reuse=False):
    with tf.variable_scope('discriminator', reuse=reuse):
        FC = tf.layers.dense(images, units_size)
        reLu = tf.nn.leaky_relu(FC, alpha)
        logits = tf.layers.dense(reLu, 1)
        outputs = tf.sigmoid(logits)
```

```
                    return logits, outputs
```

损失函数

```
    def loss_function(real_logits, fake_logits, smooth):
    # (真数据，伪数据，平滑系数)
        G_loss = tf.reduce_mean(tf.nn.sigmoid_cross_entropy_with_
logits    #计算张量在某个维度上的平均值
        (logits= fake_logits,labels=tf.ones_like(fake_logits) *
(1 - smooth)))
        # 判别器识别生成图像，希望判别结果为 0
        fake_loss = tf.reduce_mean(tf.nn.sigmoid_cross_entropy_
with_logits  # 括号内计算交叉熵
        (logits=fake_logits,labels=tf.zeros_like(fake_logits)))
        # tf.zeros_like(): 创建全 0 张量
        # 判别器识别真实图像，希望判别结果为 1
        real_loss = tf.reduce_mean(tf.nn.sigmoid_cross_entropy_
with_logits
        (logits=real_logits,labels=tf.ones_like(real_logits)
*(1-smooth)))
        D_loss = tf.add(fake_loss, real_loss)        # 判别器总损失
        return G_loss, fake_loss, real_loss, D_loss    # 4 个损失函数
```

优化器

```
    def optimizer(G_loss, D_loss, learning_rate):
        train_var = tf.trainable_variables()
        G_var = [var for var in train_var if var.name.startswith
('generator')]
        D_var = [var for var in train_var if var.name.startswith
('discriminator')]
        G_optimizer = tf.train.AdamOptimizer(learning_rate).
minimize(G_loss, var_list=G_var)  # 优化生成器
        D_optimizer = tf.train.AdamOptimizer(learning_rate).
minimize(D_loss, var_list=D_var)  # 优化判别器
        return G_optimizer, D_optimizer
```

训练

```
    def train(mnist):
        image_size = mnist.train.images[0].shape[0] # image_size=784
```

```
            real_images = tf.placeholder(tf.float32, [None, image_size])
            fake_images = tf.placeholder(tf.float32, [None, image_size])

            G_logits, G_output = generatorModel(fake_images, UNITS_SIZE,
image_size) #生成图像G_output

            real_logits, real_output = discriminatorModel(real_images,
UNITS_SIZE)#判别真实图像
            fake_logits, fake_output = discriminatorModel(G_output,
UNITS_SIZE, reuse=True)#判别生成图像
            G_loss, real_loss, fake_loss, D_loss = loss_function(real_
logits, fake_logits, SMOOTH) #计算损失函数
            G_optimizer, D_optimizer = optimizer(G_loss, D_loss,
LEARNING_RATE)#优化


            saver = tf.train.Saver()
            step = 0
            with tf.Session() as session:
                session.run(tf.global_variables_initializer())
                for epoch in range(EPOCH):
                    for batch_i in range(mnist.train.num_examples //
BATCH_SIZE):  # "//"表示取整
                        batch_image, _ = mnist.train.next_batch
(BATCH_SIZE)

                        # 对图像像素进行 scale, tanh 的输出结果为(-1,1)
                        batch_image = batch_image * 2 - 1
                        noise_image = np.random.uniform(-1, 1,
size=(BATCH_SIZE,image_size))  #输入噪声


                        session.run(G_optimizer, feed_dict={fake_
images: noise_image})
                        session.run(D_optimizer, feed_dict={real_
images: batch_image, fake_images: noise_image})
                        step = step + 1
                    loss_D = session.run(D_loss, feed_dict={real_
images: batch_image, fake_images: noise_image})  # 判别器的损失
                        loss_real = session.run(real_loss, feed_dict=
{real_images: batch_image, fake_images: noise_image})  # 判别器对真实图
```

像的损失

```
                loss_fake = session.run(fake_loss, feed_dict=
{real_images: batch_image, fake_images: noise_image})  # 判别器对生成图
像的损失
                loss_G = session.run(G_loss, feed_dict={fake_
images: noise_image})  # 生成器的损失
                print('epoch:',  epoch,  'loss_D:',  loss_D,
'loss_real', loss_real, 'loss_fake', loss_fake, 'loss_G', loss_G)
                model_path = os.getcwd() + os.sep + "mnist.model"
                saver.save(session, model_path, global_step=step)


### 主函数
def main(argv=None):
    train(mnist)
if __name__ == '__main__':
    tf.app.run()
```

简要说明：程序中的 mnist 是一个 TensorFlow 内部变量，用于自动下载 MNIST 数据集，并将数据文件解压到当前代码所在（同级）目录下的 MNIST_data 文件夹中。

one_hot=True 表示将样本类别标签转换为 one_hot 编码，假如共有 10 类：第 0 类的 one_hot 码为 1000000000，第 1 类的 one_hot 码为 0100000000，第 2 类的 one_hot 码为 0010000000，以此类推。

12.2.2 GAN 模型的生成程序

利用上面训练好的 GAN 模型中的生成器，由均匀随机噪声生成手写数字图像的小程序为 generating_image.py，具体的程序如下。

```
### 调用 mnist_GAN 显示每次生成器生成的 MNIST 数字图像 ###

import tensorflow as tf
import numpy as np
from matplotlib import pyplot as plt
import pickle        # 将字典、列表、字符串等对象存储到磁盘上
import mnist_GAN     # 调入本 project 中前一个程序 "mnist_GAN.py" 作
为本程序的一个模块，mnist_GAN 程序已经将 GAN 训练好了
UNITS_SIZE = mnist_GAN.UNITS_SIZE    # UNITS_SIZE=128


def generatorImage(image_size):
```

```
        sample_images = tf.placeholder(tf.float32, [None, image_
size])   # 一幅图像数据的占位符
        G_logits, G_output = mnist_GAN.generatorModel(sample_images,
UNITS_SIZE, image_size)    # 调用 mnist_GAN 已训练好的生成器
        saver = tf.train.Saver()      # 保存训练好的网络模型参数
        with tf.Session() as session:
            session.run(tf.global_variables_initializer())
            saver.restore(session, tf.train.latest_checkpoint('.'))
            sample_noise = np.random.uniform(-1, 1, size=(25,
image_size))
            samples = session.run(G_output, feed_dict={sample_
images: sample_noise})
        with open('samples.pkl', 'wb') as f:
            pickle.dump(samples, f)    # 序列化对象 samples，将其保存到
文件 f 中


    def show():
        with open('samples.pkl', 'rb') as f:
            samples = pickle.load(f)    # 反序列化对象，将文件 f 中的数
据解析为一个 python 对象
        fig, axes = plt.subplots(figsize=(6, 6), nrows=5, ncols=5,
sharey=True, sharex=True)
        for ax, image in zip(axes.flatten(), samples):
            ax.xaxis.set_visible(False)
            ax.yaxis.set_visible(False)
            ax.imshow(image.reshape((28, 28)), cmap='Greys_r')
        plt.show()


    def main(argv=None):
        image_size = mnist_GAN.mnist.train.images[0].shape[0]
        generatorImage(image_size)
        show()


    if __name__ == '__main__':
        tf.app.run()    # 通过处理 flag 解析，执行 main 函数，类似于 C/C++
中的 main()、run()=run(main)
```

如上所述，基于 MNIST 数据集构造了一个简单的 GAN 模型，对于生成器和
判别器，仅使用了简单的神经网络，由此训练模型生成的 25 幅手写数字图像如

图 12-3 所示。对于图像处理任务，CNN 更胜一筹，如果将生成器和判别器改为深度 CNN，将会生成更加清晰的图像。

图 12-3 由训练模型生成的 25 幅手写数字图像

12.2.3 训练程序的图解

mnist_GAN.py 的 4 个主函数之间的关系如图 12-4 所示，主程序的训练过程如图 12-5 所示，生成器和判别器的神经网络结构和参数如图 12-6 所示。通过图 12-4～图 12-6，可以比较清楚地理解 GAN 程序训练的过程。

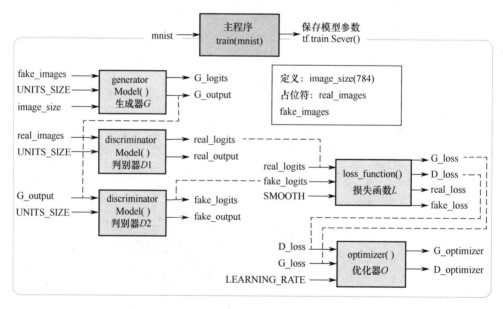

图 12-4 mnist_GAN.py 的 4 个主函数之间的关系

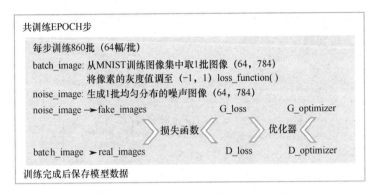

图 12-5　主程序的训练过程

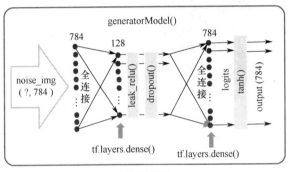

图 12-6　生成器和判别器的神经网络结构和参数

12.2.4　生成程序的图解

在 GAN 训练好后，就可以用它来生成图像了，相当于对 GAN 进行的一个测试。这一过程相对比较简单，只要输入噪声就可以生成并保存图像了，如图 12-7 所示，不需要判别器参与。

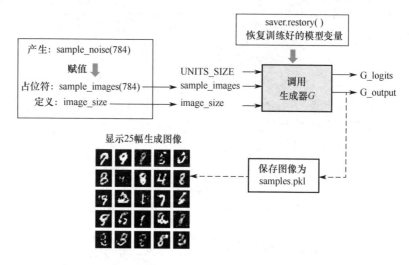

图 12-7　生成图像的过程

参 考 文 献

[1] I. Goodfellow, J. Abadie, M. Mirza, et al. Generative Adversarial Nets [C]// International Conference on Neural Information Processing Systems, 2014: 2672-2680.

[2] M. Mirza, S. Osindero. Conditional Generative Adversarial Nets [J]. Computer Science, 2014: 2672-2680.

[3] Z. Pan, W. Yu, X. Yi, et al. Recent progress on Generative Adversarial Networks (GANs): a survey [J]. IEEE Access, 2019, 7: 36322-36333.

[4] M. Arjovsky, L. Bottou. Towards principled methods for training generative adversarial networks [C]//International Conference on Neural Information Processing Systems, 2016: 1-18.

[5] M. Arjovsky, S. Chintala, L. Bottou. Wasserstein GAN [C]//International Conference on Machine Learning, 2017: 214-223.

[6] S. Nowozin, B. Cseke, R. Tomioka. f-GAN: Training generative neural samplers using variational divergence minimization [C]//International Conference on Neural Information Processing Systems, 2016: 271-279.

[7] K. Bousmalis, N. Silberman, D. Dohan, et al. Unsupervised pixel-level domain adaptation with generative adversarial networks [C]//IEEE Conference on Computer Vision Pattern Recognition, 2016: 3722-3731.

[8] H. Alqahtani, M. Thorne, G. Kumar. Applications of Generative Adversarial Networks（GANS）: An updated review [J]. Archives of Computational Methods in Engineering，2021, 28: 525-552.

[9] A. Brock, T. Lim, J. Ritchie, et al. Neural photo editing with introspective adversarial networks [C]//International Conference on Learning Representations, 2017: 24-26.

[10] C. Li, Z. Wang, H. Qi. Fast-converging conditional GAN for image synthesis [C]// IEEE International Conference on Image Processing, 2018: 2132-2136.

[11] P. Isola, J. Zhu, T. Zhou, et al. Image to image translation with conditional adversarial networks [C]//IEEE Conference on Computer Vision and Pattern

Recognition, 2017: 5967-5976.

[12] Z. Liu, P. Luo, X. Wang, et al. Deep learning face attributes in the wild [C]// IEEE International Conference on Computer Vision, 2015: 3730-3738.

[13] X. Liang, L. Lee, W. Dai, et al. Dual motion GAN for future-flow embedded video prediction [C] // IEEE International Conference on Computer Vision, 2017: 1762-1770.

[14] N. Souly, C. Spampinato, M. Shah. Semi supervised semantic segmentation using generative adversarial network [C] // IEEE International Conference on Computer Vision, 2017: 5689-5697.

[15] X. Wu, K. Xu, P. Hall. A survey of image synthesis and editing with Generative Adversarial Networks [J]. Tsinghua Science and Technology, 2017, 22(6): 660-674.

[16] J. Gui, Z. Sun, Y. Wen, et al. A review on Generative Adversarial Networks: algorithms, theory, and applications [J]. IEEE Transactions on Knowledge and Data Engineering, 2020.

[17] J. Zhu, Z. Zhang, C. Zhang, et al. Visual object networks: image generation with disentangled 3D representation [C]//International Conference on Neural Information Processing Systems, 2018: 118-129.

[18] J. Lee, M. Simchowitz, M. Jordan, et al. Gradient descent only converges to minimizers [C] // Conference on Learning Theory, 2016: 1246-1257.

[19] L. Theis, A. Oord, M. Bethge. A note on the evaluation of generative models [C] // International Conference on Learning Representations, 2018: 1-10.

[20] B. Zhou, A. Khosla, A. Lapedriza, et al. Learning deep features for discriminative localization [C] // IEEE Conference on Computer Vision and Pattern Recognition, 2016: 2921-2929.

[21] N. Lei, K. Su, L. Cui, et al. A geometric view of optimal transportation and generative model [J]. Computer Aided Geometric Design, 2019, 68: 1-21.

[22] M. Lucic, K. Kurach, M. Michalski, et al. Are GANs created equal? a large-scale study [C] // International Conference on Neural Information Processing Systems, 2018: 698-707.

[23] C. Wang, C. Xu, X. Yao, et al. Evolutionary Generative Adversarial Networks [J]. IEEE Transactions on Evolutionary Computation, 2019, 23(6): 921-934.

[24] A. Creswell, T. White, V. Dumoulin, et al. Generative Adversarial Networks: an overview [J]. IEEE Signal Processing Magazine, 2018, 35(1): 53-65.

[25] Z. Wang, Q. She, T. Ward. Generative Adversarial Networks in computer vision: a survey and taxonomy [J]. ACM Computing Surveys, 2021, 54(2): 1-39.

[26] Y. Hong, U. Hwang, J. Yoo, et al. How Generative Adversarial Networks and their variants work: an overview [J]. ACM Computing Surveys, 52(1): 2019, 10: 1-43.

[27] Y. Cao, L. Jia, Y. Chen, et al. Recent advances of Generative Adversarial Networks in computer vision [J]. IEEE Access, 2019, 7: 14985-15006.

[28] L. Theis, A. Oord, M. Bethge. A note on evaluation of generative models [C]// International Conference on Learning Representations, 2016: 1-10.

[29] N. Aldausari, A. Sowmya, N. Marcus, et al. Video Generative Adversarial Networks: a review [J]. ACM Computing Surveys, 2022, 55(2): 1-25.

[30] K. Kim, H. Myung. Autoencoder-combined Generative Adversarial Networks for synthetic image data generation and detection of Jellyfish Swarm [J]. IEEE Access, 2018, 6: 54207-54214.

[31] Lucas, M. Iliadis, R. Molina, et al. Using deep neural networks for inverse problems in imaging: beyond analytical methods [J]. IEEE Signal Processing Magazine, 2018, 35(1): 20-36.

[32] H. Lee, J. Kwak, B. Ban, et al. GAN-D: Generative Adversarial Networks for image deconvolution [C]// International Conference on Information and Communication Technology Convergence, 2017: 132-137.

[33] I. Goodfellow. Tutorial: Generative Adversarial Networks [C]// International Conference on Neural Information Processing Systems, 2016: 1-57.

[34] A. Shrivastava, T. Pfister, O. Tuzel, et al. Learning from simulated and unsupervised images through adversarial training [C]// IEEE Conference on Computer Vision and Pattern Recognition, 2017: 2242-2251.

[35] S. Reed, Z. Akata, S. Mohan, et al. Learning what and where to draw [C]// International Conference on Neural Information Processing Systems, 2016: 1-9.

[36] A. Oord, N. Kalchbrenner, K. Kavukcuoglu. Pixel Recurrent Neural Networks [C]// International Conference on Machine Learning, 2016: 1-11.

[37] L. Metz, B. Poole, D. Pfau, et al. Unrolled Generative Adversarial Networks [C]// International Conference on Learning Representations, 2017: 1-25.

[38] S. Ioffe, C. Szegedy. Batch normalization: accelerating deep network training by reducing internal covariate shift [C]// International Conference on Machine Learning, 2015: 448-456.

[39] L. Mescheder, A. Geiger, S. Nowozin. Which training methods for GANs do actually converge? [C]// International Conference on Machine Learning, 2018: 1-10.

[40] G. Yildirim, N. Jetchev, R. Vollgraf, et al. Generating high-resolution fashion model images wearing custom outfits [M]. New York: Springer-Verlag, 2020.

[41] R. Abdal, Y. Qin, P. Wonka. Image2StyleGAN: How to embed images into the StyleGAN latent space? [C]// IEEE International Conference on Computer Vision, 2019: 4431-4440.

[42] Y. Liu, Y. Guo, W. Chen, et al. An extensive study of cycle-consistent generative networks for Image-to-Image translation [C]// International Conference on Pattern Recognition, 2018: 219-224.

[43] A. Donahue, K. Simonyan. Large scale adversarial representation learning [C]// International Conference on Neural Information Processing Systems, 2019: 1-29.

[44] A. Brock, J. Donahue, K. Simonyan. Large scale GAN training for high fidelity natural image synthesis [C]// International Conference on Learning Representations, 2019: 1-35.

[45] A. Odena, C. Olah, J. Shlens. Conditional image synthesis with auxiliary classifier GANs [C]// International Conference on Machine Learning, 2017: 2642-2651.

[46] I. Goodfellow, Y. Bengio, A. Courville. Deep Learning [M]. Cambridge: MIT Press, 2016.

[47] M. Lee, J. Seok. Controllable Generative Adversarial Network [J]. IEEE Access, 2019, 7: 28158-28169.

[48] A. Radford, L. Metz, S. Chintala. Unsupervised representation learning with deep convolutional Generative Adversarial Networks [C]// International Conference on Learning Representations, 2016: 1-16.

[49] E. Denton, S. Chintala, A. Szlam. Deep generative image models using a Laplacian pyramid of adversarial networks [C]// International Conference on Neural Information Processing Systems, 2015: 1486-1494.

[50] T. Yu, L. Wang, H. Gu, et al. Deep generative video prediction [J]. Pattern

Recognition Letters, 2018: 58-65.

[51] X. Liang, L. Lee, W. Dai, E. P. Xing. Dual motion GAN for future-flow embedded video prediction [C]// IEEE International Conference on Computer Vision, 2017: 1762-1770.

[52] J. Zhao, M. Mathieu, Y. LeCun. Energy-based Generative Adversarial Networks [C]// International Conference on Learning Representations, 2017: 1-17.

[53] X. Wang, K. Yu, S. Wu, et al. ESRGAN: Enhanced Super-Resolution Generative Adversarial Networks [C]// European Conference on Computer Vision, 2018: 8-14.

[54] Li, Z. Wang, H. Qi. Fast-converging conditional Generative Adversarial Networks for image synthesis [C]// IEEE International Conference on Image Processing, 2018: 2132-2136.

[55] X. Wang, A. Gupta. Generative image modeling using style and structure adversarial networks [C]// European Conference on Computer Vision, 2016: 318-335.

[56] T. Wang, M. Liu, J. Zhu, et al. High-resolution image synthesis and semantic manipulation with conditional GANs [C]// IEEE Conference on Computer Vision and Pattern Recognition, 2018: 8798-8807.

[57] J. Chen, J. Chen, H. Chao. et al. Image blind denoising with Generative Adversarial Network based noise modeling [C]// IEEE Conference on Computer Vision and Pattern Recognition, 2018: 3155-3164.

[58] Gulrajani, F. Ahmed, M. Arjovsky, et al. Improved training of wasserstein GANs [C]// International Conference on Neural Information Processing Systems, 2017: 5769-5779.

[59] T. Salimans, I. Goodfellow, W. Zaremba, et al. Improved techniques for training GANs [C]// International Conference on Neural Information Processing Systems, 2016: 1-11.

[60] X. Chen, Y. Duan, R. Houthooft, et al. InfoGAN: interpretable representation learning by information maximizing Generative Adversarial Nets [C]// International Conference on Neural Information Processing Systems, 2016: 2180-2188.

[61] T. Karras, T. Aila, S. Laine, et al. Progressive growing of GANs for improved quality, stability, and variation [C]// International Conference on Learning

Representations, 2018: 1-26.

[62] M. Zareapoor, H. Zhou，J. Yang. Perceptual image quality using dual Generative Adversarial Network [J]. Neural Computing and Applications, 2020, 32(18): 4521-14531.

[63] C. Ledig, L. Theis, F. Huszar, et al. Photo-realistic single image super-resolution using a Generative Adversarial Network [C]// IEEE Conference on Computer Vision and Pattern Recognition, 2017: 105-114.

[64] H. Zhang, T. Xu, H. Li, et al. StackGAN++: realistic image synthesis with stacked Generative Adversarial Networks [J]. IEEE Transactions on Pattern Analysis and Machine Intelligence, 2019, 41(8): 1947-1962.

[65] H. Zhang, T. Xu, H. Li, et al. StackGAN: text to photo-realistic image synthesis with Stacked Generative Adversarial Networks [C]// IEEE International Conference on Computer Vision, 2017: 5908-5916.

[66] X. Huang, Y. Li, O. Poursaeed, et al. Stacked Generative Adversarial Networks [C]// IEEE Conference on Computer Vision and Pattern Recognition, 2017: 1866-1875.

[67] C. Zhang. Y. Peng. Stacking VAE and GAN for context-aware text-to-image generation [C]// IEEE International Conference on Multimedia Big Data, 2018: 1-5.

[68] Y. Choi, M. Choi, M. Kim, et al. StarGAN: unified Generative Adversarial Networks for multi-domain image-to-image translation [C]// IEEE Conference on Computer Vision and Pattern Recognition, 2018: 8789-8797.

[69] T. Karras, S. Laine. T. Aila. A style-based generator architecture for Generative Adversarial Networks [C]// IEEE Conference on Computer Vision and Pattern Recognition, 2019: 4396-4405.

[70] J. Zhu, T. Park, P. Isola, et al. Unpaired image-to-image translation using cycle-consistent adversarial networks [C]// IEEE International Conference on Computer Vision, 2017: 2242-2251.

[71] L. Metz, B. Poole, D. Pfau, et al. Unrolled Generative Adversarial Networks [C]// International Conference on Learning Representations, 2017: 1-25.

[72] J. Wu, Z. Huang, J. Thoma, et al. Wasserstein divergence for GANs [C]// European Conference on Computer Vision, 2018: 1-16.

[73] J. Li, K. Skinner, R. Eustice, et al. WaterGAN: unsupervised generative network to enable real-time color correction of monocular underwater images [J]. IEEE Robotics and Automation Letters, 2018, 3(1): 387-394.

[74] A. Shocher，Y. Gandelsman，I. Mosseri，et al. Semantic pyramid for image generation [C]// IEEE Conference on Computer Vision and Pattern Recognition, 2020: 7457-7466.

[75] M. Arjovsky, L. Bottou. Towards principled methods for training Generative Adversarial Networks [J]. Stat, 2017: 1050.

[76] J. Haut, R. Beltran, M. Paoletti, et al. A new deep generative network for unsupervised remote sensing single-image super-resolution [J]. IEEE Transactions on Geoscience and Remote Sensing, 2018, 56(11): 6792-6810.

[77] Richard Szeliski. Computer Vision: algorithms and applications[M]. 2nd ed. New York: Springer-Verlag, 2012.

[78] Z. Lin, A. Khetan, G. Fanti, et al. PacGAN: The power of two samples in generative adversarial networks [J]. IEEE Journal on Selected Areas in Information Theory, 2020, 1(1): 324-335.

[79] D. Hu, L. Wang, W. Jiang, et al. A novel image seganography method via deep convolutional Generative Adversarial Networks [J]. IEEE Access, 2018, 6: 38303-38314.

[80] F. Piccialli, V. Somma，F. Gimpaolo, et al. A survey on deep learning in medicine：Why，how and when? [J]. Information Fusion，2021, 66: 111-137.

[81] Y. Chen, Y. Lai. Y. Liu. CartoonGAN: Generative Adversarial Networks for photo cartoonization [C] // IEEE Conference on Computer Vision and Pattern Recognition, 2018: 9465-9474.

[82] P. Suárez, A. Sappa, B. Vintimilla, et al. Deep learning based single image dehazing [C]// IEEE Conference on Computer Vision and Pattern Recognition Workshops, 2018: 1250-12507.

[83] K. Tero, A. Miika, H. Janne, et al. A. Timo. Training Generative Adversarial Networks with limited data [C]// Advances in Neural Information Processing Systems, 2020: 1-11.

[84] M. Zhang, K. Ma, J. Lim, et al. Deep future gaze: gaze anticipation on egocentric videos using adversarial networks [C]// IEEE Conference on Computer Vision and

Pattern Recognition, 2017: 3539-3548.

[85] S. Gurumurthy, R. Sarvadevabhatla, R. Babu. DeLiGAN: Generative Adversarial Networks for diverse and limited data [C]// IEEE Conference on Computer Vision and Pattern Recognition, 2017: 4941-4949.

[86] R. Hughes, L. Zhu, T. Bednarz. Generative Adversarial Networks enabled human artificial intelligence collaborative applications for creative and design industries: A systematic review of current approaches and trends [J]. Frontiers in Artificial Intelligence, 2021, 4: 60423.

[87] S. Xu, D. Liu, Z. Xiong. Edge-guided Generative Adversarial Network for image inpainting [C]// IEEE Visual Communications and Image Processing, 2017: 1-4.

[88] E. Agustsson, M. Tschannen, F. Mentzer, et al. Generative Adversarial Networks for extreme learned image compression [C]// IEEE International Conference on Computer Vision, 2019: 221-231.

[89] L. Zhu, Y. Chen, P. Ghamisi, et al. Generative Adversarial Networks for hyperspectral image classification [J]. IEEE Transactions on Geoscience and Remote Sensing, 2018, 56(9): 5046-5063.

[90] H. Lee，Z. Liu，L. Wu，et al. Maskgan：Towards diverse and interactive facial image manipulation [C]// IEEE Conference on Computer Vision and Pattern Recognition, 2020: 5549-5558.

[91] Y. Zhang, Y. Xiang. L. Bai. Generative Adversarial Network for deblurring of remote sensing image [C]// International Conference on Geoinformatics, 2018: 1-4.

[92] S. Kim, H. Kim. J. Kim. GAN-Based one-class classification for personalized image retrieval [C]// IEEE International Conference on Big Data and Smart Computing, 2018: 771-774.

[93] F. Mokhayeri，E. Granger. A paired sparse representation model for robust face recognition from a single sample [J]. Pattern Recognition, 2020, 100: 1-16.

[94] S. Reed, Z. Akata, X. Yan, et al. Generative adversarial text to image synthesis [C]// International Conference on International Conference on Machine Learning, 2016: 1060-1069.

[95] J. Zhu, P. Krähenbühl, E. Shechtman, et al. Generative visual manipulation on the natural image manifold [C]// European Conference Computer Vision, 2016:

597-613.

[96] Y. Li, S. Liu, J. Yang, et al. Generative face completion [C]// IEEE Conference on Computer Vision and Pattern Recognition, 2017: 5892-5900.

[97] F. Mentzer, G. Toderici, M. Tschannen, et al. High-fidelity generative image compression [C]// Conference on Neural Information Processing Systems, 2020: 1-12.

[98] G. Hinton, N. Srivastava, A. Krizhevsky, et al. Improving neural networks by preventing co-adaptation of feature detectors [J]. Computer Science, 2012, 3(4): 212-223.

[99] P. Isola, J. Zhu, T. Zhou, et al. Image-to-image translation with conditional adversarial networks [C]// IEEE Conference on Computer Vision and Pattern Recognition, 2017: 5967-5976.

[100] Z. Zheng, C. Wang, Z. Yu, et al. Instance map based image synthesis with a denoising Generative Adversarial Network [J]. IEEE Access, 2018, 6: 33654-33665.

[101] I. Anokhin, P. Solovev, D. Korzhenkov, et al. High-resolution daytime translation without domain labels [C]// IEEE Conference on Computer Vision and Pattern Recognition, 2020: 7488-7497.

[102] Z. Cheng, H. Sun, M. Takeuchi, et al. Performance Comparison of Convolutional autonecoders, Generative Adversarial Networks and super-resolution for image compression [C]// IEEE Conference on Computer Vision and Patter Recognition Workshops, 2018: 18-22.

[103] R. Yeh, C. Chen, T. Lim, et al. Semantic image inpainting with deep generative models [C]// IEEE Conference on Computer Vision and Pattern Recognition, 2017: 6882-6890.

[104] D. Xu, Z. Wang. Semi-supervised semantic segmentation using an improved generative adversarial network [J]. Journal of Intelligent and Fuzzy Systems, 2021, 40(5): 9709-9719.

[105] C. Wang, C. Wang, C. Xu, et al. Tag disentangled Generative Adversarial Networks for object image re-rendering [C]// International Joint Conference on Artificial Intelligence, 2017: 2901-2907.

[106] R. Gonzalez, R. Woods. Digital image processing [M]. 4th ed. Pearson:

Addison-Wesley Pub. Co., 2017.

[107] P. Prabhu. Digital image processing techniques − a survey [J]. International Multidisciplinary Research Journal of Golden Research Thoughts, 2016, 5(11): 1-11.

[108] M. Hetland. Beginning Python: From Novice to Professional [M]. 3rd ed. Norway: APREESS, 2017.

[109] A. Ghosh, V. Kulharia, V. Namboodiri, et al. Multi-agent diverse Generative Adversarial Networks [C]// IEEE Conference on Computer Vision and Pattern Recognition, 2018: 8513-8521.

反侵权盗版声明

电子工业出版社依法对本作品享有专有出版权。任何未经权利人书面许可，复制、销售或通过信息网络传播本作品的行为；歪曲、篡改、剽窃本作品的行为，均违反《中华人民共和国著作权法》，其行为人应承担相应的民事责任和行政责任，构成犯罪的，将被依法追究刑事责任。

为了维护市场秩序，保护权利人的合法权益，我社将依法查处和打击侵权盗版的单位和个人。欢迎社会各界人士积极举报侵权盗版行为，本社将奖励举报有功人员，并保证举报人的信息不被泄露。

举报电话：（010）88254396；（010）88258888

传　　真：（010）88254397

E-mail：　dbqq@phei.com.cn

通信地址：北京市万寿路 173 信箱

　　　　　电子工业出版社总编办公室

邮　　编：100036